全国安全技能提升培训统编教材

化工危险化学品从业人员
安全技能提升培训教材

人力资源社会保障部教材办公室

北京注安注册安全工程师安全科学研究院　　组织编写

U0336755

中国劳动社会保障出版社

图书在版编目(CIP)数据

化工危险化学品从业人员安全技能提升培训教材/人力资源社会保障部教材办公室组织编写. -- 北京：中国劳动社会保障出版社，2021

全国安全技能提升培训统编教材

ISBN 978-7-5167-3889-4

Ⅰ.①化… Ⅱ.①人… Ⅲ.①化工产品-危险物品管理-安全培训-教材 Ⅳ.①TQ086.5

中国版本图书馆 CIP 数据核字(2021)第 074881 号

中国劳动社会保障出版社出版发行

(北京市惠新东街 1 号   邮政编码：100029)

*

三河市华骏印务包装有限公司印刷装订   新华书店经销

787 毫米×1092 毫米   16 开本   17.5 印张   281 千字

2021 年 6 月第 1 版   2021 年 6 月第 1 次印刷

定价：47.00 元

读者服务部电话：(010) 64929211/84209101/64921644

营销中心电话：(010) 64962347

出版社网址：http://www.class.com.cn

化工危险化学品从业人员
安全技能提升培训教材
编 委 会
（按姓氏笔画排序）

主　　任：邱介山

副 主 任：井延海　　池莲荣　　吴　浩

委　　员：马静荣　　王建楼　　刘志敏　　刘国兴　　杨　玲

　　　　　汪羽泽　　张金锋　　张景钢　　倪文耀　　郭　刚

本书主编：刘志敏　　杨　玲

内容简介

本书为高危行业从业人员"全国安全技能提升培训统编教材"之一，属于专业核心课程（培训学时详见附录一），由人力资源社会保障部教材办公室与北京注安注册安全工程师安全科学研究院根据《应急管理部　人力资源社会保障部　教育部　财政部　国家煤矿安全监察局关于高危行业领域安全技能提升行动计划的实施意见》（应急〔2019〕107号）及《危险化学品生产经营单位从业人员安全生产培训大纲》组织编写。根据相关法律法规和文件的要求，化工危险化学品从业人员必须接受安全技能培训，经考试合格后，方准上岗作业。

本书主要内容包括安全生产法律法规、安全生产基础知识、安全生产管理制度、安全操作规程、事故事件状态下的现场应急处置以及事故案例分析等，适用于化工危险化学品从业人员安全技能提升培训、安全生产培训与再培训、工伤预防培训等（本教材适用工种详见附录二）。

前言

实施高危行业领域安全技能提升行动计划，推动从业人员安全技能水平大幅度提升，是贯彻落实《职业技能提升行动方案（2019—2021年）》《应急管理部　人力资源社会保障部　教育部　财政部　国家煤矿安全监察局关于高危行业领域安全技能提升行动计划的实施意见》（应急〔2019〕107号，以下简称《实施意见》）和《应急管理部办公厅关于扎实推进高危行业领域安全技能提升行动的通知》（应急厅〔2020〕34号）部署的重点工作。《实施意见》要求，高危企业在岗和新招录从业人员100%培训考核合格后上岗；高危企业班组长普遍接受安全技能提升培训，将高危企业班组长轮训一遍；实行企业内安全培训、职业技能培训等学习成果互认；开展在岗员工安全技能提升培训，培训计划要覆盖全员；要分岗位对全体员工考核一遍，考核不合格的，按照新上岗人员培训标准离岗培训，考核合格后再上岗；高危企业新上岗人员安全生产与工伤预防培训不得少于72学时，考核合格后方可上岗。

本套"全国安全技能提升培训统编教材"的编写重点突出三个特点：一是重点突出安全操作技能；二是重点突出典型事故案例及事故预防；三是重点突出培训实效。本套教材通过从业人员应知应会的内容，提高从业人员的学习兴趣，激发其学习积极性，使培训内容易学易懂、易于掌握，适合所有从业人员学习掌握安全知识，达到提升其安全技能的培训效果。通过培训，使从业人员了解我国安全生产方针、有关法律法规和规章；熟悉从业人员安全生产的权利和义务；掌握安全生产基本知识、安全操作规程，个人防护、避灾、自救与互救方法，事故应急措施，安全设施和个人劳动防护用品的使用和维护，以及职业病预防知识等，具备与其从事作业场所和工作岗位相适应的知识和能力。根据《实施意见》的要求，从业人员应人手一册本教材，接受安全技能培训，经考试合格后，方准上岗作业。

按照《实施意见》要求："应急管理部门要提供专家、内容资源等支持，会同人力资源社会保障和教育部门组织编制培训大纲和有关教材。"为编写理论与实践相结合的优质教材，推进"产学研"协同创新，人力资源社会保障部教材办公室与北京注安注册安全工程师安全科学研究院组织国内知名高等院校的相关专家学者系统地编写了本套教材，包括企业通用教材和煤矿、非煤矿山、化工危险化学品、金属冶炼、烟花爆竹等高危行业领域教材，并已纳入《国家职业技能提升行动推荐教材目录》。本套教材在编写过程中，由应急管理部门提供专家、内容资源及编写意见。为了发挥专业教材的出版优势，更有力地推动安全技能提升工作，本套教材由中国人力资源和社会保障出版集团中国劳动社会保障出版社出版发行。

人力资源社会保障部教材办公室

北京注安注册安全工程师安全科学研究院

2021 年 5 月

目录

第一章　安全生产法律法规

第三章　安全生产管理制度

第四章 安全操作规程

第五章 事故事件状态下的现场应急处置

第六章 事故案例分析

第一章　安全生产法律法规

第一节　安全生产方针、政策

安全生产关系人民群众生命财产安全，关系经济发展和社会稳定大局，关系党和人民政府形象和声誉，"安全为了生产、生产必须安全"是现代工业的客观需要。

我国生产事故多发，危害了人民群众的生命安全，造成了企业和国家巨大的经济损失，严重地制约了事发企业的可持续发展。为此，在《中共中央 国务院关于推进安全生产领域改革发展的意见》中明确，要坚守发展决不能以牺牲安全为代价这条不可逾越的红线。这条红线是确保人民生命财产安全和经济社会发展的保障线，是各行各业各单位各职工确保安全生产的责任线。

一、安全生产方针

1. 安全生产方针的内容

安全生产方针是安全生产事业发展的总方针、总原则，是党和国家针对安全生产而制定的工作方针，是社会主义制度优越性的具体体现。

《中华人民共和国安全生产法》（以下简称《安全生产法》）规定，安全生产工作应当坚持中国共产党的领导。坚持人民至上、生命至上，把保护人民生命安全摆在首位，树牢安全发展理念，坚持安全第一、预防为主、综合治理的方针，从源头上防范化解重大安全风险。

《安全生产法》规定的安全第一、预防为主、综合治理的方针是对各行业安全生产工作所提出的一个总的要求和指导原则，它为安全生产工作指明了方向。

2. 安全生产方针的内涵

"安全第一"是指在看待和处理安全同生产和其他工作的关系上，要突出安全，要把安全放在一切工作的首要位置。当生产和其他工作同安全发生矛盾时，安全是主要的、第一位的，生产和其他工作要服从于安全，做到不安全不生产，风险不管控不生产，隐患不排除不生产，安全措施不落实不生产。

"预防为主"是指在事故预防与事故处理的关系上，以预防为主，防患于未然。依靠安全风险分级管控和事故隐患排查治理双重预防等有效的防范措施，把事故消灭在其发生之前。

"综合治理"是预防事故和危害因素的一种最佳方法。在全行业、全系统、全企业各部门的业务关系上，要把安全工作看作一项复杂而艰巨的工作，齐抓共管，综合治理；坚持"管理、装备、素质、系统"并重原则，全员、全过程、全方位搞好安全工作。

3. 贯彻安全生产方针的措施

贯彻落实安全生产方针，要坚持"管理、装备、素质、系统"并重的基本原则，使从业人员做到：

（1）牢固树立"安全第一"的意识，做到不安全不生产。

（2）熟练掌握岗位安全生产职责，做到明责、履责、尽责。

（3）遵守安全管理制度，学法、知法、守法，树立依法从事生产作业的意识。

（4）遵章守纪作业，坚决做到不"三违"（即违章指挥、违规作业、违反劳动纪律）。

（5）积极参加安全培训及安全技能提升培训，掌握安全生产知识和岗位操作技能，不断提高自身业务素质。

（6）作业前要进行安全风险辨识及安全确认，工作中随时排查事故隐患，发现问题立即报告、及时处理。

二、安全生产政策

1. 总体要求

党的十八大以来，习近平总书记作出一系列重要指示，深刻阐述了安全生产的重要意义、思想理念、方针政策和工作要求。习近平总书记指出，人命关天，发展决不能以牺牲人的生命为代价，这必须作为一条不可逾越的红线，明确要求"党政同责、一岗双责、齐抓共管、失职追责"。李克强总理多次作出重要批示，强调要以对人民群众生命高度负责的态度，坚持预防为主、标本兼治，以更有效的举措和更完善的制度，切实落实和强化安全生产责任，筑牢安全防线。习近平总书记的重要指示和李克强总理的重要批示，为我国安全生产工作提供了理论指导和行动指南。各地区、各有关部门和单位坚决贯彻落实党中央、国务院决策部署，进一步健全安全生产法律法规和政策措施，严格落实安全生产责任，全面加强安全生产监督管理，不断强化安全生产隐患排查治理和重点行业领域专项整治，深入开展安全生产大检查，严肃查处各类生产安全事故，大力推进依法治安和科技强安，加快安全生产基础保障能力建设，推动了安全生产形势持续稳定好转。以下以《中共中央 国务院关于推进安全生产领域改革发展的意见》中的重要内容，介绍我国安全生产尤其是化工危险化学品领域的政策方向和要求。

2016 年 12 月 9 日，《中共中央 国务院关于推进安全生产领域改革发展的意见》（以下简称《意见》）印发实施，标志着我国安全生产领域改革发展迎来了一个新时期、新发展。《意见》以习近平总书记系列重要讲话精神特别是关于安全生产重要论述为指导，顺应全面建成小康社会发展大势，总结实践经验，吸收创新成果，坚持目标和问题导向，科学谋划安全生产领域改革发展蓝图，是今后一个时期全国安全生产工作的行动纲领。

《意见》是中华人民共和国成立以来第一个以中共中央、国务院名义出台的安全生产工作的纲领性文件，对推动我国安全生产工作具有里程碑式的重大意义。现阶段，一些地区和行业领域生产安全事故多发，根源是思想意识问题，抓安全生产态度不坚决、措施不得力。中共中央、国务院的《意见》指出，要坚守发展决不能以牺牲安全为代价这条不可逾越的红线，构建"党政同责、一岗双责、齐抓共管、失职追责"的安全生产责任体系，推进安全监管体制改革，充实执法力量，堵塞监管漏洞，切实消除盲区。

2. 指导思想

以习近平新时代中国特色社会主义思想为指导，深入贯彻习近平总书记系列重要讲话精神和治国理政新理念新思想新战略，进一步增强"四个意识"，紧紧围绕统筹推进"五位一体"总体布局和协调推进"四个全面"战略布局，牢固树立新发展理念，坚持安全发展，坚守发展决不能以牺牲安全为代价这条不可逾越的红线，以防范遏制重特大生产安全事故为重点，坚持安全第一、预防为主、综合治理的方针，加强领导、改革创新、协调联动、齐抓共管，着力强化企业安全生产主体责任，着力堵塞监督管理漏洞，着力解决不遵守法律法规的问题，依靠严密的责任体系、严格的法治措施、有效的体制机制、有力的基础保障和完善的系统治理，切实增强安全防范治理能力，大力提升我国安全生产整体水平，确保人民群众安康幸福、共享改革发展和社会文明进步成果。

3. 基本原则

（1）坚持安全发展。贯彻以人民为中心的发展思想，始终把人的生命安全放在首位，正确处理安全与发展的关系，大力实施安全发展战略，为经济社会发展提供强有力的安全保障。

（2）坚持改革创新。不断推进安全生产理论创新、制度创新、体制机制创新、科技创新和文化创新，增强企业内生动力，激发全社会创新活力，破解安全生产难题，推动安全生产与经济社会协调发展。

（3）坚持依法监管。大力弘扬社会主义法治精神，运用法治思维和法治方式，深化安全生产监管执法体制改革，完善安全生产法律法规和标准体系，严格规范公正文明执法，增强监管执法效能，提高安全生产法治化水平。

（4）坚持源头防范。严格安全生产市场准入，经济社会发展要以安全为前提，把安全生产贯穿城乡规划布局、设计、建设、管理和企业生产经营活动全过程。构建风险分级管控和隐患排查治理双重预防工作机制，严防风险演变、隐患升级导致生产安全事故发生。

（5）坚持系统治理。严密层级治理和行业治理、政府治理、社会治理相结合的安全生产治理体系，组织动员各方面力量实施社会共治。综合运用法律、行政、经济、市场等手段，落实人防、技防、物防措施，提升全社会安全生产治理能力。

第二节 我国安全生产法律体系

安全生产立法是安全生产法制建设的前提和基础，安全生产法制建设是做好安全生产工作的重要制度保障。

在新时期、新时代，全面加强我国安全生产立法建设，完善安全生产法律法规体系，加强相关行政机关的依法管理，是激发全社会对生命权的保护，提高全民族安全法治意识，规范生产经营单位的安全生产主体责任，强化安全生产监督管理，遏制各类事故尤其是重特大事故发生的前提和基础。

一、我国安全生产立法现状

安全生产立法有两层含义：一是泛指国家立法机关和行政机关依照法定职权和法定程序制定、修订有关安全生产方面的法律、法规、规章的活动；二是专指国家制定的现行有效的安全生产法律、行政法规、地方性法规和部门规章、地方政府规章等安全生产规范性文件。

加强安全生产法制建设，依法加强安全管理，是安全生产领域贯彻落实"依法治国"基本方略，建立依法、科学、长效的安全生产管理体制机制，推动实现安全生产长治久安的必然要求和根本举措。特别是在党的十一届三中全会以后，随着我国改革开放的不断深入，经济结构和生产方式不断变化，市场主体和利益主体日益多样化、多元化。按照依法治国、建设社会主义法治国家的要求，安全生产秩序除了要采用经济手段和必要的行政手段外，更重要的是要依靠法律的手段来维护。在新形势下，我国大大加快了有关安全生产的立法步伐，各有关部门陆续颁布实施了一系列与安全生产有关的法律、行政法规、部门规章、地方性法规、地方行政规章和其他规范性文件，经过多年来的持续努力，基本建立了以《安全生产法》为主体，由国家相关法律、法规、规章、规范性文件和标准规程等所构成的安全生产法律法规体系，安全生产各方面工作大致上都可以做到有法可依、有章可循。

据统计，目前，全国人大、国务院和相关主管部门已经颁布实施并仍然有效的有关安全生产主要法律法规约有 160 多部。其中，包括《安全生产法》《中华人民共和国劳动法》（以下简称《劳动法》）《中华人民共和国煤炭法》《中华人民共和国矿山安全法》《中华人民共和国职业病防治法》《中华人民共和国海上交通安全法》《中华人民共和国道路交通安全法》《中华人民共和国消防法》《中华人民共和国铁路法》《中华人民共和国民用航空法》《中华人民共和国电力法》《中华人民共和国建筑法》《中华人民共和国特种设备安全法》等10多部法律，国务院制定的《国务院关于特大安全事故行政责任追究的规定》《安全生产许可证条例》《煤矿安全监察条例》《国务院关于预防煤矿生产安全事故的特别规定》《生产安全事故报告和调查处理条例》《危险化学品安全管理条例》《中华人民共和国道路交通安全法实施条例》《建设工程安全生产管理条例》等50多部行政法规，国务院有关部门和机构制定的《安全生产违法行为行政处罚办法》《安全生产监督罚款管理暂行办法》《安全生产领域违法违纪行为政纪处分暂行规定》《煤矿矿用产品安全标志管理暂行办法》《煤矿安全监察行政处罚办法》《危险化学品登记管理办法》等100多部部门规章。各地人大和政府也陆续出台了不少地方性法规和地方政府规章，各省（自治区、直辖市）都基本上制定出台了安全生产条例。

需要指出的是，中华人民共和国成立以来，我国安全生产标准化工作发展迅速，据不完全统计，国家及各行业颁布了涉及安全生产的国家标准1 500多项、各类行业标准几千项。我国安全生产方面的国家标准或者行业标准，均属于法定安全生产标准，或者说属于强制性安全生产标准，《安全生产法》明确要求生产经营单位必须执行安全生产国家标准或者行业标准，通过法律的规定赋予了国家标准和行业标准强制执行的效力。此外，我国许多安全生产立法直接将一些重要的安全生产标准规定在法律法规中，使之上升为安全生产法律法规中的条款。因此，我国安全生产国家标准和行业标准，虽然和安全生产在立法程序上有区别，但在一定意义上也可以被视为我国安全生产法律体系的一个重要组成部分。

近年来，随着经济社会的快速发展，我国已经进入了事故易发的工业经济中级发展阶段，生产安全事故频发。已有的安全生产立法与我国安全生产形势的迫切需要产生了一定的差距，与一些发达国家相比，在立法上的某些环节和方面显得落后，需要进一步健全完善我国安全生产法律体系，将安全生产工作全面纳入法治轨道，促进安全生产形势的持续稳定好转。

二、我国安全生产法律体系的基本架构

1. 安全生产法律体系

安全生产法律体系是一个包含多种法律形式和法律层次的综合性系统，从法律规范的形式和特点来讲，既包括作为整个安全生产法律法规基础的宪法规范，也包括行政法

律规范、技术性法律规范、程序性法律规范。按法律地位及效力同等原则，安全生产法律体系分为以下六大门类。

（1）宪法

《中华人民共和国宪法》是安全生产法律体系框架的最高层级，其中规定的"加强劳动保护，改善劳动条件"是有关安全生产方面最高法律效力的规定。

（2）安全生产方面的法律

1）基础法。我国有关安全生产的法律包括《安全生产法》和与之平行的专门法律和相关法律。《安全生产法》是综合规范安全生产法律制度的法律，它适用于我国领域内所有生产经营单位，是安全生产法律体系的核心。

2）专门法律。安全生产专门法律是规范某一专业领域安全生产法律制度的法律。我国在专业领域的安全生产法律有《中华人民共和国矿山安全法》《中华人民共和国海上交通安全法》《中华人民共和国消防法》《中华人民共和国道路交通安全法》等。

3）相关法律。与安全生产有关的法律是指安全生产专门法律以外的其他法律中涵盖有安全生产内容的法律，如《中华人民共和国劳动法》《中华人民共和国建筑法》《中华人民共和国煤炭法》《中华人民共和国铁路法》《中华人民共和国民用航空法》《中华人民共和国工会法》《中华人民共和国全民所有制企业法》《中华人民共和国乡镇企业法》《中华人民共和国矿产资源法》等。还有一些与安全生产监督执法工作有关的法律，如《中华人民共和国刑法》《中华人民共和国刑事诉讼法》《中华人民共和国行政处罚法》《中华人民共和国行政复议法》《中华人民共和国国家赔偿法》和《中华人民共和国标准化法》等。

（3）安全生产行政法规

安全生产行政法规是由国务院组织制定并批准公布的，是为实施安全生产法律或规范安全生产监督管理制度而制定并颁布的一系列具体规定，是实施安全生产监督管理和安全监察工作的重要依据。我国已颁布了多部安全生产行政法规，如《国务院关于特大安全事故行政责任追究的规定》《煤矿安全监察条例》等。

（4）地方性安全生产法规

地方性安全生产法规是指由有立法权的地方权力机关——人民代表大会及其常务委员会制定的安全生产规范性文件，是由法律授权制定的，是对国家安全生产法律法规的补充和完善，以解决本地区某一特定的安全生产问题为目标，具有较强的针对性和可操作性。如目前我国有多数的省（自治区、直辖市）制定了安全生产条例，有多数的省（自治区、直辖市）制定了《中华人民共和国矿山安全法》实施办法等。

（5）部门安全生产规章、地方政府安全生产规章

根据《中华人民共和国立法法》的有关规定，部门规章之间、部门规章与地方政府规章之间具有同等效力，在各自的权限范围内施行。

国务院部门安全生产规章由有关部门为加强安全生产工作而颁布的规范性文件组成，从部门角度可划分为：交通运输业、化学工业、石油工业、机械工业、电子工业、冶金工业、电力工业、建筑业、建材工业、航空航天业、船舶工业、轻纺工业、煤炭工业、地质勘探业、农村和乡镇工业，以及技术装备与统计工作、安全评价与竣工验收、劳动防护用品、培训教育、事故调查与处理、职业危害、特种设备、防火防爆等主管部门。部门安全生产规章作为安全生产法律法规的重要补充，在我国安全生产监督管理工作中起着十分重要的作用。

地方政府安全生产规章一方面从属于法律和行政法规，另一方面又从属于地方性法规，并且不能与它们相抵触。

（6）安全生产标准

安全生产标准是安全生产法律体系中的一个重要组成部分，也是安全生产管理的基础和监督执法工作的重要技术依据。安全生产标准大致分为设计规范类，安全生产设备、工具类，生产工艺安全卫生类，劳动防护用品类共4类标准。

2. 涉及安全生产的相关法律范畴

我国的安全生产法律体系比较复杂，它覆盖整个安全生产领域，包含多种法律形式，可以从涵盖内容不同分成8个类别，包括：①综合类安全生产法律法规；②矿山类安全生产法律法规；③危险物品类安全生产法律法规；④建筑业安全生产法律法规；⑤交通运输安全生产法律法规；⑥公众聚集场所及消防安全法律法规；⑦其他安全生产法律法规；⑧已批准的国际劳工安全卫生公约。以下介绍其中的综合类安全生产法律法规以及已批准的国际劳工安全卫生公约。

（1）综合类安全生产法律法规

综合类安全生产法律法规是指同时适用于矿山、危险物品、建筑业和其他方面的安

全生产法律法规，它对各行各业的安全生产行为都具有指导和规范作用，主要的法律是《劳动法》《安全生产法》，以及由安全生产监督检查类、伤亡事故报告和调查处理类、重大危险源监管类、安全中介管理类、安全检测检验类、安全培训考核类、劳动防护用品管理类、特种设备安全监督管理类和安全生产举报奖励类通用安全生产法规和规章组成。

在危险物品安全管理方面已经颁布实施了《危险化学品安全管理条例》《民用爆炸物品安全管理条例》《使用有毒物品作业场所劳动保护条例》《放射性同位素与射线装置放射防护条例》《放射性药品管理办法》等法规。

（2）已批准的国际劳工安全卫生公约

当前，国际上将贸易与劳工标准挂钩是发展趋势，我国早已加入世界贸易组织（WTO），而参与世界贸易必须遵守国际通行的规则，因此安全生产立法和监督管理工作也需要与国际接轨。

国际劳工组织（ILO）自1919年创立以来，一共通过了185个国际公约和为数较多的建议书，这些公约和建议书统称国际劳工安全卫生公约，其中70%的公约和建议书涉及职业安全卫生问题。我国政府为安全生产工作已签订了国际性公约，当我国安全生产法律与国际公约有不同时，应优先采用国际公约的规定（除保留条件的条款外）。

第三节 危险化学品相关安全生产法律法规

本节主要从教育培训，安全生产管理机构及安全生产管理人员，安全管理，危险化学品生产、储存、经营、使用、运输管理，危险化学品管道管理，重大危险源管理的法律法规要求，介绍与危险化学品安全生产有关的法律法规。

一、教育培训

《安全生产法》规定，生产经营单位应当对从业人员进行安全生产教育和培训，保证从业人员具备必要的安全生产知识，熟悉有关的安全生产规章制度和安全操作规程，掌握本岗位的安全操作技能，了解事故应急处理措施，知悉自身在安全生产方面的权利和义务。未经安全生产教育和培训合格的从业人员，不得上岗作业。

1. 新入职员工的安全培训

《生产经营单位安全培训规定》规定，加工、制造业等生产单位的其他从业人员，在上岗前必须经过厂（矿）、车间（工段、区、队）、班组三级安全培训教育。生产经营单位应当根据工作性质对其他从业人员进行安全培训，保证其具备本岗位安全操作、应急处置等知识和技能。

煤矿、非煤矿山、危险化学品、烟花爆竹、金属冶炼等生产经营单位新上岗的从业人员安全培训时间不得少于 72 学时，每年再培训的时间不得少于 20 学时。

（1）厂（矿）级岗前安全培训内容应当包括：

1）本单位安全生产情况及安全生产基本知识。

2）本单位安全生产规章制度和劳动纪律。

3）从业人员安全生产权利和义务。

4）有关事故案例等。

煤矿、非煤矿山、危险化学品、烟花爆竹、金属冶炼等生产经营单位厂（矿）级安全培训除包括上述内容外，应当增加事故应急救援、事故应急预案演练及防范措施等内容。

（2）车间（工段、区、队）级岗前安全培训内容应当包括：

1）工作环境及危险因素。

2）所从事工种可能遭受的职业伤害和伤亡事故。

3）所从事工种的安全职责、操作技能及强制性标准。

4）自救互救、急救方法、疏散和现场紧急情况的处理。

5）安全设备设施、个人防护用品的使用和维护。

6）本车间（工段、区、队）安全生产状况及规章制度。

7）预防事故和职业危害的措施及应注意的安全事项。

8）有关事故案例。

9）其他需要培训的内容。

（3）班组级岗前安全培训内容应当包括：

1）岗位安全操作规程。

2）岗位之间工作衔接配合的安全与职业卫生事项。

3）有关事故案例。

4）其他需要培训的内容。

2. 其他培训

《生产经营单位安全培训规定》规定，煤矿、非煤矿山、危险化学品、烟花爆竹、金属冶炼等生产经营单位必须对新上岗的临时工、合同工、劳务工、轮换工、协议工等进行强制性安全培训，保证其具备本岗位安全操作、自救互救以及应急处置所需的知识和技能后，方能安排上岗作业。

从业人员在本生产经营单位内调整工作岗位或离岗一年以上重新上岗时，应当重新接受车间（工段、区、队）级和班组级的安全培训。生产经营单位采用新工艺、新技术、新材料或者使用新设备时，应当对有关从业人员重新进行有针对性的安全培训。

《安全生产法》规定，生产经营单位使用被派遣劳动者的，应当将被派遣劳动者纳入本单位从业人员统一管理，对被派遣劳动者进行岗位安全操作规程和安全操作技能的教育和培训。劳务派遣单位应当对被派遣劳动者进行必要的安全生产教育和培训。生产经营单位接收中等职业学校、高等学校学生实习的，应当对实习学生进行相应的安全生产教育和培训，提供必要的劳动防护用品。

学校应当协助生产经营单位对实习学生进行安全生产教育和培训。

生产经营单位采用新工艺、新技术、新材料或者使用新设备，必须了解、掌握其安全技术特性，采取有效的安全防护措施，并对从业人员进行专门的安全生产教育和培训。

生产经营单位应当建立安全生产教育和培训档案，如实记录安全生产教育和培训的时间、内容、参加人员以及考核结果等情况。

《危险化学品安全管理条例》规定，危险化学品道路运输企业、水路运输企业的驾驶人员、船员、装卸管理人员、押运人员、申报人员、集装箱装箱现场检查员应当经交通运输主管部门考核合格，取得从业资格。

二、安全生产管理机构及安全生产管理人员

《安全生产法》规定，矿山、金属冶炼、建筑施工、运输单位和危险物品的生产、经

营、储存、装卸单位，应当设置安全生产管理机构或者配备专职安全生产管理人员。

生产经营单位的安全生产管理机构以及安全生产管理人员履行下列职责：

（1）组织或者参与拟订本单位安全生产规章制度、操作规程和生产安全事故应急救援预案。

（2）组织或者参与本单位安全生产教育和培训，如实记录安全生产教育和培训情况。

（3）组织开展危险源辨识和评估，督促落实本单位重大危险源的安全管理措施。

（4）组织或者参与本单位应急救援演练。

（5）检查本单位的安全生产状况，及时排查生产安全事故隐患，提出改进安全生产管理的建议。

（6）制止和纠正违章指挥、强令冒险作业、违反操作规程的行为。

（7）督促落实本单位安全生产整改措施。

生产经营单位可以设置专职安全生产分管负责人，协助本单位主要负责人履行安全生产管理职责。

生产经营单位的安全生产管理机构以及安全生产管理人员应当恪尽职守，依法履行职责。生产经营单位作出涉及安全生产的经营决策，应当听取安全生产管理机构以及安全生产管理人员的意见。生产经营单位不得因安全生产管理人员依法履行职责而降低其工资、福利等待遇或者解除与其订立的劳动合同。危险物品的生产、储存单位以及矿山、金属冶炼单位的安全生产管理人员的任免，应当告知主管的负有安全生产监督管理职责的部门。

危险物品的生产、储存单位以及矿山、金属冶炼单位应当有注册安全工程师从事安全生产管理工作。鼓励其他生产经营单位聘用注册安全工程师从事安全生产管理工作。

《危险化学品安全管理条例》规定，危险化学品道路运输企业、水路运输企业应当配备专职安全生产管理人员。

三、安全管理

1. 许可的要求

（1）安全生产许可的要求

《安全生产许可证条例》规定，国家对矿山企业、建筑施工企业和危险化学品、烟花爆竹、民用爆炸物品生产企业（以下统称企业）实行安全生产许可制度。企业未取得安全生产许可证的，不得从事生产活动。

国务院应急管理部门（原法规未修订，但本教材将原安全生产监督管理各级部门改为应急管理各级部门，下同）负责中央管理的非煤矿山企业和危险化学品、烟花爆竹生产企业安全生产许可证的颁发和管理。省、自治区、直辖市人民政府应急管理部门负责上述规定以外的非煤矿山企业和危险化学品、烟花爆竹生产企业安全生产许可证的颁发和管理，并接受国务院应急管理部门的指导和监督。

1）企业取得安全生产许可证，应当具备下列安全生产条件：

①建立健全安全生产责任制，制定完备的安全生产规章制度和操作规程。

②安全投入符合安全生产要求。

③设置安全生产管理机构，配备专职安全生产管理人员。

④主要负责人和安全生产管理人员经考核合格。

⑤特种作业人员经有关业务主管部门考核合格，取得特种作业操作资格证书。

⑥从业人员经安全生产教育和培训合格。

⑦依法参加工伤保险，为从业人员缴纳保险费。

⑧厂房、作业场所和安全设施、设备、工艺符合有关安全生产法律、法规、标准和规程的要求。

⑨有职业危害防治措施，并为从业人员配备符合国家标准或者行业标准的劳动防护用品。

⑩依法进行安全评价。

⑪有重大危险源检测、评估、监控措施和应急预案。

⑫有生产安全事故应急救援预案、应急救援组织或者应急救援人员，配备必要的应急救援器材、设备。

⑬法律法规规定的其他条件。

安全生产许可证的有效期为3年。安全生产许可证有效期满需要延期的，企业应当于期满前3个月向原安全生产许可证颁发管理机关办理延期手续。

企业不得转让、冒用安全生产许可证或者使用伪造的安全生产许可证。

《危险化学品生产企业安全生产许可证实施办法》规定，企业应当依照办法的规定取得危险化学品安全生产许可证（以下简称安全生产许可证）。未取得安全生产许可证的企业，不得从事危险化学品的生产活动。

省级应急管理部门可以将其负责的安全生产许可证颁发工作委托企业所在地设区的市级或者县级应急管理部门实施，涉及剧毒化学品生产的企业安全生产许可证颁发工作不得委托实施。应急管理部公布的涉及危险化工工艺和重点监管危险化学品的企业安全生产许可证颁发工作，不得委托县级应急管理部门实施。受委托的设区的市级或者县级应急管理部门在受委托的范围内，以省级应急管理部门的名义实施许可，但不得再委托其他组织和个人实施。

新建企业安全生产许可证的申请，应当在危险化学品生产建设项目安全设施竣工验收通过后10个工作日内提出。

2）企业申请安全生产许可证时，应当提交下列文件、资料，并对其内容的真实性负责：

①申请安全生产许可证的文件及申请书。

②安全生产责任制文件，安全生产规章制度、岗位安全操作规程清单。

③设置安全生产管理机构，配备专职安全生产管理人员的文件复印件。

④主要负责人、分管安全负责人、安全生产管理人员和特种作业人员的安全合格证或者特种作业操作证复印件。

⑤与安全生产有关的费用提取和使用情况报告，新建企业提交有关安全生产费用提取和使用规定的文件。

⑥为从业人员缴纳工伤保险费的证明材料。

⑦危险化学品事故应急救援预案的备案证明文件。

⑧危险化学品登记证复印件。

⑨工商营业执照副本或者工商核准文件复印件。

⑩具备资质的中介机构出具的安全评价报告。

⑪新建企业的竣工验收报告。

⑫应急救援组织或者应急救援人员，以及应急救援器材、设备设施清单。

有危险化学品重大危险源的企业，除提交规定的文件、资料外，还应当提供重大危险源及其应急预案的备案证明文件、资料。

企业在安全生产许可证有效期内，当原生产装置新增产品或者改变工艺技术对企业的安全生产产生重大影响时，应当对该生产装置或者工艺技术进行专项安全评价，并对安全评价报告中提出的问题进行整改；在整改完成后，向原实施机关提出变更申请，提交安全评价报告。实施机关按照规定办理变更手续。

企业在安全生产许可证有效期内，有危险化学品新建、改建、扩建建设项目（以下简称建设项目）的，应当在建设项目安全设施竣工验收合格之日起10个工作日内向原实施机关提出变更申请，并提交建设项目安全设施竣工验收报告等相关文件、资料。实施机关按照规定办理变更手续。

3）企业在安全生产许可证有效期内，符合下列条件的，其安全生产许可证届满时，经原实施机关同意，可不提交规定的文件、资料，直接办理延期手续：

①严格遵守有关安全生产的法律法规和相关规章制度。

②取得安全生产许可证后，加强日常安全生产管理，未降低安全生产条件，并达到安全生产标准化等级二级以上。

③未发生死亡事故。

安全生产许可证分为正、副本，正本为悬挂式，副本为折页式，正、副本具有同等法律效力。实施机关应当分别在安全生产许可证正、副本上载明编号、企业名称、主要负责人、注册地址、经济类型、许可范围、有效期、发证机关、发证日期等内容。其中，正本上的"许可范围"应当注明"危险化学品生产"，副本上的"许可范围"应当载明生产场所地址和对应的具体品种、生产能力。安全生产许可证有效期的起始日为实施机关作出许可决定之日，截止日为起始日至3年后同一日期的前一日。有效期内有变更事项的，起始日和截止日不变，载明变更日期。

企业不得出租、出借、买卖或者以其他形式转让其取得的安全生产许可证，或者冒用他人取得的安全生产许可证、使用伪造的安全生产许可证。

（2）危险化学品经营许可的要求

《危险化学品安全管理条例》规定，国家对危险化学品经营（包括仓储经营，下同）实行许可制度。未经许可，任何单位和个人不得经营危险化学品。依法设立的危险化学品生产企业在其厂区范围内销售本企业生产的危险化学品，不需要取得危险化学品经营许可。依照《中华人民共和国港口法》的规定取得港口经营许可证的港口经营人，在港区内从事危险化学品仓储经营，不需要取得危险化学品经营许可。

1）申请取得剧毒化学品购买许可证，申请人应当向所在地县级人民政府公安机关提交下列材料：

①营业执照或者法人证书（登记证书）的复印件。

②拟购买的剧毒化学品品种、数量的说明。

③购买剧毒化学品用途的说明。

④经办人的身份证明。

县级人民政府公安机关应当自收到上述规定的材料之日起3日内，作出批准或者不予批准的决定。予以批准的，颁发剧毒化学品购买许可证；不予批准的，书面通知申请人并说明理由。

《危险化学品经营许可证管理办法》规定，经营许可证的颁发管理工作实行企业申请、两级发证、属地监管的原则。

2）设区的市级人民政府应急管理部门（以下简称市级发证机关）负责下列企业的经营许可证审批、颁发：

①经营剧毒化学品的企业。

②经营易制爆危险化学品的企业。

③经营汽油加油站的企业。

④专门从事危险化学品仓储经营的企业。

⑤从事危险化学品经营活动的中央企业所属省级、设区的市级公司（分公司）。

⑥带有储存设施经营除剧毒化学品、易制爆危险化学品以外的其他危险化学品的企业。

县级应急管理部门（以下简称县级发证机关）负责本行政区域内规定以外企业的经营许可证审批、颁发；没有设立县级发证机关的，其经营许可证由市级发证机关审批、颁发。

3）申请人申请经营许可证，应当依照规定向所在地市级或者县级发证机关（以下统称发证机关）提出申请，提交下列文件、资料，并对其真实性负责：

①申请经营许可证的文件及申请书。

②安全生产规章制度和岗位操作规程的目录清单。

③企业主要负责人、安全生产管理人员、特种作业人员的相关资格证书（复印件）和其他从业人员培训合格的证明材料。

④经营场所产权证明文件或者租赁证明文件（复印件）。

⑤工商行政管理部门颁发的企业性质营业执照或者企业名称预先核准文件（复印件）。

⑥危险化学品事故应急预案备案登记表（复印件）。

4）带有储存设施经营危险化学品的，申请人还应当提交下列文件、资料：

①储存设施相关证明文件（复印件）；租赁储存设施的，需要提交租赁证明文件（复印件）；储存设施新建、改建、扩建的，需要提交危险化学品建设项目安全设施竣工验收报告（复印件）。

②重大危险源备案证明材料、专职安全生产管理人员的学历证书、技术职称证书或者化工安全类注册安全工程师资格证书（复印件）。

③安全评价报告。

经营许可证分为正本、副本，正本为悬挂式，副本为折页式。正本、副本具有同等法律效力。

经营许可证正本、副本应当分别载明下列事项：①企业名称；②企业住所（注册地址、经营场所、储存场所）；③企业法定代表人姓名；④经营方式；⑤许可范围；⑥发证日期和有效期限；⑦证书编号；⑧发证机关；⑨有效期延续情况。

已经取得经营许可证的企业变更企业名称、主要负责人、注册地址或者危险化学品储存设施及其监控措施的，应当自变更之日起20个工作日内，向规定的发证机关提出书面变更申请，并提交：①经营许可证变更申请书；②变更后的工商营业执照副本（复印件）；③变更后的主要负责人安全资格证书（复印件）；④变更注册地址的相关证明材料；⑤变更后的危险化学品储存设施及其监控措施的专项安全评价报告。

已经取得经营许可证的企业有新建、改建、扩建危险化学品储存设施建设项目的，应当自建设项目安全设施竣工验收合格之日起20个工作日内，向规定的发证机关提出变更申请，并提交危险化学品建设项目安全设施竣工验收报告（复印件）等相关文件、资料。发证机关应当按照规定进行审查，办理变更手续。

5）已经取得经营许可证的企业，有下列情形之一的，应当按照规定重新申请办理经营许可证，并提交相关文件、资料：

①不带有储存设施的经营企业变更其经营场所的。

②带有储存设施的经营企业变更其储存场所的。

③仓储经营的企业异地重建的。

④经营方式发生变化的。

⑤许可范围发生变化的。

经营许可证的有效期为3年。有效期满后，企业需要继续从事危险化学品经营活动的，应当在经营许可证有效期满3个月前，向发证机关提出经营许可证的延期申请，并提交延期申请书及规定的申请文件、资料。企业提出经营许可证延期申请时，可以同时提出变更申请，并向发证机关提交相关文件、资料。

6）符合下列条件的企业，申请经营许可证延期时，经发证机关同意，可以不提交相关文件、资料：

①严格遵守有关法律法规和相关规章制度。

②取得经营许可证后，加强日常安全生产管理，未降低安全生产条件。

③未发生死亡事故或者对社会造成较大影响的生产安全事故。

带有储存设施经营危险化学品的企业，除符合上述规定条件的外，还需要取得并提交危险化学品企业安全生产标准化二级达标证书（复印件）。

任何单位和个人不得伪造、变造经营许可证，或者出租、出借、转让其取得的经营许可证，或者使用伪造、变造的经营许可证。

（3）危险化学品使用许可的要求

《危险化学品安全管理条例》规定，使用危险化学品从事生产并且使用量达到规定数量的化工企业（属于危险化学品生产企业的除外，下同），应当依照规定取得危险化学品安全使用许可证。

1）申请危险化学品安全使用许可证的化工企业，其使用条件（包括工艺）应当符合法律、行政法规的规定和国家标准、行业标准的要求，并根据所使用的危险化学品的种类、危险特性以及使用量和使用方式，建立健全使用危险化学品的安全管理规章制度和安全操作规程，保证危险化学品的安全使用，还应当具备下列条件：

①有与所使用的危险化学品相适应的专业技术人员。

②有安全生产管理机构和专职安全生产管理人员。

③有符合国家规定的危险化学品事故应急预案和必要的应急救援器材、设备。

④依法进行了安全评价。

申请危险化学品安全使用许可证的化工企业，应当向所在地设区的市级人民政府应急管理部门提出申请，并提交其符合规定条件的证明材料。设区的市级人民政府应急管理部门应当依法进行审查，自收到证明材料之日起45日内作出批准或者不予批准的决定。予以批准的，颁发危险化学品安全使用许可证；不予批准的，书面通知申请人并说明理由。应急管理部门应当将其颁发危险化学品安全使用许可证的情况及时向同级环境保护主管部门和公安机关通报。

2）《危险化学品安全使用许可证实施办法》规定，企业向发证机关申请安全使用许可证时，应当提交下列文件、资料，并对其内容的真实性负责：

①申请安全使用许可证的文件及申请书。

②新建企业的选址布局符合国家产业政策、当地县级以上人民政府的规划和布局的证明材料复印件。

③安全生产责任制文件，安全生产规章制度、岗位安全操作规程清单。

④设置安全生产管理机构，配备专职安全生产管理人员的文件复印件。

⑤主要负责人、分管安全负责人、安全生产管理人员安全合格证和特种作业人员操作证复印件。

⑥危险化学品事故应急救援预案的备案证明文件。

⑦由供货单位提供的所使用危险化学品的安全技术说明书和安全标签。

⑧工商营业执照副本或者工商核准文件复印件。

⑨安全评价报告及其整改结果的报告。

⑩新建企业的建设项目安全设施竣工验收报告。

⑪应急救援组织、应急救援人员，以及应急救援器材、设备设施清单。

有危险化学品重大危险源的企业，除应当提交规定的文件、资料外，还应当提交重大危险源的备案证明文件。

企业应当依照规定取得危险化学品安全使用许可证（以下简称安全使用许可证）。

安全使用许可证的颁发管理工作实行企业申请、市级行政部门发证、属地监管的原则。

新建企业安全使用许可证的申请，应当在建设项目安全设施竣工验收通过之日起10个工作日内提出。

3）发证机关收到企业申请文件、资料后，应当按照下列情况分别作出处理：

①申请事项依法不需要取得安全使用许可证的，当场告知企业不予受理。

②申请材料存在可以当场更正的错误的，允许企业当场更正。

③申请材料不齐全或者不符合法定形式的，当场或者在5个工作日内一次告知企业需要补正的全部内容，并出具补正告知书；逾期不告知的，自收到申请材料之日起即为受理。

④企业申请材料齐全、符合法定形式，或者按照发证机关要求提交全部补正申请材料的，立即受理其申请。

4）企业在安全使用许可证有效期内，有下列情形之一的，发证机关按照规定办理变更手续：

①增加使用的危险化学品品种，且达到危险化学品使用量的数量标准规定的。

②涉及危险化学品安全使用许可范围的新建、改建、扩建建设项目的。

③改变工艺技术对企业的安全生产条件产生重大影响的。

有上述①规定情形的企业，应当在增加前提出变更申请。有上述②规定情形的企业，应当在建设项目安全设施竣工验收合格之日起10个工作日内向原发证机关提出变更申请，并提交建设项目安全设施竣工验收报告等相关文件、资料。有上述①和③规定情形的企业，应当进行专项安全验收评价，并对安全评价报告中提出的问题进行整改；在整改完成后，向原发证机关提出变更申请并提交安全验收评价报告。

安全使用许可证有效期为3年。企业安全使用许可证有效期届满后需要继续使用危险化学品从事生产、且达到危险化学品使用量的数量标准规定的，应当在安全使用许可证有效期届满前 3 个月提出延期申请，并提交规定的文件、资料。

5）企业取得安全使用许可证后，符合下列条件的，其安全使用许可证届满办理延期手续时，经原发证机关同意，可以不提交相关的文件、资料，直接办理延期手续：

①严格遵守有关法律法规和相关规章制度。

②取得安全使用许可证后，加强日常安全管理，未降低安全使用条件，并达到安全生产标准化等级二级以上。

③未发生造成人员死亡的生产安全责任事故。

企业符合上述②和③规定条件的，应当在延期申请书中予以说明，并出具二级以上安全生产标准化证书复印件。

安全使用许可证分为正本、副本，正本为悬挂式，副本为折页式，正、副本具有同等法律效力。发证机关应当分别在安全使用许可证正、副本上注明编号、企业名称、主要负责人、注册地址、经济类型、许可范围、有效期、发证机关、发证日期等内容。其中，"许可范围"正本上注明"危险化学品使用"，副本上注明使用危险化学品从事生产的地址和对应的具体品种、年使用量。

企业不得伪造、变造安全使用许可证，或者出租、出借、转让其取得的安全使用许可证，或者使用伪造、变造的安全使用许可证。

（4）危险化学品运输许可的要求

《危险化学品安全管理条例》规定，从事危险化学品道路运输、水路运输的，应当分别依照有关道路运输、水路运输的法律法规的规定，取得危险货物道路运输许可、危险货物水路运输许可，并向工商行政管理部门办理登记手续。

通过道路运输危险化学品的，托运人应当委托依法取得危险货物道路运输许可的企业承运。

通过道路运输剧毒化学品的，托运人应当向运输始发地或者目的地县级人民政府公安机关申请剧毒化学品道路运输通行证。

申请剧毒化学品道路运输通行证，托运人应当向县级人民政府公安机关提交下列材料：

1）拟运输的剧毒化学品品种、数量的说明。

2）运输始发地、目的地、运输时间和运输路线的说明。

3）承运人取得危险货物道路运输许可、运输车辆取得营运证以及驾驶人员、押运人员取得上岗资格的证明文件。

4）购买剧毒化学品的相关许可证件，或者海关出具的进出口证明文件。

县级人民政府公安机关应当自收到上述规定的材料之日起 7 日内，作出批准或者不予批准的决定。予以批准的，颁发剧毒化学品道路运输通行证；不予批准的，书面通知申请人并说明理由。

通过内河运输危险化学品，应当由依法取得危险货物水路运输许可的水路运输企业承运，其他单位和个人不得承运。托运人应当委托依法取得危险货物水路运输许可的水路运输企业承运，不得委托其他单位和个人承运。

2. 安全费用的提取和使用管理的要求

（1）安全费用的基本规定

《危险化学品生产企业安全生产许可证实施办法》规定，企业应当按照国家规定提取与安全生产有关的费用，并保证安全生产所必需的资金投入。

《危险化学品重大危险源监督管理暂行规定》规定，危险化学品单位是本单位重大危险源安全管理的责任主体，其主要负责人对本单位的重大危险源安全管理工作负责，并保证重大危险源安全生产所必需的安全投入。

（2）安全费用的提取

《企业安全生产费用提取和使用管理办法》规定，危险品生产与储存企业以上年度实际营业收入为计提依据，采取超额累退方式按照以下标准平均逐月提取：

1）营业收入不超过 1 000 万元的，按照 4%提取。

2）营业收入超过 1 000 万元至 1 亿元的部分，按照 2%提取。

3）营业收入超过 1 亿元至 10 亿元的部分，按照 0.5%提取。

4）营业收入超过 10 亿元的部分，按照 0.2%提取。

（3）安全费用的使用

《企业安全生产费用提取和使用管理办法》规定，危险品生产与储存企业安全费用应当按照以下范围使用：

1）完善、改造和维护安全防护设施设备支出，包括车间、库房、罐区等作业场所的监控、监测、通风、防晒、调温、防火、灭火、防爆、泄压、防毒、消毒、中和、防潮、防雷、防静电、防腐、防渗漏、防护围堤和隔离操作等设施设备支出。

2）配备、维护、保养应急救援器材、设备支出和应急救援队伍建设与应急演练支出。

3）开展重大危险源和事故隐患评估、监测监控和整改支出。

4）安全生产检查、评价（不包括改建、新建、扩建项目安全评价）、咨询和标准化建设支出。

5）配备和更新现场作业人员劳动防护用品支出。

6）安全生产宣传、教育、培训支出。

7）安全生产适用的新工艺、新标准、新技术、新装备的推广应用支出。

8）安全设施及特种设备检测检验支出。

9）安全生产责任保险支出。

10）其他与安全生产直接相关的支出。

企业提取的安全费用应当专项核算，按规定范围安排使用，不得挤占、挪用。年度结余资金结转下年度使用，当年计提安全费用不足的，超出部分按正常成本费用渠道列支。主要承担安全管理责任的集团公司经过履行内部决策程序，可以对所属企业提取的安全费用按照一定比例集中管理，统筹使用。

危险品生产与储存企业转产、停产、停业或者解散的，应当将安全费用结余用于处理转产、停产、停业或者解散前的危险品生产或者储存设备、库存产品及生产原料支出。企业由于产权转让、公司制改建等变更股权结构或者组织形式的，其结余的安全费用应当继续按照规定管理使用。企业调整业务、终止经营或者依法清算，其结余的安全费用应当结转本期收益或者清算收益。

3. 安全评价的要求

《安全生产法》规定，矿山、金属冶炼建设项目和用于生产、储存、装卸危险物品的建设项目，应当按照国家有关规定由具有相应资质的安全评价机构进行安全评价。

《建设项目安全设施"三同时"监督管理办法》规定，下列建设项目在进行可行性研究时，生产经营单位应当按照国家规定，进行安全预评价：

（1）非煤矿山建设项目。

（2）生产、储存危险化学品（包括使用长输管道输送危险化学品，下同）的建设项目。

（3）生产、储存烟花爆竹的建设项目。

（4）金属冶炼建设项目。

（5）使用危险化学品从事生产并且使用量达到规定数量的化工建设项目（属于危险化学品生产的除外）。

（6）法律法规和国务院规定的其他建设项目。

建设项目安全设施竣工或者试运行完成后，生产经营单位应当委托具有相应资质的安全评价机构对安全设施进行验收评价，并编制建设项目安全验收评价报告。

《危险化学品安全管理条例》规定，建设单位应当对新建、改建、扩建生产、储存危险化学品的建设项目（以下简称建设项目）进行安全条件论证，委托具备国家规定的资质条件的机构对建设项目进行安全评价，并将安全条件论证和安全评价的情况报告报建设项目所在地设区的市级以上人民政府应急管理部门；应急管理部门应当自收到报告之日起45日内作出审查决定，并书面通知建设单位。

生产、储存危险化学品的企业，应当委托具备国家规定的资质条件的机构，对本企业的安全生产条件每3年进行一次安全评价，提出安全评价报告。安全评价报告的内容应当包括对安全生产条件存在的问题进行整改的方案。生产、储存危险化学品的企业，应当将安全评价报告以及整改方案的落实情况报所在地县级人民政府应急管理部门备案。在港区内储存危险化学品的企业，应当将安全评价报告以及整改方案的落实情况报港口行政管理部门备案。

《危险化学品生产企业安全生产许可证实施办法》规定，企业应当依法委托具备国家规定资质的安全评价机构进行安全评价，并按照安全评价报告的意见对存在的安全生产问题进行整改。

4. 工伤保险和安全生产责任保险的要求

《安全生产法》规定，生产经营单位必须依法参加工伤保险，为从业人员缴纳保险费。国家鼓励生产经营单位投保安全生产责任保险；属于国家规定的高危行业、领域的，应当投保安全生产责任保险。

因生产安全事故受到损害的从业人员，除依法享有工伤保险外，依照有关民事法律尚有获得赔偿权利的，有权提出赔偿要求。

《危险化学品生产企业安全生产许可证实施办法》规定，企业应当依法参加工伤保险，为从业人员缴纳保险费。

《安全生产责任保险实施办法》规定，安全生产责任保险的保费由生产经营单位缴纳，不得以任何方式摊派给从业人员个人。

四、危险化学品生产、储存、经营、运输管理

1. 危险化学品生产、储存的要求

《危险化学品安全管理条例》规定，新建、改建、扩建生产、储存危险化学品的建设项目（以下简称建设项目），应当由安全生产监督管理部门进行安全条件审查。

危险化学品生产企业应当提供与其生产的危险化学品相符的化学品安全技术说明书，并在危险化学品包装（包括外包装件）上粘贴或者拴挂与包装内危险化学品相符的化学品安全标签。化学品安全技术说明书和化学品安全标签所载明的内容应当符合国家标准的要求。危险化学品生产企业发现其生产的危险化学品有新的危险特性的，应当立即公告，并及时修订其化学品安全技术说明书和化学品安全标签。

生产、储存危险化学品的单位，应当根据其生产、储存的危险化学品的种类和危险特性，在作业场所设置相应的监测、监控、通风、防晒、调温、防火、灭火、防爆、泄压、防毒、中和、防潮、防雷、防静电、防腐、防泄漏以及防护围堤或者隔离操作等安全设施、设备，并按照国家标准、行业标准或者国家有关规定对安全设施、设备进行经常性维护、保养，保证安全设施、设备的正常使用。生产、储存危险化学品的单位，应当在其作业场所和安全设施、设备上设置明显的安全警示标志。

生产、储存危险化学品的单位，应当在其作业场所设置通信、报警装置，并保证处于适用状态。

生产、储存剧毒化学品或者国务院公安部门规定的可用于制造爆炸物品的危险化学品（以下简称易制爆危险化学品）的单位，应当如实记录其生产、储存的剧毒化学品、易制爆危险化学品的数量、流向，并采取必要的安全防范措施，防止剧毒化学品、易制爆危险化学品丢失或者被盗；发现剧毒化学品、易制爆危险化学品丢失或者被盗的，应当立即向当地公安机关报告。生产、储存剧毒化学品、易制爆危险化学品的单位，应当设置治安保卫机构，配备专职治安保卫人员。

《危险化学品生产企业安全生产许可证实施办法》规定，企业应当依法进行危险化学

品登记，为用户提供化学品安全技术说明书，并在危险化学品包装（包括外包装件）上粘贴或者拴挂与包装内危险化学品相符的化学品安全标签。

（1）企业选址布局、规划设计以及与重要场所、设施、区域的距离应当符合下列要求：

1）国家产业政策；当地县级以上（含县级）人民政府的规划和布局；新设立企业建在地方人民政府规划的专门用于危险化学品生产、储存的区域内。

2）危险化学品生产装置或者储存危险化学品数量构成重大危险源的储存设施，与《危险化学品安全管理条例》规定的八类场所、设施、区域的距离符合有关法律、法规、规章和国家标准或者行业标准的规定。

3）总体布局符合《化工企业总图运输设计规范》（GB 50489—2009）、《工业企业总平面设计规范》（GB 50187—2012）、《建筑设计防火规范》（GB 50016—2014）等标准的要求。

石油化工企业除符合上述①规定条件外，还应当符合《石油化工企业设计防火标准》（GB 50160—2008）的要求。

（2）企业的厂房、作业场所、储存设施和安全设施、设备、工艺应当符合下列要求：

1）新建、改建、扩建建设项目经具备国家规定资质的单位设计、制造和施工建设；涉及危险化工工艺、重点监管危险化学品的装置，由具有综合甲级资质或者化工石化专业甲级设计资质的化工石化设计单位设计。

2）不得采用国家明令淘汰、禁止使用和危及安全生产的工艺、设备；新开发的危险化学品生产工艺必须在小试、中试、工业化试验的基础上逐步放大到工业化生产；国内首次使用的化工工艺，必须经过省级人民政府有关部门组织的安全可靠性论证。

3）涉及危险化工工艺、重点监管危险化学品的装置装设自动化控制系统；涉及危险化工工艺的大型化工装置装设紧急停车系统；涉及易燃易爆、有毒有害气体化学品的场所装设易燃易爆、有毒有害介质泄漏报警等安全设施。

4）生产区与非生产区分开设置，并符合国家标准或者行业标准规定的距离。

5）危险化学品生产装置和储存设施之间及其与建（构）筑物之间的距离符合有关标准规范的规定。

同一厂区内的设备、设施及建（构）筑物的布置必须适用同一标准的规定。

企业应当根据危险化学品的生产工艺、技术、设备特点和原辅料、产品的危险性编制岗位安全操作规程。

（3）企业的厂房、作业场所、储存设施和安全设施、设备、工艺应当符合下列要求：

1）新建、改建、扩建使用危险化学品的化工建设项目（以下统称建设项目）由具备国家规定资质的设计单位设计和施工单位建设。其中，涉及国家应急管理部门公布的重点监管危险化工工艺、重点监管危险化学品的装置，由具备石油化工医药行业相应资质的设计单位设计。

2）不得采用国家明令淘汰、禁止使用和危及安全生产的工艺、设备；新开发的使用危险化学品从事化工生产的工艺（以下简称化工工艺），在小试、中试、工业化试验的基础上逐步放大到工业化生产；国内首次使用的化工工艺，经过省级人民政府有关部门组织的安全可靠性论证。

3）涉及国家应急管理部门公布的重点监管危险化工工艺、重点监管危险化学品的装置装设自动化控制系统；涉及国家应急管理部门公布的重点监管危险化工工艺的大型化工装置装设紧急停车系统；涉及易燃易爆、有毒有害气体化学品的作业场所装设易燃易爆、有毒有害介质泄漏报警等安全设施。

4）新建企业的生产区与非生产区分开设置，并符合国家标准或者行业标准规定的距离。

5）新建企业的生产装置和储存设施之间及其建（构）筑物之间的距离符合国家标准或者行业标准的规定。

同一厂区内（生产或者储存区域）的设备、设施及建（构）筑物的布置应当适用同一标准的规定。

企业应当建立全员安全生产责任制，保证每位从业人员的安全生产责任与职务、岗位相匹配。

企业应当根据工艺、技术、设备特点和原辅料的危险性等情况编制岗位安全操作规程。

2. 危险化学品经营的要求

（1）《危险化学品安全管理条例》规定，从事危险化学品经营的企业应当具备下列条件：

1）有符合国家标准、行业标准的经营场所，储存危险化学品的，还应当有符合国家标准、行业标准的储存设施。

2）从业人员经过专业技术培训并经考核合格。

3）有健全的安全管理规章制度。

4）有专职安全生产管理人员。

5）有符合国家规定的危险化学品事故应急预案和必要的应急救援器材、设备。

6）法律法规规定的其他条件。

危险化学品经营企业储存危险化学品的，应当遵守《危险化学品安全管理条例》中关于储存危险化学品的规定。危险化学品商店内只能存放民用小包装的危险化学品。

危险化学品经营企业不得向未经许可从事危险化学品生产、经营活动的企业采购危险化学品，不得经营没有化学品安全技术说明书或者化学品安全标签的危险化学品。

依法取得危险化学品安全生产许可证、危险化学品安全使用许可证、危险化学品经营许可证的企业，凭相应的许可证件购买剧毒化学品、易制爆危险化学品。民用爆炸物品生产企业凭民用爆炸物品生产许可证购买易制爆危险化学品。上述规定以外的单位购买剧毒化学品的，应当向所在地县级人民政府公安机关申请取得剧毒化学品购买许可证；购买易制爆危险化学品的，应当持本单位出具的合法用途说明。个人不得购买剧毒化学品（属于剧毒化学品的农药除外）和易制爆危险化学品。

危险化学品生产企业、经营企业销售剧毒化学品、易制爆危险化学品，应当查验本条例规定的相关许可证件或者证明文件，不得向不具有相关许可证件或者证明文件的单位销售剧毒化学品、易制爆危险化学品。对持剧毒化学品购买许可证购买剧毒化学品的，应当按照许可证载明的品种、数量销售。禁止向个人销售剧毒化学品（属于剧毒化学品的农药除外）和易制爆危险化学品。

危险化学品生产企业、经营企业销售剧毒化学品、易制爆危险化学品，应当如实记录购买单位的名称、地址、经办人的姓名、身份证号码以及所购买的剧毒化学品、易制爆危险化学品的品种、数量、用途。销售记录以及经办人的身份证明复印件、相关许可证件复印件或者证明文件的保存期限不得少于1年。剧毒化学品、易制爆危险化学品的销售企业、购买单位应当在销售、购买后5日内，将所销售、购买的剧毒化学品、易制爆危险化学品的品种、数量以及流向信息报所在地县级人民政府公安机关备案，并输入计算机系统。

使用剧毒化学品、易制爆危险化学品的单位不得出借、转让其购买的剧毒化学品、易制爆危险化学品；因转产、停产、搬迁、关闭等确需转让的，应当向具有规定的相关许可证件或者证明文件的单位转让，并在转让后将有关情况及时向所在地县级人民政府公安机关报告。

（2）《危险化学品经营许可证管理办法》规定，从事危险化学品经营的单位（以下统称申请人）应当依法登记注册为企业，并具备下列基本条件：

1）经营和储存场所、设施、建筑物符合《建筑设计防火规范》（GB 50016—2014）、《石油化工企业设计防火标准》（GB 50160—2018）、《汽车加油加气站设计与施工规范》（GB 50156—2012）、《石油库设计规范》（GB 50074—2014）等相关国家标准的规定。

2）企业主要负责人和安全生产管理人员具备与本企业危险化学品经营活动相适应的安全生产知识和管理能力，经专门的安全生产培训和安全生产监督管理部门考核合格，取得相应安全资格证书；特种作业人员经专门的安全作业培训，取得特种作业操作证书；其他从业人员依照有关规定经安全生产教育和专业技术培训合格。

3）有健全的安全生产规章制度和岗位操作规程。

4）有符合国家规定的危险化学品事故应急预案，并配备必要的应急救援器材、设备。

5）法律法规和国家标准或者行业标准规定的其他安全生产条件。

上述规定的安全生产规章制度，是指全员安全生产责任制度、危险化学品购销管理制度、危险化学品安全管理制度（包括防火、防爆、防中毒、防泄漏管理等内容）、安全投入保障制度、安全生产奖惩制度、安全生产教育培训制度、隐患排查治理制度、安全风险管理制度、应急管理制度、事故管理制度、职业卫生管理制度等。

申请人经营剧毒化学品的，除符合规定的条件外，还应当建立剧毒化学品双人验收、双人保管、双人发货、双把锁、双本账等管理制度。

（3）申请人带有储存设施经营危险化学品的，除符合规定的条件外，还应当具备下列条件：

1）新设立的专门从事危险化学品仓储经营的，其储存设施建立在地方人民政府规划的用于危险化学品储存的专门区域内。

2）储存设施与相关场所、设施、区域的距离符合有关法律、法规、规章和标准的规定。

3）依照有关规定进行安全评价，安全评价报告符合有关规定的要求。

4）专职安全生产管理人员应具备化工化学类或者安全工程类中等职业教育以上学历，或者化工化学类中级以上专业技术职称，或者化工安全类注册安全工程师资格。

5）符合《危险化学品安全管理条例》《危险化学品重大危险源监督管理暂行规定》《常用危险化学品贮存通则》（GB 15603—1995）的相关规定。

申请人储存易燃、易爆、有毒、易扩散危险化学品的，除符合规定的条件外，还应当符合《石油化工可燃气体和有毒气体检测报警设计标准》（GB/T 50493—2019）的规定。

3. 危险化学品运输的要求

《危险化学品安全管理条例》规定，通过道路运输危险化学品的，应当配备押运人员，并保证所运输的危险化学品处于押运人员的监控之下。运输危险化学品途中因住宿或者发生影响正常运输的情况，需要较长时间停车的，驾驶人员、押运人员应当采取相应的安全防范措施；运输剧毒化学品或者易制爆危险化学品的，还应当向当地公安机关报告。

未经公安机关批准，运输危险化学品的车辆不得进入危险化学品运输车辆限制通行的区域。危险化学品运输车辆限制通行的区域由县级人民政府公安机关划定，并设置明显的标志。

剧毒化学品、易制爆危险化学品在道路运输途中丢失、被盗、被抢或者出现流散、泄漏等情况的，驾驶人员、押运人员应当立即采取相应的警示措施和安全措施，并向当地公安机关报告。公安机关接到报告后，应当根据实际情况立即向应急管理部门、生态环境主管部门、卫生健康主管部门通报。有关部门应当采取必要的应急处置措施。

禁止通过内河封闭水域运输剧毒化学品以及国家规定禁止通过内河运输的其他危险化学品。上述规定以外的内河水域，禁止运输国家规定禁止通过内河运输的剧毒化学品以及其他危险化学品。禁止通过内河运输的剧毒化学品以及其他危险化学品的范围，由国务院交通运输主管部门会同国务院生态环境主管部门、工业和信息化主管部门、应急管理部门，根据危险化学品的危险特性、危险化学品对人体和水环境的危害程度以及消除危害后果的难易程度等因素规定并公布。

通过内河运输危险化学品，应当使用依法取得危险货物适装证书的运输船舶。水路运输企业应当针对所运输的危险化学品的危险特性，制定运输船舶危险化学品事故应急救援预案，并为运输船舶配备充足、有效的应急救援器材和设备。通过内河运输危险化学品的船舶，其所有人或者经营人应当取得船舶污染损害责任保险证书或者财务担保证明。船舶污染损害责任保险证书或者财务担保证明的副本应当随船携带。

用于危险化学品运输作业的内河码头、泊位应当符合国家有关安全规范，与饮用水取水口保持国家规定的距离。有关管理单位应当制定码头、泊位危险化学品事故应急预案，并为码头、泊位配备充足、有效的应急救援器材和设备。

船舶载运危险化学品进出内河港口，应当将危险化学品的名称、危险特性、包装以及进出港时间等事项，事先报告海事管理机构。海事管理机构接到报告后，应当在国务院交通运输主管部门规定的时间内作出是否同意的决定，通知报告人，同时通报港口行政管理部门。定船舶、定航线、定货种的船舶可以定期报告。在内河港口内进行危险化学品的装卸、过驳作业，应当将危险化学品的名称、危险特性、包装和作业的时间、地点等事项报告港口行政管理部门。港口行政管理部门接到报告后，应当在国务院交通运输主管部门规定的时间内作出是否同意的决定，通知报告人，同时通报海事管理机构。载运危险化学品的船舶在内河航行，通过过船建筑物的，应当提前向交通运输主管部门申报，并接受交通运输主管部门的管理。

载运危险化学品的船舶在内河航行、装卸或者停泊，应当悬挂专用的警示标志，按照规定显示专用信号。

托运危险化学品的，托运人应当向承运人说明所托运的危险化学品的种类、数量、危险特性以及发生危险情况的应急处置措施，并按照国家有关规定对所托运的危险化学品妥善包装，在外包装上设置相应的标志。运输危险化学品需要添加抑制剂或者稳定剂的，托运人应当添加，并将有关情况告知承运人。

托运人不得在托运的普通货物中夹带危险化学品，不得将危险化学品匿报或者谎报为普通货物托运。任何单位和个人不得交寄危险化学品或者在邮件、快件内夹带危险化学品，不得将危险化学品匿报或者谎报为普通物品交寄。邮政企业、快递企业不得收寄危险化学品。

4. 包装物、容器、运输车辆、船舶的要求

《危险化学品安全管理条例》规定，危险化学品的包装应当符合法律、行政法规、规章的规定以及国家标准、行业标准的要求。危险化学品包装物、容器的材质以及危险化学品包装的型式、规格、方法和单件质量（重量），应当与所包装的危险化学品的性质和用途相适应。

生产列入国家实行生产许可证制度的工业产品目录的危险化学品包装物、容器的企业，应当依照《中华人民共和国工业产品生产许可证管理条例》的规定，取得工业产品生产许可证；其生产的危险化学品包装物、容器经国务院质量监督检验检疫部门认定的检验机构检验合格，方可出厂销售。运输危险化学品的船舶及其配载的容器，应当按照国家船舶检验规范进行生产，并经海事管理机构认定的船舶检验机构检验合格，方可投入使用。对重复使用的危险化学品包装物、容器，使用单位在重复使用前应当进行检查；发现存在安全隐患的，应当维修或者更换。使用单位应当对检查情况做好记录，记录的保存期限不得少于2年。

用于运输危险化学品的槽罐以及其他容器应当封口严密，能够防止危险化学品在运输过程中因温度、湿度或者压力的变化发生渗漏、洒漏；槽罐以及其他容器的溢流和泄压装置应当设置准确、起闭灵活。

通过道路运输危险化学品的，应当按照运输车辆的核定载质量装载危险化学品，不得超载。危险化学品运输车辆应当符合国家标准要求的安全技术条件，并按照国家有关规定定期进行安全技术检验。危险化学品运输车辆应当悬挂或者喷涂符合国家标准要求的警示标志。

海事管理机构应当根据危险化学品的种类和危险特性，确定船舶运输危险化学品的相关安全运输条件。拟交付船舶运输的化学品的相关安全运输条件不明确的，货物所有人或者代理人应当委托相关技术机构进行评估，明确相关安全运输条件并经海事管理机构确认后，方可交付船舶运输。

通过内河运输危险化学品，危险化学品包装物的材质、形式、强度以及包装方法应当符合水路运输危险化学品包装规范的要求。国务院交通运输主管部门对单船运输的危险化学品数量有限制性规定的，承运人应当按照规定安排运输数量。

五、危险化学品管道管理

《危险化学品安全管理条例》规定，生产、储存危险化学品的单位，应当对其铺设的危险化学品管道设置明显标志，并对危险化学品管道定期检查、检测。进行可能危及危险化学品管道安全的施工作业，施工单位应当在开工的 7 日前书面通知管道所属单位，并与管道所属单位共同制定应急预案，采取相应的安全防护措施。管道所属单位应当指派专门人员到现场进行管道安全保护指导。

1. 危险化学品管道的规划

《危险化学品输送管道安全管理规定》，任何单位和个人不得实施危害危险化学品管道安全生产的行为。对危害危险化学品管道安全生产的行为，任何单位和个人均有权向应急管理部门举报。

禁止光气、氯气等剧毒气体化学品管道穿（跨）越公共区域。严格控制氨、硫化氢等其他有毒气体的危险化学品管道穿（跨）越公共区域。

危险化学品管道建设的选线应当避开地震活动断层和容易发生洪灾、地质灾害的区域；确实无法避开的，应当采取可靠的工程处理措施，确保不受地质灾害影响。危险化学品管道与居民区、学校等公共场所以及建筑物、构筑物、铁路、公路、航道、港口、市政设施、通信设施、军事设施、电力设施的距离，应当符合有关法律、行政法规和国家标准、行业标准的规定。

2. 危险化学品管道的建设

根据《危险化学品输送管道安全管理规定》，危险化学品管道建设要求如下：

（1）对新建、改建、扩建的危险化学品管道，建设单位应当依照应急管理部门有关危险化学品建设项目安全监督管理的规定，依法办理安全条件审查、安全设施设计审查和安全设施竣工验收手续。

（2）危险化学品管道的施工单位应当具备有关法律、行政法规规定的相应资质。施工单位应当按照有关法律、法规、国家标准、行业标准和技术规范的规定，以及经过批准的安全设施设计进行施工，并对工程质量负责。

（3）负责危险化学品管道工程的监理单位应当对管道的总体建设质量进行全过程监

督，并对危险化学品管道的总体建设质量负责。管道施工单位应当严格按照有关国家标准、行业标准的规定对管道的焊缝和防腐质量进行检查，并按照设计要求对管道进行压力试验和气密性试验。

对敷设在江、河、湖泊或者其他环境敏感区域的危险化学品管道，应当采取增加管道压力设计等级、增加防护套管等措施，确保危险化学品管道安全。

（4）危险化学品管道试生产（使用）前，管道单位应当对有关保护措施进行安全检查，科学制定安全投入生产（使用）方案，并严格按照方案实施。

危险化学品管道试压半年后一直未投入生产（使用）的，管道单位应当在其投入生产（使用）前重新进行气密性试验；对敷设在江、河或者其他环境敏感区域的危险化学品管道，应当相应缩短重新进行气密性试验的时间间隔。

3. 危险化学品管道的运行

根据《危险化学品输送管道安全管理规定》，危险化学品管道运行要求如下：

（1）危险化学品管道应当设置明显标志。发现标志毁损的，管道单位应当及时予以修复或者更新。

（2）管道单位应当建立健全危险化学品管道巡护制度，配备专人进行日常巡护。巡护人员发现危害危险化学品管道安全生产情形的，应当立即报告单位负责人并及时处理。

（3）管道单位对危险化学品管道存在的事故隐患应当及时排除；对自身排除确有困难的外部事故隐患，应当向当地应急管理部门报告。

（4）管道单位应当按照有关国家标准、行业标准和技术规范对危险化学品管道进行定期检测、维护，确保其处于完好状态；对安全风险较大的区段和场所，应当进行重点监测、监控；对不符合安全标准的危险化学品管道，应当及时更新、改造或者停止使用，并向当地安全生产监督管理部门报告。对涉及更新、改造的危险化学品管道，还应当按照规定办理安全条件审查手续。

（5）管道单位发现下列危害危险化学品管道安全运行行为的，应当及时予以制止，无法处置时应当向当地应急管理部门报告：

1）擅自开启、关闭危险化学品管道阀门。

2）采用移动、切割、打孔、砸撬、拆卸等手段损坏管道及其附属设施。

3）移动、毁损、涂改管道标志。

4）在埋地管道上方和巡查便道上行驶重型车辆。

5）对埋地、地面管道进行占压，在架空管道线路和管桥上行走或者放置重物。

6）利用地面管道、架空管道、管架桥等固定其他设施缆绳悬挂广告牌、搭建构筑物。

7）其他危害危险化学品管道安全运行的行为。

（6）禁止在危险化学品管道附属设施的上方架设电力线路、通信线路。

（7）在危险化学品管道及其附属设施外缘两侧各 5 m 地域范围内，管道单位发现下列危害管道安全运行的行为的，应当及时予以制止，无法处置时应当向当地应急管理部门报告：

1）种植乔木、灌木、藤类、芦苇、竹子或者其他根系深达管道埋设部位可能损坏管道防腐层的深根植物。

2）取土、采石、用火、堆放重物、排放腐蚀性物质、使用机械工具进行挖掘施工、工程钻探。

3）挖塘、修渠、修晒场、修建水产养殖场、建温室、建家畜棚圈、建房以及修建其他建（构）筑物。

（8）在危险化学品管道中心线两侧及危险化学品管道附属设施外缘两侧 5 m 外的周边范围内，管道单位发现下列建（构）筑物与管道线路、管道附属设施的距离不符合国家标准、行业标准要求的，应当及时向当地应急管理部门报告：

1）居民小区、学校、医院、餐饮娱乐场所、车站、商场等人口密集的建筑物。

2）加油站、加气站、储油罐、储气罐等易燃易爆物品的生产、经营、存储场所。

3）变电站、配电站、供水站等公用设施。

（9）在穿越河流的危险化学品管道线路中心线两侧 500 m 地域范围内，管道单位发现有实施抛锚、拖锚、挖沙、采石、水下爆破等作业的，应当及时予以制止，无法处置时应当向当地应急管理部门报告。但在保障危险化学品管道安全的条件下，为防洪和航道通畅而实施的养护疏浚作业除外。

（10）在危险化学品管道专用隧道中心线两侧 1 000 m 地域范围内，管道单位发现有实施采石、采矿、爆破等作业的，应当及时予以制止，无法处置时应当向当地应急管理部门报告。

在上述规定的地域范围内，因修建铁路、公路、水利等公共工程确需实施采石、爆破等作业的，应当按照规定执行。

（11）实施下列可能危及危险化学品管道安全运行的施工作业的，施工单位应当在开工的 7 日前书面通知管道单位，将施工作业方案报管道单位，并与管道单位共同制定应急预案，采取相应的安全防护措施，管道单位应当指派专人到现场进行管道安全保护指导：

1）穿（跨）越管道的施工作业。

2）在管道线路中心线两侧 5~50 m 和管道附属设施周边 100 m 地域范围内，新建、改建、扩建铁路、公路、河渠，架设电力线路，埋设地下电缆、光缆，设置安全接地体、避雷接地体。

3）在管道线路中心线两侧 200 m 和管道附属设施周边 500 m 地域范围内，实施爆破、地震法勘探或者工程挖掘、工程钻探、采矿等作业。

（12）施工单位实施本规定危及危险化学品输送管道安全的作业，应当符合下列条件：

1）已经制定符合危险化学品管道安全运行要求的施工作业方案。

2）已经制定应急预案。

3）施工作业人员已经接受相应的危险化学品管道保护知识教育和培训。

4）具有保障安全施工作业的设备、设施。

（13）危险化学品管道的专用设施、永工防护设施、专用隧道等附属设施不得用于其他用途；确需用于其他用途的，应当征得管道单位的同意，并采取相应的安全防护措施。

（14）管道单位应当按照有关规定制定本单位危险化学品管道事故应急预案，配备相应的应急救援人员和设备物资，定期组织应急演练。

发生危险化学品管道生产安全事故，管道单位应当立即启动应急预案及响应程序，采取有效措施进行紧急处置，消除或者减轻事故危害，并按照国家规定立即向事故发生地县级以上应急管理部门报告。

（15）对转产、停产、停止使用的危险化学品管道，管道单位应当采取有效措施及时妥善处置，并将处置方案报县级以上应急管理部门。

六、重大危险源管理

1. 一般规定

《危险化学品生产企业安全生产许可证实施办法》规定，企业应当依据《危险化学品重大危险源辨识》（GB 18218—2018）对本企业的生产、储存和使用装置、设施或者场所进行重大危险源辨识。

《危险化学品安全管理条例》规定，危险化学品生产装置或者储存数量构成重大危险源的危险化学品储存设施（运输工具加油站、加气站除外），与下列场所、设施、区域的距离应当符合国家有关规定：

（1）居住区以及商业中心、公园等人员密集场所。

（2）学校、医院、影剧院、体育场（馆）等公共设施。

（3）饮用水源、水厂以及水源保护区。

（4）车站、码头（依法经许可从事危险化学品装卸作业的除外）、机场以及通信干线、通信枢纽、铁路线路、道路交通干线、水路交通干线、地铁风亭以及地铁站出入口。

（5）基本农田保护区、基本草原、畜禽遗传资源保护区、畜禽规模化养殖场（养殖小区）、渔业水域以及种子、种畜禽、水产苗种生产基地。

（6）河流、湖泊、风景名胜区、自然保护区。

（7）军事禁区、军事管理区。

（8）法律、行政法规规定的其他场所、设施、区域。

已建的危险化学品生产装置或者储存数量构成重大危险源的危险化学品储存设施不符合上述规定的，由所在地设区的市级人民政府应急管理部门会同有关部门监督其所属单位在规定期限内进行整改；需要转产、停产、搬迁、关闭的，由本级人民政府决定并组织实施。储存数量构成重大危险源的危险化学品储存设施的选址，应当避开地震活动断层和容易发生洪灾、地质灾害的区域。

2. 辨识与评估

根据《危险化学品重大危险源监督管理暂行规定》，危险化学品重大危险源的辨识与评估应符合以下要求：

（1）危险化学品单位应当按照《危险化学品重大危险源辨识》（GB 18218—2018），对本单位的危险化学品生产、经营、储存和使用装置、设施或者场所进行重大危险源辨识，并记录辨识过程与结果。

（2）危险化学品单位应当对重大危险源进行安全评估并确定重大危险源等级。危险化学品单位可以组织本单位的注册安全工程师、技术人员或者聘请有关专家进行安全评估，也可以委托具有相应资质的安全评价机构进行安全评估。依照法律、行政法规的规定，危险化学品单位需要进行安全评价的，重大危险源安全评估可以与本单位的安全评价一起进行，以安全评价报告代替安全评估报告，也可以单独进行重大危险源安全评估。重大危险源根据其危险程度，分为一级、二级、三级和四级，一级为最高级别。

（3）重大危险源有下列情形之一的，应当委托具有相应资质的安全评价机构，按照有关标准的规定采用定量风险评价方法进行安全评估，确定个人和社会风险值：

1）构成一级或者二级重大危险源，且毒性气体实际存在（在线）量与其在《危险化学品重大危险源辨识》（GB 18218—2018）中规定的临界量比值之和大于或等于1的。

2）构成一级重大危险源，且爆炸品或液化易燃气体实际存在（在线）量与其在《危险化学品重大危险源辨识》（GB 18218—2018）中规定的临界量比值之和大于或等于1的。

（4）重大危险源安全评估报告应当客观公正、数据准确、内容完整、结论明确、措施可行，并包括下列内容：

1）评估的主要依据。

2）重大危险源的基本情况。

3）事故发生的可能性及危害程度。

4）个人风险和社会风险值（仅适用定量风险评价方法）。

5）可能受事故影响的周边场所、人员情况。

6）重大危险源辨识、分级的符合性分析。

7）安全管理措施、安全技术和监控措施。

8）事故应急措施。

9）评估结论与建议。

危险化学品单位以安全评价报告代替安全评估报告的，其安全评价报告中有关重大危险源的内容应当符合有关规定的要求。

（5）有下列情形之一的，危险化学品单位应当对重大危险源重新进行辨识、安全评估及分级：

1）重大危险源安全评估已满 3 年的。

2）构成重大危险源的装置、设施或者场所进行新建、改建、扩建的。

3）危险化学品种类、数量、生产、使用工艺或者储存方式及重要设备、设施等发生变化，影响重大危险源级别或者风险程度的。

4）外界生产安全环境因素发生变化，影响重大危险源级别和风险程度的。

5）发生危险化学品事故造成人员死亡，或者 10 人以上受伤，或者影响到公共安全的。

6）有关重大危险源辨识和安全评估的国家标准、行业标准发生变化的。

3. 安全管理

（1）危险化学品单位应当建立完善重大危险源安全管理规章制度和安全操作规程，并采取有效措施保障其得到执行。

（2）危险化学品单位应当根据构成重大危险源的危险化学品种类、数量、生产、使用工艺（方式）或者相关设备、设施等实际情况，按照下列要求建立健全安全监测监控体系，完善控制措施：

1）重大危险源配备温度、压力、液位、流量、组分等信息的不间断采集和监测系统以及可燃气体和有毒有害气体泄漏检测报警装置，并具备信息远传、连续记录、事故预警、信息存储等功能；一级或者二级重大危险源，具备紧急停车功能。记录的电子数据保存时间不少于 30 天。

2）重大危险源的化工生产装置装备满足安全生产要求的自动化控制系统；一级或者二级重大危险源，装备紧急停车系统。

3）对重大危险源中的毒性气体、剧毒液体和易燃气体等重点设施，设置紧急切断装置；毒性气体的设施，设置泄漏物紧急处置装置。涉及毒性气体、液化气体、剧毒液体的一级或者二级重大危险源，配备独立的安全仪表系统（SIS）。

4）重大危险源中储存剧毒物质的场所或者设施，设置视频监控系统。

5）安全监测监控系统符合国家标准或者行业标准的规定。

（3）通过定量风险评价确定的重大危险源的个人和社会风险值，不得超过规定的个人和社会可容许风险限值标准。超过个人和社会可容许风险限值标准的，危险化学品单位应当采取相应的降低风险措施。

（4）危险化学品单位应当按照国家有关规定，定期对重大危险源的安全设施和安全监测监控系统进行检测、检验，并进行经常性维护、保养，保证重大危险源的安全设施和安全监测监控系统有效、可靠运行。维护、保养、检测应当做好记录，并由有关人员签字。

（5）危险化学品单位应当明确重大危险源中关键装置、重点部位的责任人或者责任机构，并对重大危险源的安全生产状况进行定期检查，及时采取措施消除事故隐患。事故隐患难以立即排除的，应当及时制定治理方案，落实整改措施、责任、资金、时限和预案。

（6）危险化学品单位应当对重大危险源的管理和操作岗位人员进行安全操作技能培训，使其了解重大危险源的危险特性，熟悉重大危险源安全管理规章制度和安全操作规程，掌握本岗位的安全操作技能和应急措施。

（7）危险化学品单位应当对辨识确认的重大危险源及时、逐项进行登记建档。

重大危险源档案应当包括下列文件、资料：

1）辨识、分级记录。

2）重大危险源基本特征表。

3）涉及的所有化学品安全技术说明书。

4）区域位置图、平面布置图、工艺流程图和主要设备一览表。

5）重大危险源安全管理规章制度及安全操作规程。

6）安全监测监控系统、措施说明、检测、检验结果。

7）重大危险源事故应急预案、评审意见、演练计划和评估报告。

8）安全评估报告或者安全评价报告。

9）重大危险源关键装置、重点部位的责任人、责任机构名称。

10）重大危险源场所安全警示标志的设置情况。

11）其他文件、资料。

危险化学品单位在完成重大危险源安全评估报告或者安全评价报告后 15 日内，应当填写重大危险源备案申请表，连同规定的重大危险源档案材料，报送所在地县级人民政府应急管理部门备案。县级人民政府应急管理部门应当每季度将辖区内的一级、二级重大危险源备案材料报送至设区的市级人民政府应急管理部门。设区的市级人民政府应急管理部门应当每半年将辖区内的一级重大危险源备案材料报送至省级人民政府应急管理部门。重大危险源出现上述规定情形之一的，危险化学品单位应当及时更新档案，并向所在地县级人民政府应急管理部门重新备案。

（8）危险化学品单位新建、改建和扩建危险化学品建设项目，应当在建设项目竣工验收前完成重大危险源的辨识、安全评估和分级、登记建档工作，并向所在地县级人民政府应急管理部门备案。

第四节　从业人员的安全生产权利与义务

一、从业人员的安全生产权利

1. 安全生产的权利

（1）获得安全保障、工伤保险和民事赔偿的权利

《安全生产法》规定，生产经营单位与从业人员订立的劳动合同，应当载明有关保障从业人员劳动安全、防止职业危害的事项，以及依法为从业人员办理工伤保险的事项。生产经营单位不得以任何形式与从业人员订立协议，免除或者减轻其对从业人员因生产安全事故伤亡依法应承担的责任。

因生产安全事故受到损害的从业人员，除依法享有工伤保险外，依照有关民事法律尚有获得赔偿权利的，有权提出赔偿要求。

（2）得知危险因素、防范措施和事故应急措施的权利

《安全生产法》规定，生产经营单位的从业人员有权了解其作业场所和工作岗位存在的危险因素、防范措施及事故应急措施。

（3）对本单位安全生产的建议、批评、检举和控告的权利

《安全生产法》规定，生产经营单位的从业人员有权对本单位的安全生产工作提出建议。

从业人员有权对本单位安全生产工作中存在的问题提出批评、检举、控告。生产经营单位不得因从业人员对本单位安全生产工作提出批评、检举、控告而降低其工资、福利等待遇或者解除与其订立的劳动合同。

（4）拒绝违章指挥和强令冒险作业的权利

《安全生产法》规定，从业人员有权拒绝违章指挥和强令冒险作业。生产经营单位不得因从业人员拒绝违章指挥、强令冒险作业而降低其工资、福利等待遇或者解除与其订立的劳动合同。

（5）紧急情况下的停止作业和紧急撤离的权利

《安全生产法》规定，从业人员发现直接危及人身安全的紧急情况时，有权停止作业或者在采取可能的应急措施后撤离作业场所。生产经营单位不得因从业人员在上述紧急情况下停止作业或者采取紧急撤离措施而降低其工资、福利等待遇或者解除与其订立的劳动合同。

2. 劳动安全卫生的权利

《劳动法》规定，劳动者享有平等就业和选择职业的权利、取得劳动报酬的权利、休息休假的权利、获得劳动安全卫生保护的权利、接受职业技能培训的权利、享受社会保险和福利的权利、提请劳动争议处理的权利以及法律规定的其他劳动权利。

二、从业人员的安全生产义务

1. 安全生产的义务

（1）遵章守规、服从管理

《安全生产法》规定，从业人员在作业过程中，应当严格落实岗位安全责任，遵守本单位的安全生产规章制度和操作规程，服从管理。

（2）正确佩戴和使用劳动防护用品

《安全生产法》规定，从业人员在作业过程中，应当正确佩戴和使用劳动防护用品。

（3）接受安全培训、掌握安全生产技能

《安全生产法》规定，从业人员应当接受安全生产教育和培训，掌握本职工作所需的安全生产知识，提高安全生产技能，增强事故预防和应急处理能力。

（4）发现事故隐患或者其他不安全因素及时报告

《安全生产法》规定，从业人员发现事故隐患或者其他不安全因素，应当立即向现场安全生产管理人员或者本单位负责人报告。接到报告的人员应当及时予以处理。

2. 劳动安全卫生的义务

《劳动法》规定，劳动者应当完成劳动任务，提高职业技能，执行劳动安全卫生规程，遵守劳动纪律和职业道德。

三、被派遣劳动者的安全生产权利和义务

《安全生产法》规定，生产经营单位使用被派遣劳动者的，被派遣劳动者享有本法规定的从业人员的权利，并应当履行本法规定的从业人员的义务。

《劳动合同法》规定，被派遣劳动者享有与用工单位的劳动者同工同酬的权利。用工单位应当按照同工同酬原则，对被派遣劳动者与本单位同类岗位的劳动者实行相同的劳动报酬分配办法。用工单位无同类岗位劳动者的，参照用工单位所在地相同或者相近岗位劳动者的劳动报酬确定。

第二章　安全生产基础知识

第一节　危险化学品知识

据不完全统计，目前世界市场上可见到的化学品达 200 多万种，至少有 6 万~7 万种常用于工农业生产和人们的生活中。世界上的新化学品以每年 2 万种的速度增加，其中大约有千余种化学品投放市场。

在众多的化学品中，我国已列入危险货物品名编号的有近 4 000 种，这些危险化学品具有易燃性、易爆性、强氧化性、腐蚀性、毒害性等危害，其中有些品种属剧毒化学品。

据有关统计数据，目前我国约有危险化学品从业单位 30 余万户，仅在危险化学品生产领域，从业人数就达 500 万~600 万人。

因此，随着生产的发展、品种的增加、经营的扩大，加强对危险化学品的安全管理尤为重要。

一、危险化学品的概念

《安全生产法》规定：危险物品是指易燃易爆物品、危险化学品、放射性物品等能够危及人身安全和财产安全的物品。

《危险化学品安全管理条例》将危险化学品定义为：具有毒害、腐蚀、爆炸、燃烧、助燃等性质，对人体、设施、环境具有危害的剧毒化学品和其他化学品。

二、危险化学品的危险特性

危险化学品具有如下危险特性：

1. 易燃易爆性

易燃易爆性是指危险化学品经撞击、摩擦、火花等的作用，易发生燃烧与爆炸。

2. 扩散性

扩散性是指一些危险化学品可向周围迅速扩散，与空气形成混合物，易燃易爆或易引起人体中毒。

3. 突发性

突发性是指危险化学品发生爆炸事故时，表现出轰然而起，迅速蔓延，燃烧、爆炸交替发生。

4. 毒害性

一些危险化学品具有很强的毒害性，可进入人体并对人体正常功能器官造成损坏。

5. 腐蚀性

腐蚀性是指危险化学品尤其是强酸强碱等物质与人体组织、设施构件、环境等发生物理和化学反应而造成危害。

三、危险化学品分类

危险化学品常用的分类主要依据是《化学品分类和危险性公示 通则》（GB 13690—2009）和《全球化学品统一分类和标签制度》（简称 GHS）。

1.《化学品分类和危险性公示 通则》的分类

《化学品分类和危险性公示 通则》按物理性质、健康危险和环境危险将化学品分类。

（1）物理性质

1）爆炸物。爆炸物的分类、警示标签和警示性说明见《化学品分类和标签规范 第2部分：爆炸物》（GB 30000.2—2013）。

爆炸物质（或混合物）是一种固态或液态物质（或物质的混合物），其本身能够通过化学反应产生气体，而产生气体的温度、压力和速度能对周围环境造成破坏。其中也包括烟火物质，即便它们不放出气体。

烟火物质（或混合物）是一种物质或物质的混合物，它通过非爆炸自主放热化学反应产生的热、光、声、气体、烟或所有这些的组合来产生效应。

爆炸性物品是含有一种或多种爆炸性物质或混合物的物品。

烟火物品是包含一种或多种烟火物质或混合物的物品。

爆炸物的种类包括如下几种：

①爆炸性物质和混合物。

②爆炸性物品，但不包括的装置有：其中所含爆炸性物质或混合物由于其数量或特性，在意外或偶然点燃或引爆后，不会由于进射、发火、冒烟或巨响而在装置之外产生任何效应。

③在前两项中未提及的为产生实际爆炸或烟火效应而制造的物质、混合物和物品。

2）易燃气体。易燃气体分类、警示标签和警示性说明见《化学品分类和标签规范 第3部分：易燃气体》（GB 30000.3—2013）。

易燃气体是在20℃和101.3 kPa标准压力下，与空气混合有一定易燃范围的气体。

3）易燃气溶胶。易燃气溶胶分类、警示标签和警示性说明见《化学品分类和标签规范 第4部分：气溶胶》（GB 30000.4—2013）。

气溶胶是指喷雾器（系任何不可重新灌装的容器，该容器由金属、玻璃或塑料制成）内装强制压缩、液化或溶解的气体（包含或不包含液体、膏剂或粉末），并配有释放装置以使内装物喷射出来，在气体中形成悬浮的固态或液态微粒或形成泡沫、膏剂或粉末，或者以液态或气态的形式出现。

4）氧化性气体。氧化性气体分类、警示标签和警示性说明见《化学品分类和标签规范 第5部分：氧化性气体》（GB 30000.5—2013）。

氧化性气体是一般通过提供氧气，比空气更能导致或促使其他物质燃烧的任何气体。

5）加压气体。加压气体分类、警示标签和警示性说明见《化学品分类和标签规范 第6部分：加压气体》（GB 30000.6—2013）。

加压气体是指在20℃下，压力等于或大于200 kPa（表压）下装入储存装备的气体，或是液化气体或冷冻液化气体。

加压气体包括压缩气体、液化气体、溶解液体、冷冻液化气体。

6）易燃液体。易燃液体分类、警示标签和警示性说明见《化学品分类和标签规范 第7部分：易燃液体》（GB 30000.7—2013）。

易燃液体是指闪点不高于 93 ℃的液体。

7）易燃固体。易燃固体分类、警示标签和警示性说明见《化学品分类和标签规范 第 8 部分：易燃固体》（GB 30000.8—2013）。

易燃固体是指容易燃烧或通过摩擦可能引燃或助燃的固体。

易燃固体一般为粉状、颗粒状或糊状物质，它们在与点火源（如着火的火柴）短暂接触即可点燃和火焰迅速蔓延的情况下都非常危险。

8）自反应物质和混合物。自反应物质和混合物分类、警示标签和警示性说明见《化学品分类和标签规范 第 9 部分：自反应物质和混合物》（GB 30000.9—2013）。

自反应物质和混合物是指即使没有氧（空气）也容易发生激烈放热分解的热不稳定液态或固态物质或者混合物。本定义不包括根据 GHS 分类为爆炸物、有机过氧化物或氧化性物质和混合物。

自反应物质和混合物如果在实验室试验中其组分容易起爆、迅速爆燃或在封闭条件下加热时显示剧烈效应，应视为具有爆炸性质。

9）自燃液体。自燃液体分类、警示标签和警示性说明见《化学品分类和标签规范 第 10 部分：自燃液体》（GB 30000.10—2013）。

自燃液体是指即使量少也能在与空气接触后 5 min 内着火的液体。

10）自燃固体。自燃固体分类、警示标签和警示性说明见《化学品分类和标签规范 第 11 部分：自燃固体》（GB 30000.11—2013）。

自燃固体是指即使量少也能在与空气接触后 5 min 内着火的固体。

11）自热物质和混合物。自热物质和混合物分类、警示标签和警示性说明见《化学品分类和标签规范 第 12 部分：自热物质和混合物》（GB 30000.12—2013）。

自热物质和混合物是指除自燃液体或自燃固体以外，与空气反应不需要能源供应就能够自热的固体或液体物质或混合物。这类物质或混合物与自燃液体或自燃固体不同，因为这类物质只有数量很大（公斤级）并经过长时间（几小时或几天）才会发生自燃。

一般来说，物质或混合物的自热导致自发燃烧是由于物质或混合物与氧气（空气中的氧气）逐渐发生反应并且所产生的热没有足够迅速地传导到外界而引起的。当热产生的速度超过热损耗的速度而达到自燃温度时，自燃便会发生。

12）遇水放出易燃气体的物质和混合物。遇水放出易燃气体的物质和混合物的分类、警示标签和警示性说明见《化学品分类和标签规范 第 13 部分：遇水放出易燃气体的物质和混合物》（GB 30000.13—2013）。

遇水放出易燃气体的物质和混合物是指通过与水作用，容易具有自燃性或放出危险数量的易燃气体的固态或液态物质和混合物。

13）氧化性液体。氧化性液体分类、警示标签和警示性说明见《化学品分类和标签规范 第 14 部分：氧化性液体》（GB 30000.14—2013）。

氧化性液体是指本身未必燃烧，但通常因放出氧气可能引起或促使其他物质燃烧的液体。

14）氧化性固体。氧化性固体分类、警示标签和警示性说明见《化学品分类和标签规范 第 15 部分：氧化性固体》（GB 30000.15—2013）。

氧化性固体是指本身未必燃烧，但通常因放出氧气可能引起或促使其他物质燃烧的固体。

15）有机过氧化物。有机过氧化物分类、警示标签和警示性说明见《化学品分类和标签规范 第 16 部分：有机过氧化物》（GB 30000.16—2013）。

有机过氧化物是指含有二价-O-O-结构的液态或固态有机物质，可以看作是一个或两个氢原子被有机基替代的过氧化氢衍生物。该术语也包括有机过氧化物配方（混合物）。有机过氧化物是热不稳定物质或混合物，容易放热，自己加速分解。另外，它们可能具有下列一种或多种性质：

①易于爆炸分解。

②迅速燃烧。

③对撞击或摩擦敏感。

④与其他物质发生危险反应。

如果有机过氧化物在实验室试验中，在封闭条件下加热时组分容易爆炸、迅速爆燃或表现出剧烈效应，则可认为它具有爆炸性质。

16）金属腐蚀物。金属腐蚀物分类、警示标签和警示性说明见《化学品分类和标签规范 第 17 部分：金属腐蚀物》（GB 30000.17—2013）。

金属腐蚀物是指通过化学作用显著损伤或毁坏金属的物质或混合物。

（2）健康危险

1）急性毒性。急性毒性分类、警示标签和警示性说明见《化学品分类和标签规范 第 18 部分：急性毒性》（GB 30000.18—2013）。

急性毒性是指在单次剂量或在 24 h 内多剂量经口或皮肤接触一种物质，或吸入接触 4 h 之后出现的急性有害影响。

2）皮肤腐蚀/刺激。皮肤腐蚀/刺激分类、警示标签和警示性说明见《化学品分类和标签规范 第 19 部分：皮肤腐蚀/刺激》（GB 30000.19—2013）。

皮肤腐蚀是指对皮肤造成不可逆损害的结果，即施用试验物质 4 h 内，可观察到表皮和真皮坏死。

腐蚀反应的特征是溃疡、出血、有血的结痂，而且在 14 天观察期结束时，皮肤、完全脱发区域和结痂处由于漂白而褪色。应考虑通过组织病理学来评估可疑的病变。

皮肤刺激是指施用试验物质达到 4 h 后对皮肤造成可逆损害的结果。

3）严重眼损伤/眼刺激。严重眼损伤/眼刺激分类、警示标签和警示性说明见《化学品分类和标签规范 第 20 部分：严重眼损伤/眼刺激》（GB 30000.20—2013）。

严重眼损伤是指在眼前部表面施加试验物质之后，对眼部造成在施用 21 天内并不完全可逆的组织损伤，或出现严重的视觉衰退。

眼刺激是指在眼前部表面施加试验物质之后，在眼部产生在施用 21 天内完全可逆的变化。

4）呼吸道或皮肤致敏。呼吸道或皮肤致敏分类、警示标签和警示性说明见《化学品分类和标签规范 第 21 部分：呼吸道或皮肤致敏》（GB 30000.21—2013）。

呼吸道致敏物是指吸入后会导致呼吸道过敏反应的物质。皮肤致敏物是指皮肤接触后会导致过敏反应的物质。

致敏包括两个阶段：第一个阶段是个体因接触某种过敏原而诱发特定免疫记忆；第二阶段是引发，即某一过敏个体因接触某种过敏原而产生细胞介导或抗体介导的过敏反应。

就呼吸道致敏而言，诱发之后为引发阶段，其形态与皮肤致敏相同。对于皮肤致敏，需有一个让免疫系统能学会做出反应的诱发阶段，此后可出现临床症状，这里的接触就足以引发可见的皮肤反应（引发阶段）。因此，预测性的试验通常取这种形态，其中有一个诱发阶段，对该阶段的反应则通过标准的引发阶段加以测量，典型做法是使用斑贴试验。直接测量诱发反应的局部淋巴结试验则是例外做法。人体皮肤致敏的证据通常通过诊断性斑贴试验加以评估。

就皮肤致敏和呼吸道致敏而言，对于诱发所需的量一般低于引发所需的量。

5）生殖细胞致突变性。生殖细胞致突变性分类、警示标签和警示性说明见《化学品分类和标签规范 第22部分：生殖细胞致突变性》（GB 30000.22—2013）。

本危险类别涉及的主要是可能导致人类生殖细胞发生可遗传给后代的突变的化学品。但是，在本危险类别内对物质和混合物进行分类时，也要考虑活体外致突变性/遗传毒性试验和哺乳动物体细胞内致突变性和遗传性试验。

6）致癌性。致癌性分类、警示标签和警示性说明见《化学品分类和标签规范 第23部分：致癌性》（GB 30000.23—2013）。

致癌物是指可导致癌症或增加癌症发病率的化学物质或化学物质混合物。在实施良好的动物实验性研究中诱发良性和恶性肿瘤的物质和混合物，也被认为是假定的或可疑的人类致癌物，除非有确凿证据显示该肿瘤形成机制与人类无关。

7）生殖毒性。生殖毒性分类、警示标签和警示性说明见《化学品分类和标签规范 第24部分：生殖毒性》（GB 30000.24—2013）。

8）特异性靶器官毒性（一次接触）。特异性靶器官毒性（一次接触）分类、警示标签和警示性说明见《化学品分类和标签规范 第25部分：特异性靶器官毒性 一次接触》（GB 30000.25—2013）。

9）特异性靶器官毒性（反复接触）。特异性靶器官毒性（反复接触）分类、警示标签和警示性说明见《化学品分类和标签规范 第26部分：特异性靶器官毒性 反复接触》（GB 30000.26—2013）。

10）吸入危害。吸入危害分类、警示标签和警示性说明见《化学品分类和标签规范 第27部分：吸入危害》（GB 30000.27—2013）。

该标准是对可能对人类造成吸入毒性危害的物质或混合物进行分类。

吸入特指液态或固态化学品通过口腔或鼻腔直接进入或者因呕吐间接进入气管和下呼吸系统。

吸入毒性危害包括化学性肺炎、不同程度的肺损伤或吸入后死亡等严重急性效应。

（3）环境危险

1）对水生环境的危害。对水生环境的危害分类、警示标签和警示性说明见《化学品分类和标签规范 第 28 部分：对水生环境的危害》（GB 30000.28—2013）。

急性水生毒性是指物质可对在水中短时间接触它的生物体造成伤害的固有性质。

慢性水生毒性是指可对在水中接触该物质的生物体造成有害影响，接触时间根据生物体和生命周期确定，是物质本身的性质。

2）对臭氧层的危害。对臭氧层的危害分类、警示标签和警示性说明见《化学品分类和标签规范 第 29 部分：对臭氧层的危害》（GB 30000.29—2013）。

2. GHS 的分类

GHS 包括两方面内容：一是对化学品危害性的统一分类；二是对化学品危害信息的统一公示制度。

（1）对化学品危害性的统一分类

1）按物质分类。GHS 将化学品分为物质和混合物两大类。

①物质。物质是指自然状态或通过生产过程得到的化学元素及其化合物，其中包括维持产品稳定性所需的任何添加剂和派生于所有过程的杂质；不包括可以分离而不影响物质稳定性或改变其组成的任何溶剂，如常见的化工品以及医药中间体。

②混合物。这里的混合物是指由两种或更多种物质组成，但不起反应的混合物或溶液，如农药、油漆、指甲油等。

2）按危害分类。GHS 将化学品的危害大致分为三大类 28 项。

①物理危害。如易燃液体、氧化性固体等共 16 项。

②健康危害。如急性毒性，皮肤腐蚀/刺激等共 10 项。

③环境危害。如危害水生环境、危害臭氧层共 2 项。

以上分类内容如图 2-1 所示。

GHS 提供了评估化学品危害的系统性方法，然后将化学品进行分类以区分它们的特性。

化学品物理危害分类详见表 2-1。

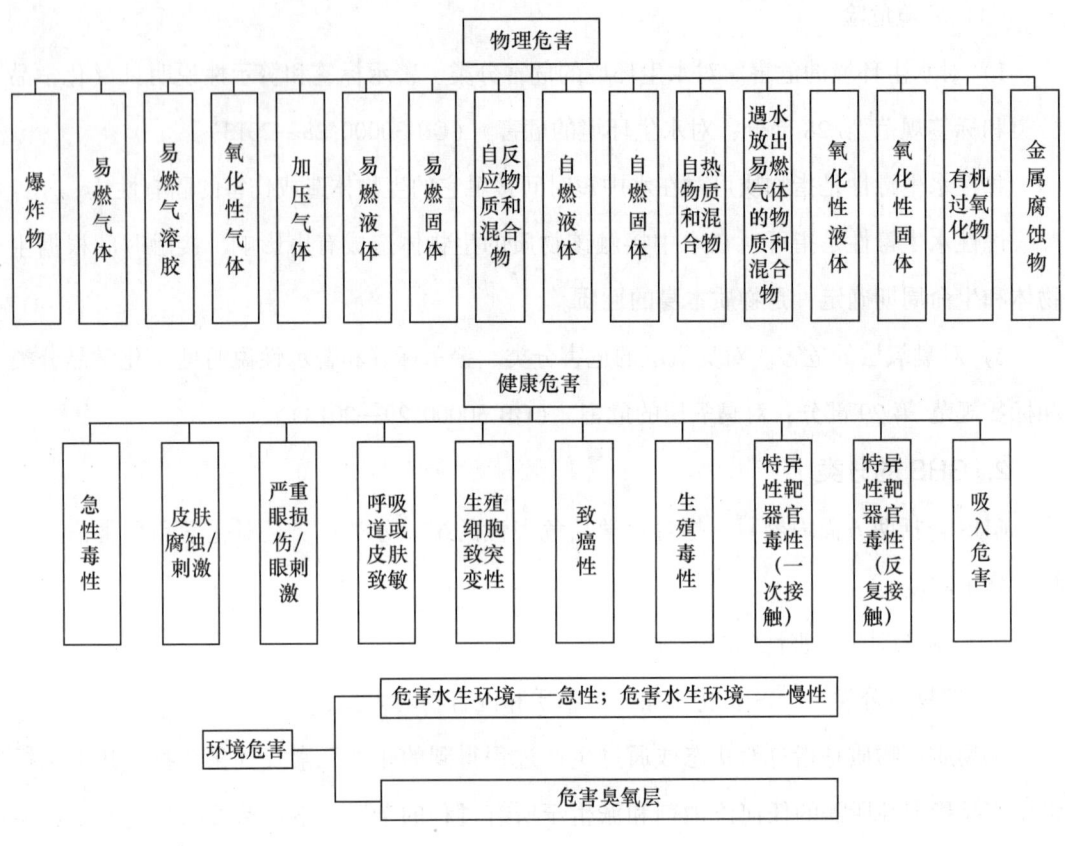

图 2-1　GHS 化学品危害分类

表 2-1　　　　　　　　　　　　GHS 提供的化学品物理危害分类

危害种类		类别						
物理危害	爆炸物	不稳定爆炸物	1.1	1.2	1.3	1.4	1.5	1.6
	易燃气体	1	2	A（化学不稳定性气体）	B（化学不稳定性气体）			
	易燃气溶胶（又称气雾剂）	1	2	3				
	氧化性气体	1						
	加压气体	压缩气体	液化气体	冷冻液化气体	溶解气体			
	易燃液体	1	2	3	4			
	易燃固体	1	2					

续表

危害种类		类别						
物理危害	自反应物质和混合物	A	B	C	D	E	F	G
	自热物质和混合物	1	2					
	自燃液体	1						
	自燃固体	1						
	遇水放出易燃气体的物质和混合物	1	2	3				
	金属腐蚀物	1						
	氧化性液体	1	2	3				
	氧化性固体	1	2	3				
	有机过氧化物	A	B	C	D	E	F	G

化学品健康危害和环境危害详见表2-2。

表2-2　　　　　　　　　GHS 提供的化学品健康危害和环境危害分类

危害种类		类别						
健康危害	急性毒性	1	2	3	4	5		
	皮肤腐蚀/刺激	1A	1B	1C	2	3		
	严重眼损伤/眼刺激	1	2A	2B				
	呼吸道或皮肤致敏	呼吸道致敏物 1A	呼吸道致敏物 1B	皮肤致敏物 1A	皮肤致敏物 1B			
	生殖细胞致突变性	1A	1B	2				
	致癌性	1A	1B	2				
	生殖毒性	1A	1B	2	附加类别（哺乳效应）			
	特异性靶器官毒性（一次接触）	1	2	3				
	特异性靶器官毒性（反复接触）	1	2					
	吸入危害	1	2					
环境危害	危害水生环境	急性1	急性2	急性3	长期1	长期2	长期3	长期4
	危害臭氧层	1						

（2）对化学品危害信息的统一公示制度

GHS 采用两种方式统一公示化学品的危害信息：一种是标签；另一种是安全数据单（safety data sheet，简称 SDS），在我国的标准中常将其称为"物质安全数据表"（简称 MSDS）。

1）标签。标签至少包含有以下 5 个部分。

①信号词。表明危险的相对严重程度的词语，包括：

A. 危险。用于较为严重的危险类别。

B. 警告。用于较轻的危险类别。

②危险说明。描述一种危险产品危险性质的短语。

GHS 已经为所有危险项目分配了指定的危险说明。如：

A. 高度易燃液体和蒸气。

B. 遇热可能会爆炸。

C. 对水生生物毒性极大，并具有长期持续影响。

③象形图和防范说明。用一个图形或短语来说明建议采取的措施。

④产品标识。包括物质的名称、CAS 号、危险成分的名称（混合物）。其中，CAS 号是 chemical abstract service 的缩写，是美国化学文摘社对化学品的唯一登记号，是检索化学物质有关信息资料最常用的编号。

⑤生产商/供应商标识。包括生产商/供应商的名称、地址和电话等。

2）安全数据单（SDS）。SDS 包括 16 个方面内容：①标识；②危害标识；③成分构成/成分信息；④急救措施；⑤消防措施；⑥意外泄漏措施；⑦搬运和存储；⑧接触控制/人身保护；⑨物理和化学性质；⑩稳定性和反应性；⑪毒理学信息；⑫生态学信息；⑬处置考虑；⑭运输信息；⑮管理信息；⑯其他信息。

四、重点监管危险化学品

1.《首批重点监管的危险化学品名录》

为深入贯彻落实《国务院关于进一步加强企业安全生产工作的通知》（国发〔2010〕23 号）和《国务院安委会办公室关于进一步加强危险化学品安全生产工作的指导意见》（安委办〔2008〕26 号）精神，进一步突出重点、强化监管，指导安全监督管理部门和危险化学品单位切实加强危险化学品安全管理工作，在综合考虑 2002 年以来国内发生的化学品事故情况、国内化学品生产情况、国内外重点监管化学品品种、化学品固有危险特性和近 40 年来国内外重特大化学品事故等因素的基础上，原国家安全生产监督管理总局组织对《危险化学品名录》中的 3 800 余种危险化学品进行了筛选，编制了《首批重点监管的危险化学品名录》。

重点监管的危险化学品是指列入《首批重点监管的危险化学品名录》的危险化学品以及在温度 20 ℃和标准大气压 101.3 kPa 条件下属于以下类别的危险化学品：

（1）易燃气体类别 1（爆炸下限≤13%或爆炸极限范围≥12%的气体）。

（2）易燃液体类别 1（闭杯闪点<23 ℃并初沸点≤35 ℃的液体）。

（3）自燃液体类别 1（与空气接触不到 5 min 便燃烧的液体）。

（4）自燃固体类别 1（与空气接触不到 5 min 便燃烧的固体）。

（5）遇水放出易燃气体的物质类别 1（在环境温度下与水剧烈反应所产生的气体通常显示自燃的倾向，或释放易燃气体的速度等于或大于每公斤物质在任何 1 min 内释放 10 L 的任何物质或混合物）。

（6）三光气等光气类化学品。

具体内容详见表 2-3。

表 2-3　　　　　　　　　首批重点监管的危险化学品名录

序号	化学品名称	别名	CAS 号
1	氯	液氯、氯气	7782-50-5
2	氨	液氨、氨气	7664-41-7
3	液化石油气	—	68476-85-7
4	硫化氢	—	7783-06-4
5	甲烷、天然气	—	74-82-8（甲烷）
6	原油	—	—
7	汽油（含甲醇汽油、乙醇汽油）、石脑油	—	8006-61-9（汽油）
8	氢	氢气	1333-74-0
9	苯（含粗苯）	—	71-43-2
10	碳酰氯	光气	75-44-5
11	二氧化硫	—	7446-09-5
12	一氧化碳	—	630-08-0

序号	化学品名称	别名	CAS 号
13	甲醇	木醇、木精	67-56-1
14	丙烯腈	氰基乙烯、乙烯基氰	107-13-1
15	环氧乙烷	氧化乙烯	75-21-8
16	乙炔	电石气	74-86-2
17	氟化氢、氢氟酸	—	7664-39-3
18	氯乙烯	—	75-01-4
19	甲苯	甲基苯、苯基甲烷	108-88-3
20	氰化氢、氢氰酸	—	74-90-8
21	乙烯	—	74-85-1
22	三氯化磷	—	7719-12-2
23	硝基苯	—	98-95-3
24	苯乙烯	—	100-42-5
25	环氧丙烷	—	75-56-9
26	一氯甲烷	—	74-87-3
27	1,3-丁二烯	—	106-99-0
28	硫酸二甲酯	—	77-78-1
29	氰化钠	—	143-33-9
30	1-丙烯、丙烯	—	115-07-1
31	苯胺	—	62-53-3
32	甲醚	—	115-10-6
33	丙烯醛、2-丙烯醛	—	107-02-8
34	氯苯	—	108-90-7
35	乙酸乙烯酯	—	108-05-4
36	二甲胺	—	124-40-3
37	苯酚	石炭酸	108-95-2
38	四氯化钛	—	7550-45-0
39	甲苯二异氰酸酯	TDI	584-84-9
40	过氧乙酸	过乙酸、过氧乙酸	79-21-0
41	六氯环戊二烯	—	77-47-4
42	二硫化碳	—	75-15-0
43	乙烷	—	74-84-0
44	环氧氯丙烷	3-氯-1,2-环氧丙烷	106-89-8
45	丙酮氰醇	2-甲基-2-羟基丙腈	75-86-5
46	磷化氢	膦	7803-51-2

序号	化学品名称	别名	CAS 号
47	氯甲基甲醚	—	107-30-2
48	三氟化硼	—	7637-07-2
49	烯丙胺	3-氨基丙烯	107-11-9
50	异氰酸甲酯	甲基异氰酸酯	624-83-9
51	甲基叔丁基醚	—	1634-04-4
52	乙酸乙酯	—	141-78-6
53	丙烯酸	—	79-10-7
54	硝酸铵	—	6484-52-2
55	三氧化硫	硫酸酐	7446-11-9
56	三氯甲烷	氯仿	67-66-3
57	甲基肼	—	60-34-4
58	一甲胺	—	74-89-5
59	乙醛	—	75-07-0
60	氯甲酸三氯甲酯	双光气	503-38-8

2.《第二批重点监管的危险化学品名录》

2013 年 2 月 5 日，原国家安全生产监督管理总局对《首批重点监管的危险化学品名录》进行了补充，发布了《第二批重点监管的危险化学品名录》，具体内容详见表2-4。

表2-4　　　　　　　　　第二批重点监管的危险化学品名录

序号	化学品品名	CAS 号
1	氯酸钠	7775-9-9
2	氯酸钾	3811-4-9
3	过氧化甲乙酮	1338-23-4
4	过氧化（二）苯甲酰	94-36-0
5	硝化纤维素	9004-70-0
6	硝酸胍	506-93-4
7	高氯酸铵	7790-98-9
8	过氧化苯甲酸叔丁酯	614-45-9
9	N,N′-二亚硝基五亚甲基四胺	101-25-7
10	硝基胍	556-88-7
11	2,2′-偶氮二异丁腈	78-67-1
12	2,2′-偶氮二-（2,4-二甲基戊腈）（即偶氮二异庚腈）	4419-11-8
13	硝化甘油	55-63-0
14	乙醚	60-29-7

五、剧毒、易制毒和易制爆化学品

1. 剧毒化学品

根据《危险化学品目录》（2015 版），剧毒化学品的定义和判定界限如下：

（1）具有剧烈急性毒性危害的化学品（急性毒性类别 1）。

（2）定义中主要增加了"具有急性毒性易造成公共安全危害的化学品"。对于某些不满足剧烈急性毒性判定界限，但是根据有关部门提出的易造成公共安全危害的，同时具有较高急性毒性（符合急性毒性，类别 2）的化学品，经过 10 部门同意后纳入剧毒化学品管理。

剧烈急性毒性判定界限：急性毒性是判断一个化学品是否为毒害品的一个重要指标。它是指一定量的毒物一次对动物所产生的毒害作用，用半数致死剂量 LD_{50}、半数致死浓度 LC_{50} 来表示。

满足下列条件之一，即可判定为急性毒性类别 1。

（1）大鼠实验，经口 $LD_{50} \leqslant 5$ mg/kg。

（2）经皮 $LD_{50} \leqslant 50$ mg/kg。

（3）吸入（4 h）$LC_{50} \leqslant 100$ mL/m^3（气体）或 0.5 mg/L（蒸气）或 0.05 mg/L（尘、雾）。

经皮 LD_{50} 的实验数据，也可使用兔实验数据。

一般情况下，固体或液体化学品急性毒性用 LD_{50} 表示，其含义为能使一组被试验的动物（家兔、白鼠等）死亡 50% 的剂量，单位为 mg/kg（体重）。例如，氰化钠的大鼠经口半数致死量（LD_{50}）为 6.4mg/kg。

气体化学品急性毒性用半数致死浓度 LC_{50} 表示，其含义为试验动物吸入后，经一定时间，能使其半数死亡的空气中该毒物的浓度，单位为 mg/L。

2. 易制毒化学品

易制毒化学品是指可用于制造毒品的化学品。易制毒化学品按用途分为药品类易制毒化学品和非药品类易制毒化学品。非药品类易制毒化学品是指《易制毒化学品管理条例》中附表确定的可以用于制毒的非药品类主要原料和化学配剂，品种目录见《非药品类易制毒化学品生产、经营许可办法》和后续补充目录。石油化工企业主要涉及的是非药品类易制毒化学品。

非药品类易制毒化学品分为三类：第一类是可以用于制毒的主要原料，第二类、第三类是可以用于制毒的化学配剂。

企业生产、经营第一类非药品类易制毒化学品前，应报省（自治区、直辖市）应急管理部门审批，获得许可证后方可从事相关活动。进出口易制毒化学品应按照《易制毒化学品进出口管理规定》办理相关许可。

非药品类易制毒化学品分类和品种目录详细列举如下：

（1）第一类

1）1-苯基-2-丙酮。

2）3,4-亚甲基二氧苯基-2-丙酮。

3）胡椒醛。

4）黄樟素。

5）黄樟油。

6）异黄樟素。

7）N-乙酰邻氨基苯酸。

8）邻氨基苯甲酸。

9）羟亚胺。

10）邻氯苯基环戊酮。

11）1-苯基-2-溴-1-丙酮。

12）3-氧-2-苯基丁腈。

13）4-苯胺基-N-苯乙基哌啶。

14）N-苯乙基-4-哌啶酮。

（2）第二类

1）苯乙酸。

2）醋酸酐。

3）三氯甲烷。

4）乙醚。

5）哌啶。

6）溴素，又名溴、液溴。

7）1-苯基-1-丙酮，又名苯基乙基甲酮、丙酰苯、乙基苯基酮。

（3）第三类

1）甲苯[*]。

2）丙酮[*]。

3）甲基乙基酮[*]。

4）高锰酸钾[*]。

5）硫酸[*]。

6）盐酸[*]。

（4）相关说明

1）第一类、第二类所列物质可能存在的盐类，也纳入管制。

2）带有 * 标记的品种为危险化学品。

3. 易制爆危险化学品

易制爆危险化学品是指可用于制造爆炸物品的一类危险化学品。

为防止发生公共安全事件，保障人民群众生命财产安全，根据《危险化学品安全管理条例》等有关法律法规，2017 年 5 月 11 日公安部公布了《易制爆危险化学品名录》（2017 版）。

易制爆危险化学品生产、储存、使用、购买、销售、运输、废弃处置等相关环节除了按照《危险化学品安全管理条例》等相关法律法规、标准除了应做好安全生产管理工作、向应急管理部门办理有关安全许可外，还应及时向所在地公安部门备案，并遵照公安部门的有关规定办理相关批准文件。

六、危险货物

企业生产的危险化学品未出厂运输前属于产品范畴，进入流通环节运输时属于危险货物，应按照危险货物运输的有关法律法规和标准进行安全管理。

1. 危险货物分类和编号

日常见到的危险化学品货物的包装是以货物包装形式呈现，根据联合国《关于危险货物运输的建议书规章范本》，我国铁路、公路、水路、航空运输危险货物都制定了相应的危险货物运输规则。

目前，危险货物的分类依据《危险货物分类和品名编号》（GB 6944—2012）分为九大类，其中第 1 类、第 2 类、第 4 类、第 5 类、第 6 类再分成项别。

（1）第 1 类：爆炸品

1）1.1 项：有整体爆炸危险的物质和物品。

2）1.2 项：有迸射危险，但无整体爆炸危险的物质和物品。

3）1.3 项：有燃烧危险并有局部爆炸危险或局部迸射危险或这两种危险都有，但无整体爆炸危险的物质和物品。

4）1.4 项：不呈现重大危险性的物质和物品。

5）1.5 项：有整体爆炸危险的非常不敏感的物质。

6）1.6 项：无整体爆炸危险的极端不敏感的物品。

（2）第 2 类：气体

1）2.1 项：易燃气体。

2）2.2 项：非易燃无毒气体。

3）2.3 项：毒性气体。

（3）第 3 类：易燃液体

第 3 类下无分项类别。

（4）第 4 类：易燃固体、易于自燃的物质、遇水放出易燃气体的物质

1）4.1 项：易燃固体、自反应物质和固态退敏爆炸品。

2）4.2 项：易于自燃的物质。

3）4.3 项，遇水放出易燃气体的物质。

（5）第 5 类：氧化性物质和有机过氧化物

1）5.1 项：氧化性物质。

2）5.2 项：有机过氧化物。

（6）第 6 类：毒性物质和感染性物质

1）6.1 项：毒性物质。

2）6.2 项：感染性物质。

（7）第7类：放射性物质

第7类下无分项类别。

（8）第8类：腐蚀性物质

第8类下无分项类别。

（9）第9类：杂项危险物质和物品

第9类包括危害环境物质，下无分项类别。

需要注意的是，以上类别和项别的号码顺序并不是危险程度的顺序。

同时《危险货物分类和品名编号》（GB 6944—2012）中规定，为了包装目的，除了第1类、第2类、第7类、5.2项和6.2项物质，以及4.1项自反应物质以外的物质，根据危险货物的危险程度，划分为3个包装类别：具有高度危险性的物质的Ⅰ类包装；具有中等危险性的物质的Ⅱ类包装；具有轻度危险性的物质的Ⅲ类包装。

2. 危险货物分类的主要应用

（1）主要用于生产企业编制化学品安全技术说明书和安全标签，并提供给下游用户。化学品安全技术说明书需要向下游用户和运输车船的押运员提供，安全标签需要在每个化学品外包装容器上粘贴。

（2）涉及重点监管的危险化学品的生产、储存装置，原则上须由具有甲级资质的化工行业设计单位进行设计。

（3）地方各级应急管理部门应当将生产、储存、使用、经营重点监管的危险化学品的企业，优先纳入年度执法检查计划，实施重点监管。

（4）生产、储存重点监管的危险化学品的企业，应根据本企业工艺特点，装备功能完善的自动化控制系统，严格工艺、设备管理。对使用重点监管的危险化学品数量构成重大危险源的企业的生产储存装置，应装备自动化控制系统，实现对温度、压力、液位等重要参数的实时监测。

（5）生产重点监管的危险化学品的企业，应针对产品特性，按照有关规定编制完善的、可操作性强的危险化学品事故应急预案，配备必要的应急救援器材、设备，加强应急演练，提高应急处置能力。

七、化学品安全标签、安全技术说明书

《危险化学品安全管理条例》要求，危险化学品生产企业应当提供与其生产的危险化学品相符的化学品安全技术说明书，并在危险化学品包装（包括外包装件）上粘贴或者拴挂与包装内危险化学品相符的化学品安全标签。

1. 化学品的安全标签

化学品安全标签是指危险化学品在市场上流通时，应由生产销售单位提供的附在化学品包装上的安全标签。安全标签是用于标示化学品所具有的危险性和安全注意事项的一组文字、象形图和编码组合，它可粘贴、挂拴或喷印在化学品的外包装或容器上。

化学品安全标签主要是对市场上流通的化学品通过加贴标签的形式进行危险性标识，提出安全使用注意事项，向作业人员传递安全信息，以预防和减少化学危害，达到保障安全和健康的目的。准确使用化学品安全标签是预防和控制化学品危害基本措施之一。

（1）编制依据

《化学品安全标签编写规定》（GB 15258—2009）明确规定：安全标签用文字、图形符号和编码的组合形式表示化学品所具有的危险性和安全注意事项；安全标签由生产企业在货物出厂前粘贴、挂拴、喷印在包装或容器的明显位置；若改换包装，则由改换单位重新粘贴、挂拴、喷印。

（2）安全标签的主要内容

《化学品安全标签编写规定》（GB 15258—2009）规定化学品安全标签应包括化学品标识、象形图、信号词、危险性说明、防范说明、供应商标识、应急咨询电话、资料参阅提示语等。

1）化学品标识。用中文和英文分别标明化学品的化学名称或通用名称。名称要求醒目清晰，位于标签的上方，应与化学品安全技术说明书中的名称一致。对混合物应标出对其危险性分类有贡献的主要组分的化学名称或通用名、浓度或浓度范围。当需要标出的组分较多时，组分个数以不超过5个为宜。对于属于商业机密的成分可以不标明，但应列出其危险性。

2）象形图。象形图采用相关国家标准规定的象形图。

3）信号词。根据化学品的危险程度和类别，用"危险""警告"两个词分别进行危

害程度的警示。信号词位于化学品名称的下方，要求醒目、清晰。根据相关国家标准，选择不同类别危险化学品的信号词。

4）危险性说明。简要概述化学品的危险特性，居信号词下方。根据相关国家标准，选择不同类别危险化学品的危险性说明。

5）防范说明。表述化学品在处置、搬运、储存和使用作业过程中所必须注意的事项和发生意外时简单有效的救护措施等，要求内容简明扼要、重点突出。该部分应包括安全预防措施、意外情况（如泄漏、人员接触或火灾等）的处理、安全储存措施及废弃处置等内容。

6）供应商标识。供应商名称、地址、邮编和电话等。

7）应急咨询电话。填写化学品生产商或生产商委托的 24 h 化学品事故应急咨询电话。

国外进口化学品安全标签上应至少有一家中国境内的 24 h 化学品事故应急咨询电话。

8）资料参阅提示语。提示化学品用户应参阅化学品安全技术说明书。

9）危险信息先后排序。当某种化学品具有两种及两种以上的危险性时，安全标签的象形图、信号词、危险性说明的先后顺序规定如下：

①象形图的先后顺序。物理危险象形图的先后顺序，应根据《危险货物品名表》（GB 12268—2012）中的主次危险性确定，未列入《危险货物品名表》（GB 12268—2012）的化学品，以下危险性类别的危险性总是主危险：爆炸物、易燃气体、易燃气溶胶、氧化性气体、加压气体、自反应物质和混合物、自燃和自热物质、有机过氧化物。其他主危险性的确定按照联合国《关于危险货物运输的建议书规章范本》中的危险性先后顺序确定方法确定。对于健康危害，按照以下先后顺序：如果使用了骷髅和交叉骨图形符号，则不应出现感叹号图形符号；如果使用了腐蚀图形符号，则不应出现感叹号来表示对皮肤/眼睛刺激；如果使用了呼吸致敏物的健康危害图形符号，则不应出现感叹号来表示皮肤致敏物或者皮肤/眼睛刺激。

②信号词先后顺序。存在多种危险性时，如果在安全标签上选用了信号词"危险"，则不应出现信号词"警告"。

③危险性说明先后顺序。所有危险性说明都应当出现在安全标签上，按物理危害、健康危害、环境危害顺序排列。

对于小于或等于 100 mL 的化学品小包装，为方便标签使用，安全标签要素可以简化，包括化学品标识、象形图、信号词、危险性说明、应急咨询电话、供应商名称及联系电话、资料参阅提示语即可。安全标签及其简化版如图 2-2 所示。

（3）安全标签的制作

1）编写。标签正文应使用简洁、明了、易于理解、规范的汉字表述，也可以同时使用少数民族文字或外文，但意义必须与汉字相对应，字形应小于汉字。相同的含义应用相同的文字或图形表示。当某种化学品有新的信息发现时，标签应及时修订。

2）颜色。标签内象形图的颜色根据相关国家标准的规定执行，一般使用黑色图形符号加白色背景，方块边框为红色。正文应使用与底色反差明显的颜色，一般采用黑白色。若在国内使用，方块边框可以为黑色。

3）标签尺寸。对不同容量的容器或包装，标签最低尺寸如表 2-5 所示。

表 2-5　　　　　　　　　　　　　　　标签最低尺寸

容器或包装容积 V/L	标签尺寸/（mm×mm）
$V \leq 0.1$	使用简化标签
$0.1 < V \leq 3$	50×75
$3 < V \leq 50$	75×100
$50 < V \leq 500$	100×150
$500 < V \leq 1\,000$	150×200
$V > 1\,000$	200×300

4）印刷

①标签的边缘要加一个黑色边框，边框外应留大于或等于 3 mm 的空白，边框宽度大于或等于 1 mm。

②象形图必须从较远的距离，以及在烟雾条件下或容器部分模糊不清的条件下也能看到。

③标签的印刷应清晰，所使用的印刷材料和黏胶材料应具有耐用性和防水性。

（4）安全标签的使用

1）使用方法

①安全标签应粘贴、挂栓或喷印在化学品包装或容器的明显位置。

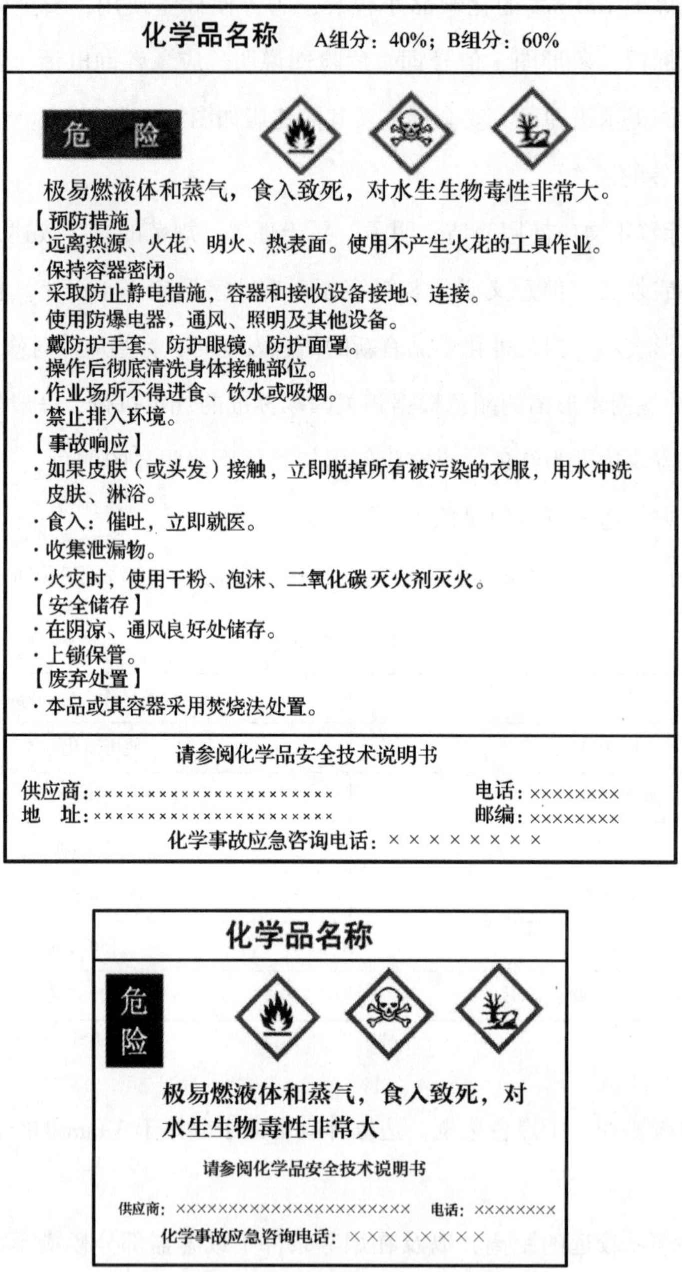

化学品名称	A组分：40%；B组分：60%

危 险　

极易燃液体和蒸气，食入致死，对水生生物毒性非常大。

【预防措施】
· 远离热源、火花、明火、热表面。使用不产生火花的工具作业。
· 保持容器密闭。
· 采取防止静电措施，容器和接收设备接地、连接。
· 使用防爆电器，通风、照明及其他设备。
· 戴防护手套、防护眼镜、防护面罩。
· 操作后彻底清洗身体接触部位。
· 作业场所不得进食、饮水或吸烟。
· 禁止排入环境。
【事故响应】
· 如果皮肤（或头发）接触，立即脱掉所有被污染的衣服，用水冲洗皮肤、淋浴。
· 食入：催吐，立即就医。
· 收集泄漏物。
· 火灾时，使用干粉、泡沫、二氧化碳灭火剂灭火。
【安全储存】
· 在阴凉、通风良好处储存。
· 上锁保管。
【废弃处置】
· 本品或其容器采用焚烧法处置。

请参阅化学品安全技术说明书

供应商：×××××××××××××××××　电话：×××××××
地　址：×××××××××××××××××　邮编：×××××××
化学事故应急咨询电话：× × × × × × × ×

化学品名称

危 险　

**极易燃液体和蒸气，食入致死，对
水生生物毒性非常大**

请参阅化学品安全技术说明书

供应商：××××××××××××××××××××　电话：×××××××
化学事故应急咨询电话：× × × × × × × ×

图 2-2　化学品安全标签及简化版示例

注：摘自《化学品安全标签编写规定》（GB 15258—2009）附录 A。

②当与运输标志组合使用时，运输标志可以放在安全标签的另一版面，将之与其他信息分开，也可放在包装上靠近安全标签的位置。后一种情况下，若安全标签中的象形

图与运输标志重复，安全标签中的象形图应删掉。

③对组合容器，要求内包装加贴（挂）安全标签，外包装上加贴运输象形图，如果不需要运输标志可以加贴安全标签，粘贴样例如图2-3所示。

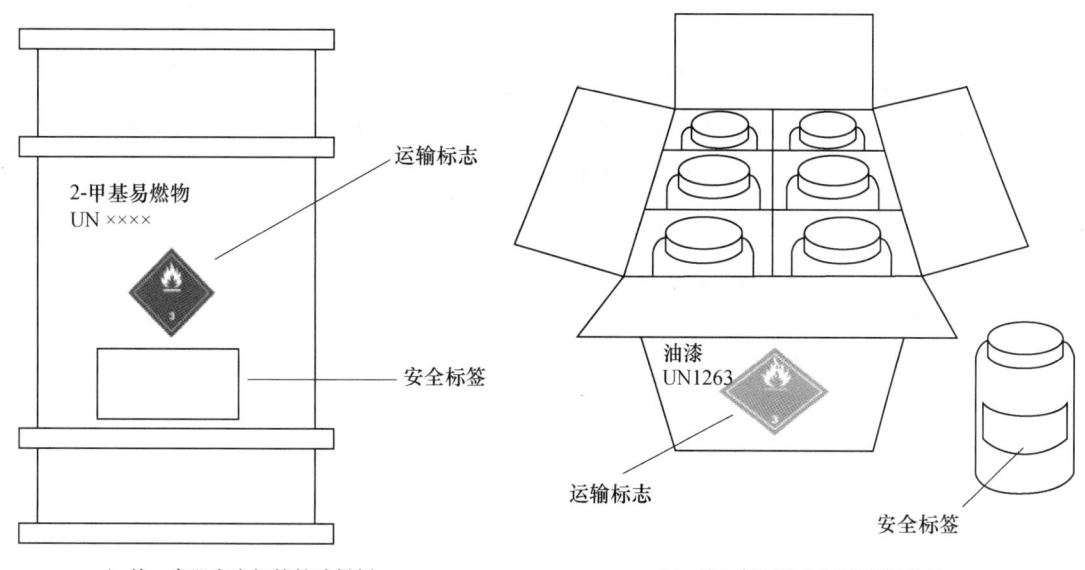

a）单一容器安全标签粘贴样例　　　　　　　b）组合容器安全标签粘贴样例

图2-3　安全标签的使用

注：摘自《化学品安全标签编写规定》（GB 15258—2009）附录B。

2）位置

安全标签的粘贴、喷印位置规定如下：

①桶、瓶形包装：位于桶、瓶侧身。

②箱状包装：位于包装端面或侧面明显处。

③袋、捆包装：位于包装明显处。

3）使用注意事项

①安全标签的粘贴、挂拴或喷印应牢固，保证在运输、储存期间不脱落，不损坏。

②安全标签应由生产企业在货物出厂前粘贴、挂拴或喷印。若要改换包装，则由改换包装单位重新粘贴、挂拴或喷印标签。

③盛装危险化学品的容器或包装，在经过处理并确认其危险性完全消除之后，方可撕下安全标签，否则不能撕下相应的标签。

（5）安全标签与相关标签的协调关系

安全标签是从安全管理的角度提出的，但化学品在进入市场时还需要有工商标签，运输时还需有危险货物运输标志等。

为使安全标签和工商标签、运输标志之间减少重复，可将安全标签所要求的 UN 编号和 CN 编号与运输标志合并；将名称、化学成分及组成、批号、生产厂（公司）名称、地址、邮编、电话等与工商标签的同样内容合二为一，使 3 种标签有机融合，形成一个整体。

在某些特殊情况下，安全标签可单独印刷。

3 种标签合并印刷时安全标签应占整个版面的 1/3~2/5。

（6）安全标签相关各方的责任

1）生产企业。必须确保本企业生产的危险化学品在出厂时加贴符合国家标准的安全标签到危险化学品每个容器或每层包装上，使化学品供应和使用的每一阶段，均能在容器或包装上看到化学品的识别标志。

2）使用单位。使用的危险化学品应有安全标签，并应对包装上的安全标签进行核对。若安全标签脱落或损坏时，经检查确认后应立即补贴。

3）经销单位。经销的危险化学品必须具有安全标签，进口的危险化学品必须具有符合我国标签标准的中文安全标签。

4）运输单位。对无安全标签的危险品一律不能承运。

2. 化学品安全技术说明书

化学品安全技术说明书是包括危险化学品燃爆、毒性、环境危害，以及安全使用、泄漏应急处置、主要理化参数、法律法规等方面信息的综合性文件。

《化学品安全技术说明书 内容和项目顺序》（GB/T 16483—2008）规定，化学品安全技术说明书（SDS），提供了化学品（物质或混合物）在安全、健康和环境保护等方面的信息，推荐了防护措施和紧急情况下的应对措施。

（1）化学品安全技术说明书编写内容

化学品安全技术说明书（SDS）包括 16 部分内容，如图 2-4 所示。

1）化学品及企业标识。主要标明化学品的名称，该名称应与安全标签上的名称一致，建议同时标注供应商的产品代码。

应标明供应商的名称、地址、电话号码、应急电话、传真和电子邮件地址。

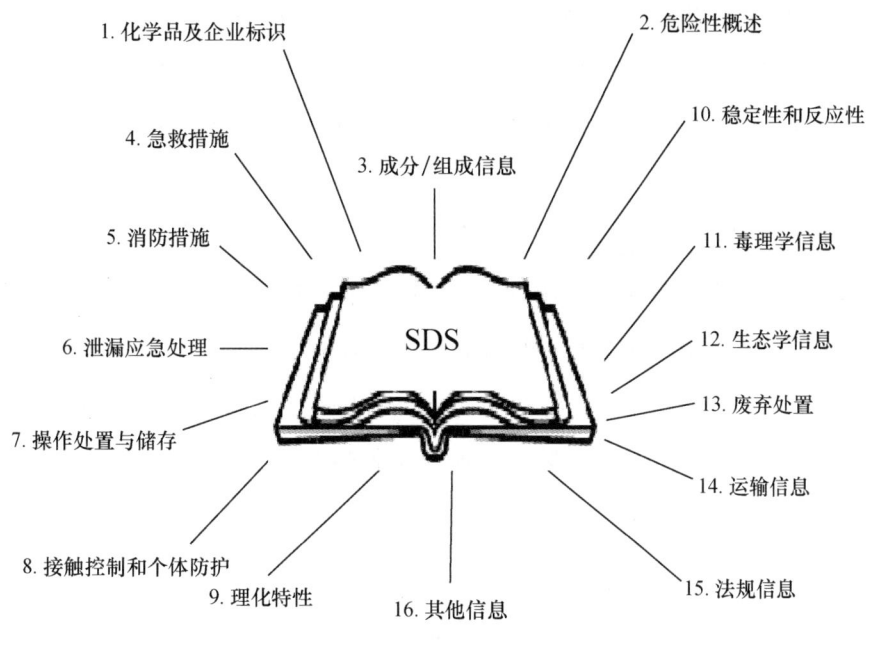

图 2-4　化学品安全技术说明书的内容

该部分还应说明化学品的推荐用途和限制用途。

2）危险性概述。该部分应标明化学品主要的物理和化学危险性信息，以及对人体健康和环境影响的信息，如果该化学品存在某些特殊的危险性质，也应在此处说明。

如果已经根据 GHS 对化学品进行了危险性分类，应标明 GHS 危险性类别，同时应注明 GHS 的标签要素，如象形图或符号、防范说明、危险信息和警示词等。象形图或符号如火焰、骷髅和交叉骨可以用黑白颜色表示。GHS 分类未包括的危险性（如粉尘爆炸危险）也应在此处注明。

应注明人员接触后的主要症状及应急综述。

3）成分/组成信息。该部分应注明该化学品是物质还是混合物。

如果是物质，应提供化学名或通用名、美国化学文摘社登记号（CAS 号）及其他标识符。如果某种物质按 GHS 分类标准分类为危险化学品，则应列明包括对该物质的危险性分类产生影响的杂质和稳定剂在内的所有危险组分的化学名或通用名，以及浓度或浓度范围。如果是混合物，不必列明所有组分。如果按 GHS 标准被分类为危险的组分，并且其含量超过了浓度限值，应列明该组分的名称信息、浓度或浓度范围。对已经识别出的危险组分，也应该提供被识别为危险组分的化学名或通用名、浓度或浓度范围。

4）急救措施。该部分应说明必要时应采取的急救措施及应避免的行动，此处填写的文字应该易于被受害人和（或）施救者理解。根据不同的接触方式将信息细分为：吸入、皮肤接触、眼睛接触和食入。

该部分应简要描述接触化学品后的急性和迟发效应、主要症状和对健康的主要影响。

如有必要，本项应包括对保护施救者的忠告和对医生的特别提示。

如有必要，还要给出及时的医疗护理和特殊的治疗。

5）消防措施。该部分应说明合适的灭火方法和灭火剂，如有不合适的灭火剂也应在此处标明。应标明化学品的特别危险性（如产品是危险的易燃品）。标明特殊灭火方法及保护消防人员特殊的防护装备。

6）泄漏应急处理。该部分应包括以下信息：

①作业人员防护措施、防护装备和应急处置程序。

②环境保护措施。

③泄漏化学品的收容、清除方法及所使用的处置材料。

④提供防止发生次生危害的预防措施。

7）操作处置与储存

①操作处置。应描述安全处置注意事项，包括防止化学品人员接触、防止发生火灾和爆炸的技术措施和提供局部或全面通风、防止形成气溶胶和粉尘的技术措施等。还应包括防止直接接触不相容物质或混合物的特殊处置注意事项。

②储存。应描述安全储存的条件（适合的储存条件和不适合的储存条件）、安全技术措施、同禁配物隔离储存的措施、包装材料信息（建议的包装材料和不建议的包装材料）。

8）接触控制和个体防护。列明容许浓度，如职业接触限值或生物限值。列明减少接触的工程控制方法，该信息是对上一部分内容的进一步补充。

如果可能，列明容许浓度的发布日期、数据出处、试验方法及方法来源。

列明推荐使用的个体防护设备。例如：

①呼吸系统防护。

②手防护。

③眼睛防护。

④皮肤和身体防护。

标明防护设备的类型和材质。

化学品若只在某些特殊条件下才具有危险性，如量大、高浓度、高温、高压等，应标明这些情况下的特殊防护措施。

9）理化特性。该部分应提供以下信息：

①化学品的外观与性状，例如：物态、形状和颜色。

②气味。

③酸碱度值，并指明浓度。

④熔点/凝固点。

⑤沸点、初沸点和沸程。

⑥闪点。

⑦燃烧上下极限或爆炸极限。

⑧蒸气压。

⑨蒸气密度。

⑩密度/相对密度。

⑪溶解性。

⑫n-辛醇/水分配系数。

⑬自燃温度。

⑭分解温度。

如果有必要，应提供下列信息：

①气味阈值。

②蒸发速率。

③易燃性（固体、气体）。

也应提供化学品安全使用的其他资料，例如放射性或体积密度等。

应使用 SI 国际单位制单位，见 ISO 1000：1992 和 ISO 1000：1992/Amd 1：1998。可以使用非 SI 单位，但只能作为 SI 单位的补充。

必要时，应提供数据的测定方法。

10) 稳定性和反应性。该部分应描述化学品的稳定性和在特定条件下可能发生的危险反应，应包括以下信息：

①应避免的条件（例如：静电、撞击或震动）。

②不相容的物质。

③危险的分解产物，一氧化碳、二氧化碳和水除外。

填写该部分时应考虑提供化学品的预期用途和可预见的错误用途。

11) 毒理学信息。该部分应全面、简洁地描述使用者接触化学品后产生的各种毒性作用（健康影响），应包括以下信息：

①急性毒性。

②皮肤刺激或腐蚀。

③眼睛刺激或腐蚀。

④呼吸或皮肤过敏。

⑤生殖细胞突变性。

⑥致癌性。

⑦生殖毒性。

⑧特异性靶器官系统毒性（一次性接触）。

⑨特异性靶器官系统毒性（反复接触）。

⑩吸入危害。

还可以提供毒代动力学、代谢和分布等信息。

需要注意的是，体外致突变试验数据，如 Ames 试验数据，在生殖细胞致突变条目中描述。

如果可能，分别描述一次性接触、反复接触与连续接触所产生的毒作用。迟发效应和即时效应应分别说明。

潜在的有害效应，应包括与毒性值（例如急性毒性估计值）测试观察到的有关症状、理化和毒理学特性。

应按照不同的接触途径（如吸入、皮肤接触、眼睛接触、食入）提供信息。

如果可能，提供更多的科学实验产生的数据或结果，并标明引用文献资料来源。

如果混合物没有作为整体进行毒性试验，应提供每个组分的相关信息。

12）生态学信息。该部分提供化学品的环境影响、环境行为和归宿方面的信息，如：

①化学品在环境中的预期行为，可能对环境造成的影响/生态毒性。

②持久性和降解性。

③潜在的生物累积性。

④土壤中的迁移性。

如果可能，提供更多的科学实验产生的数据或结果，并标明引用文献资料来源。

如果可能，提供任何生态学限值。

13）废弃处置。该部分包括为安全和有利于环境保护而推荐的废弃处置方法信息。

这些处置方法适用于化学品（残余废弃），也适用于任何受污染的容器和包装。

提醒下游用户注意当地废弃处置法规。

14）运输信息。该部分包括国际运输法规规定的编号与分类信息，这些信息应根据不同的运输方式，如陆运、海运和空运进行区分，应包含以下信息：

①联合国危险货物编号（UN号）。

②联合国运输名称。

③联合国危险性分类。

④包装组（如果可能）。

⑤海洋污染物（是/否）。

⑥提供使用者需要了解或遵守的其他与运输或运输工具有关的特殊防范措施。

可增加其他相关法规的规定。

15）法规信息。该部分应标明使用本SDS的国家或地区中，管理该化学品的法规名称。

提供与法律相关的法规信息和化学品标签信息。

提醒下游用户注意当地废弃处置法规。

16）其他信息。该部分应进一步提供上述各项未包括的其他重要信息。

例如，可以提供需要进行的专业培训、建议的用途和限制的用途等。

参考文献可在本部分列出。

（2）化学品安全技术说明书编写和使用要求

化学品安全技术说明的规范编写要参考国家标准《化学品安全技术说明书　内容和

项目顺序》（GB/T 16483—2008）中的规定。为了便于理解，本教材仅将相关规定整理如下：

1）编写要求。安全技术说明书规定的 16 大项内容在编写时不能随意删除或合并，其顺序不可随意变更。各项目填写的要求、边界和层次，按"填写指南"进行。其中 16 大项为必填项，而每个小项可有 3 种选择，标明［A］项者，为必填项；标明［B］项者，此项若无数据，应写明无数据原因（如无资料、无意义）；标明［C］项者，若无数据，此项可略。

安全技术说明书的正文应采用简洁、明了、通俗易懂的规范汉字表述。

安全技术说明书的内容，从该化学品的制作之日算起，每 5 年更新一次，若发现新的危害性，在有关信息发布后的半年内，生产企业必须对安全技术说明书的内容进行修订。

2）种类。安全技术说明书采用"一个品种一卡"的方式编写，同类物、同系物的技术说明书不能互相替代。

混合物要填写有害性组分及其含量范围，所填数据应是可靠和有依据的。

一种化学品具有两种以上的危害性时，要综合表述其主、次危害性以及急救、防护措施。

3）使用。安全技术说明书由化学品的生产供应企业编印。

在交付商品时提供给用户，作为给用户提供的一种服务随商品在市场上流通。

化学品的用户在接收使用化学品时，要认真阅读安全技术说明书，了解和掌握化学品的危险性，并根据使用的情形制定安全操作规程，选用合适的防护器具，培训作业人员。

4）资料的可靠性。安全技术说明书的数值和资料要准确可靠，选用的参考资料要有权威性，必要时可咨询省级以上卫生行政主管部门。

3. 化学品使用单位对安全技术说明书和安全标签的使用与管理

化学品使用单位对安全技术说明书和安全标签的使用与管理应做到：

（1）主动向供货方索取安全技术说明书，并在接收时检查有无安全标签，保证所使用的危险化学品必须有化学品安全技术说明书和化学品安全标签。

（2）建立使用的危险化学品的安全技术说明书档案。危险化学品生产企业有新的危害特性公告，以及重新修订安全技术说明书等资料时，及时调整其档案资料。

（3）按照安全技术说明书的规定，掌握化学品的危险性质，并制定使用管理规定及安全操作规程，培训作业人员。

（4）按照安全技术说明书提供的化学品的危险性，安排适合的储存地方和储存方法、方式。

（5）按照安全技术说明书研究、确定所存化学品的养护措施。

（6）按照安全技术说明书安排适合的使用场所。

（7）按照安全技术说明书制定消防措施。

（8）按照安全技术说明书制定安全防护措施。

（9）按照安全技术说明书制定急救措施。

第二节　防火防爆知识

危险化学品由于其自身特性，可引起火灾、爆炸，造成人员伤亡，可污染空气、水、地面、土壤或食物，同时可以经呼吸道、消化道、皮肤或黏膜进入人体，引起群体中毒甚至死亡事故发生，因此，了解危险化学品相关的防火防爆知识非常必要。

燃烧是可燃物与氧化剂作用发生的放热反应，通常伴随有火焰、发光和（或）发烟现象。因此，燃烧包括各种类型的氧化反应或类似于氧化的反应以及分解放热反应等。按照这个定义，物质不一定在氧中燃烧，例如：很多金属可以在氟中燃烧，氧化钙、氧化钡可以在二氧化碳中燃烧；火药没有气体介质也能燃烧。因此，燃烧过程主要是指放出热量和光的化学过程。

从燃烧的定义可见，燃烧是需要条件的。

一、燃烧的必要条件

物质燃烧的发生和发展，必须具备 3 个必要条件，即：可燃物、氧化剂（助燃物）和温度（点火源）。只有这 3 个条件同时具备，才可能发生燃烧现象，无论缺少哪一个条件，燃烧都不能发生。但是，并不是上述 3 个条件同时存在，就一定会发生燃烧现象，还必须这 3 个因素相互作用（发生链式反应）。

1. 可燃物

凡是能与空气中的氧或其他氧化剂起燃烧化学反应的物质统称为可燃物。可燃物按其物理状态分为气体可燃物、液体可燃物和固体可燃物三种类别。可燃物大多是含碳和氢的化合物，某些金属如镁、铝、钙等在某些条件下也可以燃烧，还有许多物质如肼、臭氧等在高温下可以通过自己的分解而放出光和热。

2. 氧化剂（助燃物）

帮助和支持可燃物燃烧的物质，即能与可燃物发生氧化反应的物质称为助燃物。燃烧过程中的助燃物主要是空气中游离的氧，另外如氟、氯等也可以作为燃烧反应的助燃物。

3. 温度（点火源）

点火源是指供给可燃物与可燃物发生燃烧反应的能量来源。最常见的点火源是热能，其他还有由化学能、电能、机械能等转变的热能。

4. 链式反应

有焰燃烧都存在链式反应。当某种可燃物受热，它不仅会汽化，而且其分子会发生热裂解作用从而产生自由基。自由基是一种高度活泼的化学形态，能与其他的自由基和分子反应，从而使燃烧持续进行下去，这就是燃烧的链式反应。

其中，可燃物、助燃物、点火源又称为燃烧的三要素，如图 2-5 所示。

二、燃烧的充分条件

由图 2-5 可以清楚地知道，燃烧至少需要可燃物、助燃物和最初的引燃能量即点火源才可以发生。但并非三者存在就可以燃烧，比如我们有火柴作为点火源，有厚实的放置在空气中的木板作为可燃物，但是用火柴去烧木板，可能也只是把木板与火柴火焰相接触的地方熏黑了一点，而无法点燃。当然若要形成持续燃烧甚至成灾，就对可燃物和助燃物有量的要求了。所以燃烧的充分条件是：

（1）一定的可燃物浓度。

（2）一定的氧气含量。

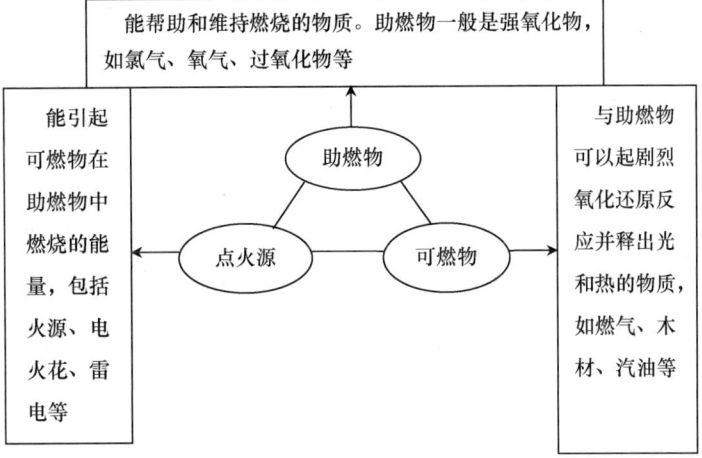

图 2-5 燃烧的三要素

（3）一定的点火能量。

（4）未受抑制的链式反应。

对于无焰燃烧，若前 3 个条件同时存在、相互作用，燃烧即会发生。而对于有焰燃烧，除以上 3 个条件，还需要燃烧过程中存在未受抑制的游离基（自由基）形成链式反应，使燃烧能够持续下去。

三、燃烧的过程

综上所述，燃烧的过程可以看作是各种化学反应过程。

1. 可燃气体

可燃气体在点火源作用下加热到着火点（燃点）就能氧化分解燃烧，是最容易燃烧的，如甲烷的燃烧。

2. 可燃液体

可燃液体在点火源作用下的燃烧要经历这样的过程：受热→蒸气→燃烧。

3. 可燃固体

可燃固体的燃烧可以用如下过程表示：

（1）可燃固体→熔融状态→可燃蒸气→燃烧。

（2）可燃固体→直接析出可燃气体→燃烧。

四、燃烧的类型

燃烧的类型有许多种，主要有闪燃、着火和自燃，每种类型的燃烧都自有其特点。

1. 闪燃

在一定温度下，液体能直接蒸发成蒸气，有些固体如樟脑、萘、塑料（如聚乙烯、聚苯乙烯）等表面也能产生足够的可燃蒸气，遇点火源能产生一闪即灭的现象，这种现象叫作闪燃。发生闪燃的最低温度称为闪点。表 2-6 给出了常见可燃液体的闪点。

表 2-6　　　　　　　　　　　常见可燃液体的闪点

可燃物	二硫化碳	乙醚	汽油	丙酮	润滑油	甲苯	乙醇	松节油	石油
闪点/℃	-45	-45	10	-10	285	26.3	10	32	30

2. 着火

可燃物（如油类、酮类）发生持续燃烧的现象被称为着火。可燃物开始持续燃烧所需要的最低温度叫作燃点（又可称为着火点）。可燃物的燃点越低，越容易着火。表 2-7 给出了常见可燃物的燃点。

表 2-7　　　　　　　　　　　常见可燃物的燃点

可燃物	汽油	煤油	乙醇	樟脑	萘	赛璐珞	橡胶	纸张	石蜡	麦草
燃点/℃	16	86	60~76	70	86	100	120	130	190	200

3. 自燃

可燃物在空气中没有外来火源，靠自热和外热而发生的燃烧现象称为自燃。根据热的来源不同，自燃可分为本身自燃和受热自燃。使可燃物发生自燃的最低温度叫自燃点。自燃有固体自燃、气体自燃及液体自燃。表 2-8 给出了常见物质的自燃点。

表 2-8　　　　　　　　　　　常见物质的自燃点

可燃物	氢	一氧化碳	二氧化碳	硫化氢	乙醇	乙醛	丙酮	醋酸	苯
自燃点/℃	572	609	120	292	392	275	661	650	580
可燃物	铝	铁	镁	锌	黄磷	硫	汽油	煤油	柴油
自燃点/℃	645	315	520	680	30	190	255~530	240~290	350~380

影响固体可燃物自燃点的主要因素包括：①受热熔融，熔融后液体、气体的组分情

况；②挥发物的量，挥发出的可燃物越多，其自燃点越低；③固体的颗粒度，固体颗粒越细，其比表面积就越大，自燃点越低；④受热时间，可燃固体长时间受热，其自燃点会有所降低。

物质实现燃烧的最低温度是评价该物质火灾危险性的一个重要因素。显然，闪点是评定液体火灾危险性的主要依据。液体的闪点越低，火灾危险性越大。同样，根据可燃物的燃点和自燃点高低，也可以鉴别其火灾危险性，物质的燃点和自燃点越低，发生火灾的危险性越大。闪点低于或等于 45 ℃的液体被称为易燃液体，闪点大于 45 ℃的被称为可燃液体。易燃和可燃液体的闪点高于储存温度时，火焰的传播速度慢。

物质自身的燃烧特性决定了对该物质应该采取何种防火与灭火措施。例如，储运自燃物品时必须通风散热，远离火源、热源、电源，不要受日光暴晒，装卸时应防止撞击、翻滚、倾倒和破损容器；储存或运输时严禁与其他危险化学品混放或混运；码垛时容器间应垫有木板；白磷（黄磷）必须保存于水中，且不得渗漏，浸泡过的水和容器有毒，要特别注意处理方法；油布、油纸等只许分层、分件挂置，不能堆放，应注意防潮湿；物质自燃火灾一般可以用水、干粉或沙土扑救；黄磷火灾可使用雾状水，不要用高压水枪乱冲，以免黄磷四处飞溅，引起火灾扩散。

物质的盛装条件也是影响其火灾危险性的重要因素，因为同一种物质在不同的状态（温度、压力、浓度等）下，其火灾危险性也不同。例如，苯在 0.1 MPa 下的自燃点为 680 ℃，而在 2.5 MPa 下的自燃点降为 490 ℃，盛装在铁管中时自燃点是 753 ℃，而盛装在玻璃器皿中自燃点则降为 580 ℃。但从另一方面来讲，物质若盛装在密闭容器中，它在燃烧时释放的热量不能及时向外界转移，还会由于体系内部温度的增高导致压强升高以至于发生爆炸。

五、常见物质的燃烧特点

1. 可燃气体的燃烧特点
可燃气体的燃烧有两种基本形式，即扩散燃烧和预混燃烧。

（1）扩散燃烧
扩散燃烧是指气相可燃物从管口或容器裂缝处流向空间，由于可燃气体与空气的互相扩散，当混合达到可燃浓度并接触点火源时即被点燃，并持续燃烧。我们每天打开煤气灶烧水做饭，利用的就是扩散燃烧。

（2）预混燃烧

预混燃烧又称混合燃烧、动力燃烧和爆炸式燃烧，是指可燃气体与助燃气体在容器（管道）或空间预先混合均匀，且可燃气体浓度在爆炸极限范围以内，遇点火源即发生燃烧或爆炸，是获得动力的主要燃烧方式。通常预混燃烧的火焰为蓝色而扩散燃烧的火焰为黄色。在一定的温度、压力及限定的空间条件下，可燃气体在混合气体中的浓度低于某值或高于某值均不会被点燃。对于在常温常压的某种可燃气体与空气的混合气体，能够被点燃的可燃气体的最小浓度称为其着火浓度下限，最大浓度称为其着火浓度上限。由于混合气体的燃烧与化学性爆炸在本质上是相同的，故着火浓度极限也被称为爆炸浓度极限。

2. 可燃液体的燃烧特点

可燃液体的燃烧实际上是可燃蒸气的燃烧，因此，液体是否能发生燃烧，燃烧速率的快慢与液体的蒸气压、闪点、沸点和蒸发速率等性质有关。根据燃烧状况，可燃液体的燃烧主要有蒸发燃烧、雾化燃烧、液面燃烧和沸溢燃烧4种形式。

（1）蒸发燃烧

蒸发燃烧是指可燃液体被点燃后，利用燃烧时所放出的热量加热周围的其他可燃液体，使其蒸发，然后再像可燃气体那样燃烧。

（2）雾化燃烧

雾化燃烧是指通过一定方式把可燃液体破碎成许多直径从几微米到几百微米的小液滴，然后令其悬浮在空气中，边蒸发边燃烧。这种燃烧的速度非常快。

（3）液面燃烧

液面燃烧是指在可燃液体表面直接发生的燃烧。在液面燃烧过程中，可燃蒸气在空气中边扩散边燃烧。所以这种燃烧不彻底，且由于高温火焰贴近液面，容易导致可燃液体严重热解，冒出大量黑烟，对环境造成严重污染。

（4）沸溢燃烧

一些重质可燃液体（如重油）还会发生一种称为沸溢燃烧，又称为突沸现象。突沸现象是指液体在燃烧过程中，由于不断向液层内传热，会使含有水分、黏度大、沸点在100 ℃以上的重油、原油产生沸溢和喷溅现象。能产生突沸现象的油品称为沸溢性油品。

因此，在不同类型油类的敞口储罐的火灾中容易出现三种特殊现象，即沸溢、喷溅和冒泡，这种情况下的火灾危险性大且扑救困难。

3. 可燃固体的燃烧特点

固体可燃物必须经过受热、蒸发、热分解，使固体上方可燃气体浓度达到燃烧极限，才能持续不断地发生燃烧。可燃固体燃烧方式分为分解燃烧、表面燃烧和阴燃三种。

（1）分解燃烧

可燃固体的分解燃烧是指在早期受热时，固体物质会先热解成为可燃的小分子，而可燃的小分子继续燃烧，如之前提到的木材的燃烧。

（2）表面燃烧

表面燃烧是指燃烧在空气和可燃固体的表面接触的部位进行，能产生红热的表面，但是不产生火焰，燃烧的速度和固体表面的大小有关。如烧烤时木炭的燃烧就是一种表面燃烧。

（3）阴燃

阴燃是指一般发生在多孔固体燃料内部，以异相反应为主的、无焰的表面燃烧过程，特征是缓慢、低温和无焰。如我们非常熟悉的香烟的燃烧。

大部分可燃固体自身含有一定的水分，开始受热时其所含的水分逐渐析出。当温度达到一定值时，可燃固体热解并开始燃烧，但在空气不流通、加热温度较低或含水分较高时会形成阴燃。如成捆堆放的棉、麻、纸张及大堆垛的煤、草、湿木材等。

▦ 六、火灾 ◉

1. 火灾及其分类

火灾是指在时间和空间上失去控制的燃烧所造成的灾害。火灾是各种灾害中发生最频繁且极具毁灭性的灾害之一，其直接损失约为地震的5倍，仅次于干旱和洪涝，而其发生的频度则居各灾种之首。火灾现场往往并非只有单纯的气体、液体或固体，因此火灾中的燃烧是十分复杂的。在上文中提到的各种燃烧形式在火灾现场都会发生，了解燃烧的形式会有利于火灾的扑救。如可燃液体的沸溢燃烧，火灾危险性极大，尤其是高温的正在燃烧的液体从储罐中喷溢出来后会造成大面积火灾。而可燃固体由于其特殊的形态，以及在空间上各处分布，往往会形成多方位的燃烧，因为固体的表面可能是垂直的也可能是水平的，燃烧的蔓延方向则可以垂直向上也可以向下，可水平向周围扩散。若将多种固体构件按一定方式搭建起来，而构件之间又存在很多孔隙，则一旦一个构件着火，就会很快引燃其他构件，从而出现强度很大的空间燃烧。根据可燃物特点或者火灾发生的场景不同，火灾可按图2-6所示进行分类。

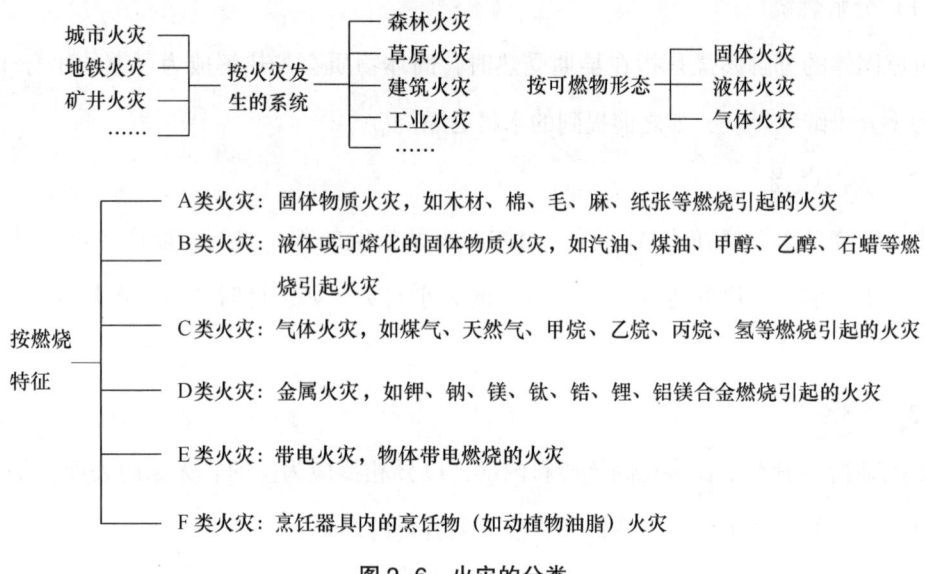

图 2-6　火灾的分类

2. 火灾的发展过程

火灾的发展过程可分成三个阶段，即火灾的初起阶段、充分发展阶段和衰减阶段，如图2-7所示。在前两个阶段之间，有一个温度急剧上升的狭窄区，通常称为轰燃区，它是火灾发展的重要转折区。火灾从点燃到发展至充分燃烧阶段，其热释放速率大体按照时间的平方关系增长。

（1）初起阶段

火灾的初起阶段，燃烧面积较小，火焰不高，燃烧强度弱，火场温度和辐射热度低，火势向周围发展蔓延的速度较慢。此阶段的火灾只要能及时被发现，用很少的人力和简单的灭火工具就可以将火扑灭。一般而言，油气类火灾的初起阶段在时间上都极为短暂。

（2）充分发展阶段

进入充分发展阶段后，火灾发展速度很快，燃烧强度增大，温度升高，附近的可燃

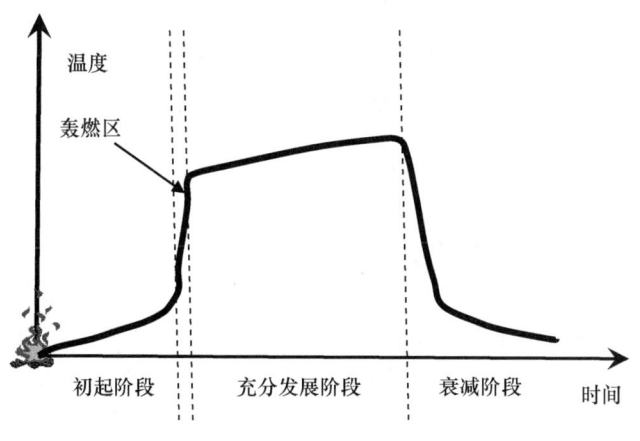

图 2-7 火灾的发展过程

物被加热，气体对流增强，燃烧面积迅速扩大。随着时间的延长，燃烧温度急剧上升，燃烧速度不断加快，燃烧面积迅猛扩张，火灾包围整个设施或者建筑物，形成猛烈燃烧。在火灾作用下，设备机械强度降低，开始遭到破坏、变形坍塌，甚至出现连续爆炸。

（3）衰减阶段

在此阶段，可燃物已基本烧光。建筑火灾何时进入衰减阶段，取决于火灾危险性、火灾荷载、火灾蔓延速度、建筑构件耐火极限和建筑物耐火等级，并与建筑结构、气象条件、消防设施等因素密切相关。

七、爆炸

由于物质急剧氧化或分解反应产生的温度、压力分别增加或同时增加的现象称为爆炸。爆炸时化学能或机械能转化为动能，表现为巨大能量释放，或是气体、蒸气在瞬间发生剧烈膨胀等现象。

常见的爆炸分为物理爆炸和化学爆炸。物理爆炸是指因液体变成蒸气或者气体迅速膨胀，压力增加超过容器所能承受的极限而造成的容器爆炸，如蒸汽锅炉、液化气钢瓶等爆炸。化学爆炸是指因固体物质本身发生化学反应，产生大量气体和热而发生的爆炸，可燃气体和粉尘与空气混合物的爆炸都属于化学爆炸，能发生化学爆炸的粉尘有铝粉、铁粉、聚乙烯塑料粉、淀粉、煤粉及木粉等。爆炸性物质又分为爆炸性化合物和爆炸性混合物，其中爆炸性化合物按组分分为单分解爆炸物质（如过氧化物、氯酸和过氯酸化合物、氮的卤化物等）和复分解爆炸物质（如梯恩梯、硝化棉等）；爆炸性混合物通常由两种或两种以上的爆炸组分和非爆炸组分经机械混合而成，如黑火药、硝化甘油炸药等。在此要注意"二次爆炸"：如果容器中装有可燃气体或液体，在发生物理爆炸的同时往往伴随着化学爆炸，这种爆炸称为二次爆炸。

八、危险化学品的燃烧与爆炸

火灾与爆炸的预防控制通常是结合在一起考虑的。虽然火灾与爆炸都会带来生产设施的重大破坏和人员伤亡，但两者的发展过程显著不同。火灾是物质起火后，燃烧蔓延扩大逐渐形成的，随着时间的延续，损失迅速增大。一般来说，火灾损失大约与时间的平方成正比，如火灾时间延长1倍，损失可能增大4倍。爆炸是猝不及防的，设备损坏、厂房倒塌、人员伤亡等巨大损失将在瞬间发生。

危险化学品的燃烧按其要素构成的条件和瞬间发生的特点，可分为闪燃、着火和自燃三种类型，如前文所述。

1. 危险化学品的爆炸类型

危险化学品的爆炸可按爆炸反应物质分为简单分解爆炸、复杂分解爆炸和爆炸性混合物爆炸。

（1）简单分解爆炸

引起简单分解的爆炸物，在爆炸时并不一定发生燃烧反应，其爆炸所需要的热量是由爆炸物本身分解产生的。属于这类的爆炸物有乙炔银、叠氮铅等，这些物质受轻微振动即可能引起爆炸，十分危险。此外，还有些可爆炸气体在一定条件下，特别是在受压情况下，能发生简单分解爆炸。

（2）复杂分解爆炸

这类可爆炸物的危险性较简单分解爆炸物稍低，其爆炸时伴有燃烧现象，燃烧所需的氧由其自身分解产生，如梯恩梯、黑索金等。

（3）爆炸性混合物爆炸

所有可燃性气体、蒸气、液体雾滴及粉尘与空气（氧）的混合物发生的爆炸均属此类爆炸。这类爆炸就是可燃物与助燃物按一定比例混合后遇具有足够能量的点火源发生的带有冲击力的快速燃烧。

2. 危险化学品的燃烧、爆炸过程

（1）燃烧过程

除了一些熔点较高的无机固体外，可燃物质的燃烧一般在气相中进行。物质的状态不同，其燃烧过程也不相同。相对于可燃固体和液体，可燃气体最易燃烧，燃烧所需要的热量只用于本身的氧化分解，并使其达到着火点。气体在极短的时间内就能全部燃尽，是一种快速燃烧。

液体在点火源作用下，先蒸发成蒸气，而后氧化分解进行燃烧。固体燃烧一般有两种情况：对于硫、磷等简单物质，受热时首先熔化，而后蒸发为蒸气进行燃烧，无分解过程；对于复合物质，受热时可能首先分解成其组成部分，生成气态和液态产物，之后气态产物和液态产物蒸气着火燃烧。

（2）分解爆炸性气体爆炸

某些单一成分的气体，在一定的温度下对其施加一定压力时则会产生分解爆炸。这主要是由于物质的分解热的产生而引起的，因此产生分解爆炸并不一定需要助燃性气体存在。在高压下容易产生分解爆炸的气体，当压力低于某数值时则不会发生分解爆炸，这个压力称为分解爆炸的临界压力。各种具有分解爆炸特性气体的临界压力是不同的，如乙炔分解爆炸的临界压力为 1.4 MPa。

（3）粉尘爆炸

粉尘和空气混合物产生爆炸的过程如下：

1）热能加在粒子表面，使温度逐渐上升。

2）粒子表面的分子发生热分解或干馏作用，在粒子周围产生可燃气体。

3）产生的可燃气体与空气混合形成爆炸性混合气体，同时发生燃烧。

4）由燃烧产生的热进一步促进粉尘分解，燃烧连续传播，在适合条件下发生爆炸。

上述过程是在瞬间完成的。

（4）蒸气云爆炸

蒸气云爆炸应具备以下三个条件：

1）泄漏物必须可燃且具备适当的温度和压力。

2）必须在点燃之前即扩散阶段形成一个足够大的云团。如果在一个区域内发生泄漏，经过一段延迟时间形成云团后再点燃，则往往会产生剧烈的爆炸。

3）产生的足够数量的云团处于该物质的爆炸极限范围内才能产生显著的爆炸超高压。

蒸气云团在泄漏点周围是富集区，云团边缘是贫集区，介于两者之间的云团处于爆炸极限范围内。

3. 危险化学品燃烧与爆炸的危害

危险化学品燃烧与爆炸的危害主要体现为高温的破坏作用、爆炸的破坏作用、造成人员中毒和导致环境污染四个方面。

九、危险化学品防火防爆技术要点

1. 火灾的预防措施

（1）严格控制火源。

（2）监视火灾酝酿期特征。

（3）采用耐火材料。

（4）阻止火焰的蔓延。

（5）限制火灾可能发展的规模。

（6）组织训练消防队伍。

（7）配备相应的消防器材。

2. 控制可燃物

控制可燃物的防火防爆基本原理是限制燃烧的条件或缩小可能燃烧的范围，具体方法是：

（1）以难燃或不燃材料代替易燃或可燃材料。

（2）加强通风，保证易燃、易爆、有毒物品在厂房内的浓度不超过最高允许浓度，防止形成爆炸性混合物。

（3）对在性质上相互作用能发生燃烧或爆炸的物品采取分开存放、隔离等措施。

3. 控制助燃物

控制助燃物防火防爆的基本原理是限制燃烧的助燃条件，具体方法如下：

（1）防泄漏

防止物料泄漏和空气渗入。

（2）加强密闭

密闭有易燃易爆物质的房间、压力容器和设备；使用易燃易爆物质的生产环节应在密闭设备或管道中进行；对于真空设备，应防止空气流入设备内部；开口容器、容积较大没有保护的玻璃瓶不允许储存易燃液体；不耐压的容器不能储存压缩气体和液体；对将储存和输送燃烧爆炸危险物料的设备和管道，尽量采用焊接，减少法兰连接；输送易燃易爆的气体、液体的管道，最好采用无缝钢管；接触高锰酸钾、氯酸钾、硝酸钾等粉状氧化剂的生产、传送装置，要严加密封等。

（3）气体保护

气体保护是指利用氩气、氮气、氦气、二氧化碳、水蒸气、烟道气等气体对一般材料的反应惰性，把材料与空气隔离，达到阻止空气与材料反应的保护方式。这些气体是指那些化学性质不活泼、没有爆炸危险的气体。对有异常危险的生产应采取气体保护措施。

（4）隔绝空气储存

遇空气或受潮、受热极易自燃的物品，应采取隔绝空气进行储存。如将二硫化碳、磷储存于水中，将钾、钠储存于煤油中；新制造的液化石油气储罐、槽车、钢瓶在灌装时要先抽成真空；储罐、槽车、钢瓶里的液化石油气不能完全排放或使用完，应留有余压，并应将阀门关紧，不让余气跑掉等。

（5）清洗或置换设备和管道

对于加工、输送、储存可燃气体的设备、容器、机泵和管道等，在进气前必须用稀有气体置换其内部空气，防止可燃气体进入时与空气形成爆炸性混合物。在停车前，同样需要用稀有气体置换掉设备内的可燃气体。特别是检修时需要用火或出现其他点火源时，设备内的可燃气体或蒸气，必须经置换并检测合格后才能进行检修。对于盛放过易燃、可燃液体的桶、罐、容器以及其他设备，动火焊补、修理前，必须用水或水蒸气将其中残余的液体及沉淀物彻底清洗干净。置换、清洗操作和动火检测均应符合操作规程的要求。

4. 控制溢料和泄漏

生产过程中防止溢料和泄漏，是防火防爆的重要措施。为控制溢料和泄漏，避免和减少发生火灾爆炸的危险，要在工艺指标控制、设备结构型式等方面采取措施。

（1）采取两级控制

为防止一些容量大的设备、容器或重要的设备发生物料泄漏事故，对重要的阀门应采取两级控制。

（2）设置远距离遥控断路阀

对于危险性大的装置，为在装置发生异常时能立即与其他装置隔离，应设置远距离遥控断路阀。为防止误操作，对重要控制阀的管线应涂色以示区别，或采取使用标志、加锁等措施，仪表配管也要涂上颜色加以区别，各管道上的阀门要保持一定的距离。

（3）防止管线振动

振动往往导致管线焊缝破裂。振动是由于机械性能原因或流体脉动造成的，也可能是由于气相、液相变化造成的。如输送气体时，有时因流量和温度等的变化引起冷凝液急速流动，会造成液击现象，从而出现意想不到的事故。因此，管线安装要牢固，尽量减少机械振动和液击现象。

（4）排放要注意安全

在生产过程中，为使装置正常运转，要进行排水、采样、抽液、排气等操作。操作时，要把气、液排放到装置的安全地点。有些有机物，如硝基苯、硝基甲苯、苯胺、苯酐等蒸馏液有火灾爆炸危险，因此对此类有机物的排放应采用氮气或水蒸气保护。

（5）设备保温材料要有防渗漏的措施

保温材料不密闭，有可能渗入易燃物，在高温下达到一定的温度或遇明火就会发生燃烧。保温材料一般采用泡沫水泥砖、膨胀蛭石、玻璃纤维、聚氨酯泡沫等，外涂水泥或包玻璃纤维布。这种结构易被损坏，一些有机物泄漏后易渗到保温夹层中，久而久之逐渐积累是很危险的。如在苯酐生产中，物料由于渗入保温层中，常引起爆炸事故。因此，对可能接触易燃物的保温材料要采取金属薄板包敷或采用塑料涂层等措施。

5. 消除点火源

在化工生产中，火源是一种必要的热能源，须科学地对待：既要保证安全地利用有益于生产的火源，又要设法消除能够引起火灾爆炸的点火源。引起火灾爆炸事故的点火源有明火、高热物及高温表面、电气火花、静电火花、冲击与摩擦、自燃发热等，均要采取措施严格控制。

（1）控制明火

在危险化学品生产企业的车间，应有醒目的"禁止烟火""严禁吸烟"等安全标志。吸烟应到专设的吸烟室，不准乱扔烟头和火柴余烬；在易燃易爆场所不得使用蜡烛、火柴或普通灯具照明，应采用封闭式或防爆型电气照明；禁止携带火柴、打火机等进入易燃易爆危险化学品生产车间；进入危险区的汽车、拖拉机等机动车辆，其排气管应戴防火帽；使用气焊、电焊、喷灯时，必须按照危险等级办理动火批准手续，在采取完备防护措施、确保安全无误后方可动火作业，操作人员必须严格按照操作规程操作。

（2）防止摩擦与撞击

摩擦与撞击产生的火花也能引起火灾爆炸事故。防止火花生成的具体措施包括：

1）对机器的轴承等传动部件及时加润滑油，并经常清除附着的可燃污物。

2）锤子、扳手、钳子等工具应用镀铜的钢制作。

3）为防止金属零件等落入设备里，在设备进料前应装磁力离析器，不宜使用磁力离析器的，应安装稀有气体保护。

4）输送气体或液体的管道，应定期进行耐压试验，防止破裂或接口松动造成喷射起火。

5）凡是存在撞击或摩擦的两部分都应采用不同的金属制成。

6）搬运金属容器，严禁在地上抛掷或拖拉，在容器可能碰撞的部位覆盖上不会产生火花的材料。

7）防爆生产厂房应禁止穿带铁钉的鞋，地面应采用不会产生火花的材料。

（3）防止电气火花

电气火花具有较高温度，特别是电弧温度可达 5 000~6 000 ℃，不仅能引起可燃物的燃烧，还能使金属熔化飞溅，构成新的火源。为了防止电气火花的生成，应在具有燃烧爆炸危险的场所，根据其危险等级选择合适的防爆电气设备或封闭式电气设备。要选用合格的电气产品，制定严格的操作规程及检查制度，建立经常性维修制度，以保证电气设备正常运行。

（4）防止日光照射和聚焦作用

对低温下能够自燃的物质要防止日光照射；防止盛装可燃液体和压缩气体、液化气体的容器受日光照射；注意防止日光的聚焦作用。

（5）防止和控制绝热压缩的作用

空气压缩时，若压缩比大于 10，则被压缩的空气温度会达到 463 ℃以上。这时，被压缩的气体如果含有自燃点低的可燃气体或蒸气，就会被点燃而发生化学性爆炸。

6. 控制爆炸物

控制有火灾爆炸危险的物质，预防形成爆炸性混合物。

爆炸性混合物是导致工业企业火灾爆炸事故的物质条件，其遇到点火源时，在助燃物充足的条件下便会发生火灾爆炸事故。预防形成爆炸性混合物的措施有：以不燃或难燃材料代替可燃或易燃材料，提高耐火极限；加强通风，使可燃气体、蒸气或粉尘达不到爆炸极限；密闭设备，阻止可燃物料泄漏和空气渗入；清洗置换设备系统，防止可燃物与空气形成爆炸性混合物；对遇到冷空气、水或受热容易自燃的物质，多采用隔绝空气储存；充装稀有气体，保护有易燃易爆危险的生产过程；隔离储存能互相反应的物质。

7. 工艺流程控制

工艺参数失控常常是造成火灾爆炸事故的根源之一，所以严格控制各项工艺参数，是防火防爆的重要措施之一。控制工艺流程主要是指控制反应温度、压力，以及投料控制。

（1）温度、压力控制

危险化学品生产反应原理复杂，而且各种化学、物理反应都伴随着热量的变化。加热升温可以加速物质的反应速度，降温冷却可以使气体液化、混合气体分离，从而提高产品效率。但如果温度过高，反应物可能分解着火，造成压力升高，有时甚至生成新的危险物质引起爆炸。温度过低时会造成反应速度减慢或停滞，而且一旦温度恢复正常，则往往因为未反应的物料过多而发生剧烈反应，引发爆炸。因此，必须采取一定的措施向反应系统加入或移走一定的热量，即加热或冷却，将系统内的温度控制在适当的范围。化工企业应该在设计阶段做好车间、厂房、设备设施的防火防爆安全设计及安全评价工作，从源头控制火灾爆炸事故的发生。

（2）投料控制

投料控制主要包括控制投料的速度、数量、配比、顺序和原材料纯度等。

第三节　化工生产过程的基本安全知识

░ 一、化工生产的特点

危险化学品从业单位和化工企业是有区别的，危险化学品从业单位是指必须依法设立且取得相关行政许可证的从事危险化学品生产、经营、储存等活动的单位。危险化学品从业单位的生产活动常常伴随易燃易爆、有毒有害等物料和产品，涉及工艺、设备、仪表、电气等多个专业和复杂的公用工程系统。

化工企业的生产主要有以下特点：

1. 物料危险性大

危险化学品生产过程中的原料、半成品、副产品、产品和废弃物大都具有易燃、易爆、有毒、有害等危险特性。

危险化学品的危险特性决定了其在生产过程中如果防范措施不到位，则很容易发生爆炸、火灾事故，人员的急性中毒（窒息）、慢性中毒（职业病）、化学烧伤等伤害，以及噪声和粉尘危害等。

2. 工艺过程复杂

（1）化学反应复杂

如氧化、还原、氢化、硝化、水解、磺化、胺化等。

（2）工艺复杂

涉及反应、输送、过滤、蒸发、冷凝、精馏、提纯、吸附、干燥、粉碎等多个化工单元操作。

（3）自动化控制复杂

如 DCS、ESD/FSC、SIS、PLC 等。

（4）维护作业复杂

易发生触电、辐射、高处坠落、机械伤害等事故。

3. 高温与高压

如氨合成系统内的压力能达到 32 MPa，高压聚乙烯生产压力为 300 MPa，烯生产工艺中裂解炉温度高达 1 200 ℃。高温与高压给生产带来相应的危险。

4. 危险源集中

在一个化工产品的生产过程中，从原料采购、运输、生产到仓储的每一个环节都使用大量的危险化学品，这些化学品有的具有毒性，有的具有不稳定性等特殊危险特性，因此，它们都具有潜在的隐患和风险。而且，在生产过程中，会产生很多中间产物或是副产物，导致大量废气、废水、废渣（俗称"三废"）的产生，如果"三废"处理不及时或处理不当，会对人身安全和生态环境造成严重的影响。此外，化工过程涉及的化学反应复杂多样，人们对其认识还远远不够，常常会因为一些反应条件突变导致未知反应的发生，从而造成灾难性事故。

5. 生产装置密集，生产方式高度自动化与连续化

化工生产已经从过去落后的手工操作、间断生产转变为高度自动化、连续化生产；生产设备由敞开式变为密闭式；生产装置从室内走向露天；生产操作由分散控制变为集中控制，同时，也由人工手动操作变为仪表自动操作，进而又发展为计算机控制。连续化与自动化生产是大型化的必然结果，但控制设备也有一定的故障率。例如，操作人员夜间易困乏，并且长期连续生产，容易引起设备的疲劳、腐蚀等变化累积。据美国石油保险协会统计，控制系统发生故障而造成的事故占炼油厂火灾爆炸事故的6.1%。

二、化工生产过程安全管理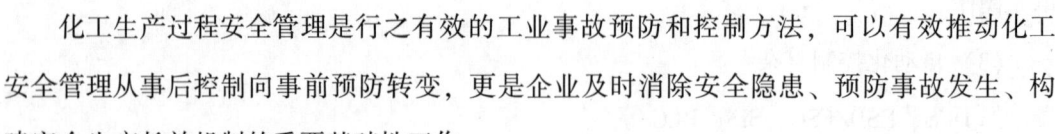

化工生产过程安全管理是行之有效的工业事故预防和控制方法，可以有效推动化工安全管理从事后控制向事前预防转变，更是企业及时消除安全隐患、预防事故发生、构建安全生产长效机制的重要基础性工作。

化工生产过程安全管理的主要内容和任务包括如下 12 个方面。

1. 安全生产信息管理

（1）全面收集安全生产信息

企业要明确责任部门，按照《化工企业工艺安全管理实施导则》（AQ/T 3034—2010）的要求，全面收集生产过程涉及的化学品危险性、工艺和设备等方面的全部安全生产信息，并将其文件化。

（2）充分利用安全生产信息

企业要综合分析收集到的各类信息，明确提出生产过程安全要求和注意事项。通过建立安全管理制度、制定操作规程、制定应急救援预案、制作工艺卡片、编制培训手册和技术手册、编制化学品间的安全相容矩阵表等措施，将各项安全要求和注意事项纳入安全管理工作中。

（3）建立安全生产信息管理制度

企业要建立安全生产信息管理制度，及时更新信息文件。企业要保证生产管理、过程危害分析、事故调查、符合性审核、安全监督检查、应急救援等方面的相关人员能够及时获取的最新安全生产信息。

2. 风险管理

（1）建立风险管理制度

企业要制定化工生产过程风险管理制度，明确风险辨识的范围、方法、频次和责任人，规定风险分析结果应用和改进措施落实的要求，对生产全过程进行风险辨识分析。

对涉及重点监管危险化学品、重点监管危险化工工艺和危险化学品重大危险源（以下统称"两重点一重大"）的生产储存装置进行风险辨识分析，要采用危险与可操作性分析（HAZOP）技术，一般每 3 年进行一次。对其他生产储存装置的风险辨识分析，针对装置不同的复杂程度，选用安全检查表、工作危害分析、预危险性分析、故障类型和影响分析（FMEA）、HAZOP 等技术方法或多种方法组合，可每 5 年进行一次。企业管理机构、人员构成、生产装置等发生重大变化或发生生产安全事故时，要及时进行风险辨识分析。企业要组织所有人员参与风险辨识分析，力求风险辨识分析全覆盖。

（2）确定风险辨识分析内容

化工生产过程风险辨识分析的内容应包括：工艺技术的本质安全性及风险程度；工

艺系统可能存在的风险；对严重事件的安全审查情况；控制风险的技术、管理措施及其失效可能引起的后果；现场设施失控和人为失误可能对安全造成的影响。在役装置的风险辨识分析还要包括发生的变更是否存在风险，吸取本企业和其他同类企业事故及事件教训的措施等。

（3）制定可接受的风险标准

企业要按照《危险化学品重大危险源监督管理暂行规定》的要求，根据国家有关规定或参照国际相关标准，确定本企业可接受的风险标准。对辨识分析发现的不可接受风险，企业要及时制定并落实消除、减小或控制风险的措施，将风险控制在可接受的范围内。

3. 装置运行安全管理

（1）操作规程管理

企业要制定操作规程管理制度，规范操作规程内容，明确操作规程编写、审查、批准、分发、使用、控制、修改及废止的程序和职责。操作规程的内容应至少包括：开车、正常操作、临时操作、应急操作、正常停车和紧急停车的操作步骤与安全要求；工艺参数的正常控制范围，偏离正常工况的后果，防止和纠正偏离正常工况的方法及步骤；操作过程的人身安全保障、职业健康注意事项等。

操作规程应能及时反映安全生产信息、安全要求和注意事项的变化。企业每年要对操作规程的适应性和有效性进行确认，至少每3年要对操作规程进行一次审核修订；当工艺技术、设备发生重大变更时，要及时审核修订操作规程。

企业要确保作业现场始终存有最新版本的操作规程文本，以方便现场操作人员随时查用；定期开展操作规程培训和考核，建立培训记录和考核成绩档案；鼓励从业人员分享安全操作经验，参与操作规程的编制、修订和审核。

（2）异常工况监测预警

企业要装备自动化控制系统，对重要工艺参数进行实时监控预警；要采用在线安全监控、自动检测或人工分析数据等手段，及时判断发生异常工况的根源，评估可能产生的后果，制定安全处置方案，避免因处理不当造成事故。

（3）开停车安全管理

企业要制定开停车安全条件检查确认制度。在正常开停车、紧急停车后的开车前，都要进行安全条件检查确认。开停车前，企业要进行风险辨识分析，制定开停车方案，编制安全措施和开停车步骤确认表，经生产和安全管理部门审查同意后，要严格执行并将相关资料存档备查。

企业要落实开停车安全管理责任，严格执行开停车方案，建立重要作业责任人签字确认制度。开车过程中对装置依次进行吹扫、清洗、气密试验时，要制定有效的安全措施；引进蒸气、氮气、易燃易爆介质前，要指定有经验的专业人员进行流程确认；引进物料时，要随时监测物料流量、温度、压力、液位等参数变化情况，确认流程是否正确。要严格控制进退料顺序和速率，现场安排专人不间断巡检，监控有无泄漏等异常现象。

停车过程中的设备、管线低点的排放要按照顺序缓慢进行，并做好个人防护；设备、管线吹扫处理完毕后，要用盲板切断与其他系统的联系。抽堵盲板作业应在编号、挂牌、登记后按规定的顺序进行，并安排专人逐一进行现场确认。

4. 岗位安全教育和操作技能培训

（1）建立并执行安全教育培训制度

企业要建立厂、车间、班组三级安全教育培训体系，制定安全教育培训制度，明确教育培训的具体要求，建立教育培训档案；要制订并落实教育培训计划，定期评估教育培训内容、方式和效果。从业人员应经考核合格后方可上岗，特种作业人员必须持证上岗。

（2）从业人员安全教育培训

企业要按照国家和行业要求，定期开展从业人员安全教育培训，使从业人员掌握安全生产基本常识及本岗位操作要点、操作规程、危险因素和控制措施，掌握异常工况识别判定、应急处置、避险避灾、自救互救等技能与方法，熟练使用劳动防护用品。当工艺技术、设备设施等发生改变时，要及时对操作人员进行再培训。要重视开展从业人员安全教育，使从业人员不断强化安全意识，充分认识化工安全生产的特殊性和极端重要性，自觉遵守企业安全管理规定和操作规程。企业要采取有效的监督检查评估措施，以保障安全教育培训工作的质量和效果。

（3）新装置投用前的安全操作培训

新建企业应规定从业人员文化素质要求，变招工为招生，加强从业人员专业技能培养。工厂开工建设后，企业就应招录操作人员，使操作人员在上岗前先接受规范的基础知识和专业理论培训。装置试生产前，企业要完成全体管理人员和操作人员岗位技能培训，确保全体管理人员和操作人员考核合格后参加全过程的生产准备。

5. 试生产安全管理

（1）明确试生产安全管理职责

企业要明确试生产安全管理范围，合理界定项目建设单位、总承包商、设计单位、监理单位、施工单位等相关方的安全管理范围与职责。

项目建设单位或总承包商负责编制总体试生产方案、明确试生产条件，设计、施工、监理单位要对试生产方案及试生产条件提出审查意见。对采用专利技术的装置，试生产方案经设计、施工、监理单位审查同意后，还要经专利供应商现场人员书面确认。

项目建设单位或总承包商负责编制联动试车方案、投料试车方案、异常工况处置方案等。试生产前，项目建设单位或总承包商要完成工艺流程图、操作规程、工艺卡片、工艺和安全技术规程、事故处理预案、化验分析规程、主要设备运行规程、电气运行规程、仪表及计算机运行规程、联锁整定值等生产技术资料、岗位记录表和技术台账的编制工作。

（2）试生产前各环节的安全管理

建设项目试生产前，建设单位或总承包商要及时组织设计、施工、监理、生产等单位的工程技术人员开展"三查四定"（三查是指查设计漏项、查工程质量、查工程隐患；四定是指整改工作定任务、定人员、定时间、定措施），确保施工质量符合有关标准和设计要求，确认工艺危害分析报告中的改进措施和安全保障措施已经落实。

1）系统吹扫冲洗安全管理。在系统吹扫冲洗前，要在排放口设置警戒区，拆除易被吹扫冲洗损坏的所有部件，确认吹扫冲洗流程、介质及压力。蒸汽吹扫时，要落实防止人员烫伤的防护措施。

2）气密试验安全管理。要确保气密试验方案全覆盖、无遗漏，明确各系统气密的最高压力等级。高压系统气密试验前，要分成若干等级压力，逐级进行气密试验。真空系统进行真空试验前，要先完成气密试验。要用盲板将气密试验系统与其他系统隔离，严禁超压。气密试验时，要安排专人监控，发现问题及时处理；做好气密检查记录，签字备查。

3）单机试车安全管理。企业要建立单机试车安全管理程序。单机试车前，要编制试车方案、操作规程，并经各专业确认。单机试车过程中，应安排专人操作、监护、记录，发现异常立即处理。单机试车结束后，建设单位要组织设计、施工、监理及制造商等方面人员签字确认并填写试车记录。

4）联动试车安全管理。联动试车应具备下列条件：所有操作人员考核合格并已取得上岗资格；公用工程系统已稳定运行；试车方案和相关操作规程、经审查批准的仪表报警和联锁值已整定完毕；各类生产记录、报表已印发到岗位；负责统一指挥的协调人员已经确定。引入燃料或窒息性气体后，企业必须建立并执行每日安全调度例会制度，统筹协调全部试车的安全管理工作。

5）投料安全管理。投料前，要全面检查工艺、设备、电气、仪表、公用工程和应急准备等情况，具备条件后方可进行投料。投料及试生产过程中，管理人员要现场指挥，操作人员要持续进行现场巡查，设备、电气、仪表等专业人员要加强现场巡检，发现问题及时报告和处理。投料试生产过程中，要严格控制现场人数，严禁无关人员进入现场。

6. 设备完好性（完整性）管理

（1）建立并不断完善设备管理制度

1）建立设备台账管理制度。企业要对所有设备进行编号，建立设备台账、技术档案和备品配件管理制度，编制设备操作和维护规程。设备操作、维修人员要进行专门的培训和资格考核，培训、考核情况要记录存档。

2）建立装置泄漏监（检）测管理制度。企业要统计和分析可能出现泄漏的部位、物料种类和最大量。定期监（检）测生产装置动静密封点，发现问题及时处理。定期标定各类泄漏检测报警仪器，确保其准确有效。要加强防腐蚀管理，确定检查部位，定期检测，建立检测数据库。对重点部位要加大检测检查频次，及时发现和处理管道、设备壁厚减薄情况。定期评估防腐效果和核算设备剩余使用寿命，及时发现并更新更换存在安全隐患的设备。

3）建立电气安全管理制度。企业要编制电气设备设施操作、维护、检修等管理制度，定期开展企业电源系统安全可靠性分析和风险评估。要制定防爆电气设备、线路检查和维护管理制度。

4）建立仪表自动化控制系统安全管理制度。新（改、扩）建装置和大修装置的仪表自动化控制系统投用前、长期停用的仪表自动化控制系统再次启用前，必须进行检查确认。要建立健全仪表自动化控制系统日常维护保养制度，建立安全联锁保护系统停运、变更专业会签和技术负责人审批制度。

（2）设备安全运行管理

1）开展设备预防性维修。关键设备要装备在线监测系统。要定期监（检）测检查关键设备、连续监（检）测检查仪表，及时消除静设备密封件、动设备易损件的安全隐患。定期检查压力管道阀门、螺栓等附件的安全状态，及早发现和消除设备缺陷。

2）加强动设备管理。企业要编制动设备操作规程，确保动设备始终具备规定的工况条件。自动监测大机组和重点动设备的转速、振动、位移、温度、压力、腐蚀性介质含量等运行参数，及时评估设备运行状况。加强动设备润滑管理，确保动设备运行可靠。

3）开展安全仪表系统安全完整性等级评估。企业要在风险分析的基础上，确定安全仪表功能及其相应的功能安全要求或安全完整性等级。企业要按照《过程工业领域安全仪表系统的功能安全 第 1 部分~第 3 部分》（GB/T 21109. 1~3—2007）和《石油化工安全仪表系统设计规范》（GB/T 50770—2013）的要求，设计、安装、管理和维护安全仪表系统。

7. 作业安全管理

（1）建立危险作业许可制度

企业要建立并不断完善危险作业许可制度，规范动火、进入受限空间、动土、临时用电、高处作业、断路、吊装、抽堵盲板等特殊作业安全条件和审批程序。实施特殊作业前，必须办理审批手续。

（2）落实危险作业安全管理责任

实施危险作业前，必须进行风险分析、确认安全条件，确保作业人员了解作业风险和掌握风险控制措施、作业环境符合安全要求、预防和控制风险措施得到落实。危险作业审批人员要在现场检查确认后签发作业许可证。现场监护人员要熟悉作业范围内的工艺、设备和物料状态，具备应急救援和处置能力。作业过程中，管理人员要加强现场监督检查，严禁监护人员擅离现场。

8. 承包商管理

（1）严格承包商管理制度

企业要建立承包商安全管理制度，将承包商在本企业发生的事故纳入企业事故管理。企业选择承包商时，要严格审查承包商有关资质，定期评估承包商安全生产业绩，及时淘汰业绩差的承包商。企业要对承包商作业人员进行严格的入厂安全教育培训，经考核合格的方可凭证入厂，禁止未经安全教育培训的承包商作业人员入厂。企业要妥善保存承包商作业人员安全教育培训记录。

（2）落实安全管理责任

承包商进入作业现场前，企业要与承包商作业人员进行现场安全交底，审查承包商编制的施工方案和作业安全措施，与承包商签订安全管理协议，明确双方安全管理范围与责任。现场安全交底的内容包括：作业过程中可能出现的泄漏、火灾、爆炸、中毒窒息、触电、坠落、物体打击和机械伤害等方面的危害信息。承包商要确保作业人员接受了相关的安全培训，掌握与作业相关的所有危害信息和应急预案。企业要对承包商作业进行全程安全监督。

9. 变更管理

（1）建立变更管理制度

企业在工艺、设备、仪表、电气、公用工程、备件、材料、化学品、生产组织方式和人员等方面发生的所有变化，都要纳入变更管理。变更管理制度至少包含以下内容：变更的事项、起始时间，变更的技术基础、可能带来的安全风险，消除和控制安全风险的措施，是否修改操作规程，变更审批权限，变更实施后的安全验收等。实施变更前，企业要组织专业人员进行检查，确保变更具备安全条件；明确受变更影响的本企业人员和承包商作业人员，并对其进行相应的培训。变更完成后，企业要及时更新相应的安全生产信息，建立变更管理档案。

（2）严格变更管理

1）工艺技术变更。主要包括生产能力，原辅材料（包括助剂、添加剂、催化剂等）和介质（包括成分比例的变化），工艺路线、流程及操作条件，工艺操作规程或操作方法，工艺控制参数，仪表控制系统（包括安全报警和联锁整定值的改变），水、电、气、风等公用工程方面的改变等。

2）设备设施变更。主要包括设备设施的更新改造、非同类型替换（包括型号、材质、安全设施的变更）、布局改变，备件、材料的改变，监控、测量仪表的变更，计算机及软件的变更，电气设备的变更，增加临时的电气设备等。

3）管理变更。主要包括人员、供应商和承包商、管理机构、管理职责、管理制度和标准发生变化等。

（3）变更管理程序

1）申请。按要求填写变更申请表，由专人进行管理。

2）审批。变更申请表应逐级上报企业主管部门，并按管理权限报主管负责人审批。

3）实施。变更批准后，由企业主管部门负责实施。没有经过审查和批准，任何临时性变更都不得超过原批准范围和期限。

4）验收。变更结束后，企业主管部门应对变更实施情况进行验收并形成报告，及时通知相关部门和有关人员。相关部门收到变更验收报告后，要及时更新安全生产信息，载入变更管理档案。

10. 应急管理

（1）编制应急预案并定期演练完善

企业要建立完整的应急预案体系，包括综合应急预案、专项应急预案、现场处置方案等。要定期开展各类应急预案的培训和演练，评估预案演练效果并及时完善预案。企业制定的预案要与周边社区、周边企业和地方政府的预案相互衔接，并按规定报当地政府备案。企业要与当地应急体系形成联动机制。

（2）提高应急响应能力

企业要建立应急响应系统，明确组成人员（必要时可吸收企外人员参加），并明确每位成员的职责。要建立应急救援专家库，对应急处置提供技术支持。发生紧急情况后，应急处置人员要在规定时间内到达各自岗位，按照应急预案的要求进行处置。要授权应急处置人员在紧急情况下组织装置紧急停车和相关人员撤离。企业要建立应急物资储备制度，加强应急物资储备和动态管理，定期核查并及时补充和更新。

11. 事故和事件管理

（1）未遂事故等安全事件的管理

企业要制定安全事件管理制度，加强未遂事故等安全事件（包括生产事故征兆、非计划停车、异常工况、泄漏、轻伤等）的管理。要建立未遂事故和事件报告激励机制。要深入调查分析安全事件，找出事件的根本原因，及时消除人的不安全行为和物的不安全状态。

（2）吸取事故（事件）教训

企业完成事故（事件）调查后，要及时落实防范措施，组织开展内部分析交流，吸取事故（事件）教训。要重视外部事故信息收集工作，认真吸取同类企业、装置的事故教训，提高安全意识和防范事故能力。

12. 持续改进化工过程安全管理工作

（1）成立机构

企业要成立化工过程安全管理工作领导机构，由主要负责人负责，组织开展本企业化工过程安全管理工作。

（2）纳入绩效考核

企业要把化工过程安全管理纳入绩效考核。要组成由生产负责人或技术负责人负责，工艺、设备、电气、仪表、公用工程、安全、人力资源和绩效考核等方面的人员参加的考核小组，定期评估本企业化工过程安全管理的功效，分析查找薄弱环节，及时采取措施，限期整改，并核查整改情况，持续改进。要编制功效评估和整改结果评估报告，并建立评估工作记录。

第四节 安全设施和消防设施

一、安全设施

化工生产设备的安全设施包含两类，分别为安全装备和安全附件，其分类详见表2-9。

安全装备是指为保障安全生产、预防事故、防止事故扩大，以及在应急情况下抢险救灾而设置的设备、设施、器材等；安全附件是指为保障设备安全运行所配置的安全装置。安全设施实行安全监督和专业管理相结合的管理方法。

表 2-9   常见安全装备和安全附件分类

作用	类别	项目
A 预防 事故	一、自动保护设备	1. 联锁
	二、阻火设备	2. 管道阻火器
		3. 储罐阻火器
		4. 车用阻火器
	三、安全封断设施	5. 防碰天车
		6. 天然气紧急关断阀
		7. 水封井
		8. 水封罐
		9. 气封井
		10. 液封井
	四、防喷装备	11. 防喷器
		12. 节流管汇
		13. 钻具止回阀
	五、设备安全附件	14. 安全阀
		15. 液位计
		16. 浅海井下安全阀
		17. 防爆片（膜）
		18. 防爆门（窗）
		19. 呼吸阀
	六、冷却设备	20. 喷淋水嘴
	七、静电消除设备	21. 静电消除设备
	八、人身保护设备	22. 液压大钳
		23. 液压猫头
		24. 放射源狱控装置
		25. 井场照明隔离电源
		26. 井场低压照明灯（36 V 以下）
	九、其他	27. 手提电动工具触电保护器
		28. 射线防护设施

续表

作用	类别	项目
B 防止事故扩大	十、防止火灾扩大设施	29. 防液（火）堤
		30. 防火（爆）墙
		31. 水幕
		32. 汽幕
	十一、气体防护设施	33. 防毒面具
		34. 各类呼吸器
		35. 中和冲洗设施
	十二、水上逃生救生设备	36. 守护船、溢油回收船
		37. 救生（助）艇和两栖救生装置
		38. 气胀式救生筏
		39. 救生圈
		40. 救生衣
		41. 救生索和救生软梯
C 防灾检测	十三、可燃气体检测报警仪	42. 便携式（泵吸）可燃气体检测报警仪
		43. 便携式（扩散）可燃气体检测报警仪
		44. 固定式（泵吸）可燃气体检测报警仪
		45. 固定式（扩散）可燃气体检测报警仪
	十四、氧气、有毒气、放射源检测报警器	46. 氧气、一氧化碳、硫化氢、氟化氢等
	十五、静电测试仪器	47. 电荷密度计
		48. 静电电压表
	十六、火灾、检测报警器	49. 烟雾检测报警器
		50. 火灾监视器
	十七、漏油检测报警器	51. 固定式漏油检测报警器
		52. 管道测厚仪
	十八、湿蒸发器发生器超压超温报警仪器	53. 蒸汽超压报警器
		54. 蒸汽超温报警器
D 消防安全	十九、消防车辆和设施	55. 消防战斗车辆
		56. 消防辅助车辆
		57. 消拖两用艇
	二十、其他消防设备	58. 消防水池
		59. 消防水泵房
		60. 消火栓
		61. 固定式消防炮
		62. 固定式消防站
		63. 半固定式消防设施（液上）

续表

作用	类别	项目
D 消防安全	二十、其他消防设备	64. 半固定式消防设施（液下）
		65. 手提式灭火器
		66. 车推式灭火器
		67. 其他消防器材（如锹、镐、釜等）
	二十一、消防人员装备	68. 隔热服、防化服
E 安全专用通信	二十二、通信报警设备	69. 无线电话
		70. 对讲机
		71. 有线报警器
		72. 海上短波、中波、甚高频、遇险频率收信机

二、安全设施的管理

1. 设计部门

（1）在新改扩建工程设计时，安全装备和安全附件应与主体工程同时设计。

（2）设计中应选用工艺技术先进、产品成熟可靠、符合国家标准规范、有生产经营许可的安全装备和安全附件，其功能、结构、性能和质量应满足职业安全健康要求。应努力提高设计中采用的安全装备和安全附件的自动化水平，改善劳动条件。

（3）不得选用未经鉴定、带有试用性质的安全装备和安全附件。

（4）在防爆场所选用的安全装备和安全附件，应取得国家指定的防爆检验机构发放的防爆许可证，并应达到安装、使用场所的防爆等级要求。

2. 技术部门

（1）严格执行建设项目安全设施"三同时"（是指建设项目安全设施必须与主体工程同时设计、同时施工、同时投入生产和使用）规定，积极采用技术先进、性能可靠的安全装备和安全附件。

（2）制订安全装备和安全附件的技术措施计划并组织实施。

（3）参加安全装备和安全附件配置方案的设计审查、竣工验收，以及更新、停用（临时停用）、拆除、报废的技术论证工作。

3. 设备（机动）部门

（1）建立完整的安全装备和安全附件档案，制定其检修、维护、保养及更新制度。

参加安全装备和安全附件配置方案的设计审查工作，以及更新、停用（临时停用）、拆除、报废的技术论证和审查工作。

（2）负责组织安全装备和安全附件施工及投用前的检查、验收；负责审核、制订年（季）度检修计划；负责运行状况、检维修质量的检查；将安全装备和安全附件的完好使用情况列为设备考核评比的内容，确保安装率、使用率、完好率达到百分之百。

（3）组织编制、修订安全装备和安全附件的技术操作规程，其工艺指标必须符合安全生产要求。

（4）建立严格的安全联锁系统的管理制度。生产期间安全联锁系统应100%投入使用。严禁擅自摘除安全联锁系统进行生产，确需摘除的，应经直属企业主管领导或总工程师负责审查和批准，同时要制定相应的保护措施并指派专人负责落实。

（5）负责报警器校验的单位和人员须取得国家和行业规定的相应资质。校验用标准气体，校验仪器、校验方法和校验周期等要符合规范要求。

4. 安全管理部门

（1）建立完整的安全装备和安全附件台账，监督检查安全装备和安全附件的配备、校验与完好情况。

（2）定期组织对安全装备和安全附件的使用、维护、保养情况的专业性安全检查。

（3）监督检查建设项目中安全装备和安全附件"三同时"执行情况，组织或参加安全装备和安全附件的设计审查和竣工、投产前的检查、验收工作。组织或参加更新、停用（临时停用）、拆除、报废安全装备和安全附件的技术论证和审查备案。

（4）参加安全装备和安全附件的考察调研，提出建议和意见。

（5）审核并申报基层单位增设安全装备的事故隐患治理项目。

5. 计划、供应部门

（1）计划部门对新（改、扩）建工程项目的安全装备和安全附件的费用实行专款专用，要优先保障安全生产需要而新增安全装备和安全附件资金的落实。

（2）供应部门对安全装备和安全附件的采购应保证质量。不得选用没有生产许可证厂家的产品，不得选用没有产品质量合格证的产品，不得选用没有经过鉴定的产品，不准采取试用的方法购进新型安全装备。

6. 施工管理部门

（1）严格执行建设项目"三同时"规定，确保安全装备和安全附件与主体工程同时施工。

（2）严格施工队伍和工程监督的管理，确保按图施工，保证工程质量。

（3）负责竣工资料齐全和安全装备、安全附件性能良好地投入使用。

7. 消防、气防部门

（1）参加建设项目中消防、气防设施配置方案的设计审查，以及竣工、投产前的检查、验收工作。

（2）负责消防、气防设施更新、停用（临时停用）、报废的审查备案工作。建立完整的消防、气防设施档案和台账。

（3）组织编制和修订消防、气防设施的安全技术操作规定。

8. 使用单位

（1）认真落实安全装备和安全附件管理使用的有关规定，执行安全装备和安全附件的更新、检修、停用（临时停用）、报废、拆除申报程序，未经主管领导和部门批准，严禁擅自拆除、停用（临时停用）安全装备和安全附件。

（2）按照安全装备和安全附件的用途及配置数量，安装、放置在规定的使用位置，确定管理人员和维护责任，不允许挪作他用。

（3）定期对安全装备和安全附件进行专项检查，确保完好，随时可用。

（4）结合生产实际，组织对操作人员进行正确使用安全装备和安全附件的技术培训，经考试合格后持证上岗。定期开展岗位练兵和应急演练，使其做到"四懂"（懂原理、懂构造、懂用途、懂性能）、"三会"（会操作、会维护、会排除故障），提高员工使用安全设施的能力。

（5）对竣工资料不全或未达到安全装备和安全附件设计性能的工程项目，在移交时有权拒绝接管。

三、消防设施

1. 火灾自动报警系统

火灾自动报警系统主要是完成火灾的探测和报警功能。火灾自动报警系统是由触发装置、火灾报警装置、火灾警报装置和电源等部分组成的通报火灾发生的全套设备，复杂的系统还包括消防控制设备。在火灾自动报警系统中，当接收到来自触发装置（探测器或手动报警按钮）的火灾报警信号，能自动或手动启动并显示其状态的设备，称为消防控制设备。

消防系统中有三种控制方式，即自动控制、联动控制、手动控制。联动控制系统主要是完成控制和联动功能。

火灾自动报警系统分为区域火灾警报、集中报警系统和控制中心报警系统。

火灾报警控制装置有控制、记忆、识别和报警功能，另外还有自动检测、联动控制、打印输出、图形显示、通信广播等作用。

火灾自动报警系统除生产和存储火药、炸药、弹药、火工品等场所外，其余场所均能使用。

2. 自动灭火系统

（1）水灭火系统

水灭火系统包括室内外消火栓系统、自动喷水灭火系统、水幕和水喷雾灭火系统。

（2）气体自动灭火系统

气体自动灭火系统是指以气体作为灭火介质的灭火系统。气体灭火剂化学稳定性好、耐储存、腐蚀性小、不导电、毒性低，蒸发后不留痕迹，适用于扑救多种类型火灾。

1）气体灭火剂的种类

①七氟丙烷。七氟丙烷（HFC-227ea/FM200）自动灭火系统是一种高效能的灭火设备，其灭火剂 HFC-227ea/FM200 是一种无色、无味、低毒性、绝缘性好、无二次污染的气体，对大气臭氧层的耗损潜能值（ODP）为零。

②混合气体灭火剂。混合气体灭火剂是由氮气、氩气和二氧化碳气体按一定的比例混合而成的气体，这些气体都是在大气层中自然存在的，对大气臭氧层没有损耗，也不会对地球的"温室效应"产生影响，而且混合气体无毒、无色、无味、无腐蚀性、不导电，既不支持燃烧，又不与大部分物质产生反应，是一种十分理想的坏保型灭火剂。

③二氧化碳灭火剂。二氧化碳灭火剂具有毒性低、不污损设备、绝缘性能好、灭火能力强等特点，是目前国内外市场上颇受欢迎的气体灭火产品，也是替代卤代烷的较理

想产品。

一般在启动灭火系统时，控制系统会启动灭火程序，然后启动灭火装置进行灭火。灭火系统的灭火装置在开始时会延时启动，但会及时启动气体保护区内外的声光报警器，以提示人员需要在一定时间之内撤离。所以当声光报警器发出声光报警时，必须立即撤离气体保护区。如果气体保护区内确定并没有火灾发生时（控制系统误动作），可以立即按下保护区外面［移动基站（房）的按钮都在保护区内］的紧急停止按钮，撤销灭火程序。

④气溶胶灭火剂。气溶胶灭火剂是一种有效具有最小影响的灭火剂，具有系统简单、造价低廉、无腐蚀、无污染、无毒无害、对臭氧层无损耗、残留物少、高速高效、全淹没全方位灭火、应用范围广等优点，已被众多专业人士认定为哈龙产品的理想替代品。

气溶胶是指以固体或液体为分散相而气体为分散介质所形成的溶胶，也就是固体或液体的微粒（直径为 1 μm 左右）悬浮于气体介质中形成的溶胶。气溶胶与气体物质同样具有流动扩散特性及绕过障碍物淹没整个空间的能力，因而可以迅速地对被保护物进行全淹没方式防护。

气溶胶的生成有两种方法：一种是物理方法，即采用将固体粉碎研磨成微粒再用气体予以分散形成气溶胶；另一种是化学方法，通过固体的燃烧反应，使反应产物中既有固体又有气体，气体分散固体微粒形成气溶胶。

2）适用范围。气体灭火系统适用于扑救电气火灾、固体表面火灾、液体火灾，以及灭火前能切断气源的气体火灾。除电缆隧道（夹层、井）及自备发电机房外，K 型和其他型热气溶胶预制灭火系统不得用于电气火灾。

气体灭火系统不适用于扑救硝化纤维、硝酸钠等氧化剂或含氧化剂的化学制品火灾，钾、镁、钠、锆、铀等活泼金属火灾，氢化钾、氢化钠等金属氢化物火灾，过氧化氢、联胺等能自行分解的化学物质火灾，以及可燃固体物质的深位火灾。

3. 防排烟系统

防排烟系统能改善着火地点的环境，使建筑内的人员能安全撤离现场，使消防人员能迅速靠近火源；将未燃烧的可燃性气体在尚未形成易燃烧混合物之前加以驱散；将火灾现场的烟和热及时排去，减弱火势的蔓延。

排烟有自然排烟和机械排烟两种形式。

4. 火灾事故广播与警报装置

火灾事故广播系统在火灾报警设计规范中有以下规定：

（1）一般集中报警系统或控制中心报警系统都应有事故广播。规模较大的区域报警系统也应有火灾事故广播。

（2）民用建筑内的火灾事故广播扬声器应安装在走道和大厅等公共场所，其数量应能保证从本楼层任何部位到最近一个扬声器的步行距离不超过 25 m，每个扬声器的额定功率不应小于 3 W。

（3）工业建筑内的扬声器，在其播放范围内的最远点播放声压级，应高于背景噪声 15 dB。

（4）当火灾事故广播与音响广播合用时，应能在火灾发生时强制转入火灾事故广播。一般是将这种广播扩音机设备安装在消防控制室内，用转换开关进行控制。消防控制室应能显示火灾事故广播扩音机的工作状态，并能用话筒播音。

（5）火灾事故广播设置备用扩音机，其容量不应小于火灾事故广播扬声器容量较大的扬声器容量的总和。

5. 灭火剂和灭火器

目前的灭火剂种类很多，其中比较常用的有水、泡沫、卤代烷、二氧化碳、干粉、稀有气体灭火剂等，其性质不同，适于扑灭火灾的类型也不同。灭火剂的灭火机理既有差别也有联系，表 2-10 列出了几类常见灭火剂的灭火原理及其适用场所。

表 2-10　　　　　　　　　　灭火剂的灭火原理及其适用场所

灭火剂	灭火原理	适用场所
水（包括含添加剂的水）	冷却、窒息、隔离、稀释作用	A 类火灾
干粉灭火剂	冷却、窒息、隔离和化学抑制作用	适用于扑救可燃气体火灾和甲、乙、丙类液体火灾及电气设备火灾
泡沫灭火剂	隔离、窒息、淹没等作用	A 类、B 类火灾中的非水溶性液体火灾；不适用于扑救遇水燃烧物质的火灾、气体火灾和带电设备的火灾
卤代烷灭火剂	化学抑制作用	适用于扑救精密设备、仪器、仪表、文件档案的火灾

续表

灭火剂	灭火原理	适用场所
二氧化碳	冷却、窒息作用	适用于扑救气体火灾，甲、乙、丙类液体火灾，一般固体物质火灾，带电设备的火灾
细水雾	冷却、隔离作用	高技术领域和重大工业危险源的火灾，如计算机房、航空与航天飞行器舱内火灾，以及企业的大型电气火灾等

灭火器是由人操作的能在其自身内部压力作用下，将所充装的灭火剂喷出实施灭火的器具，其结构简单、轻便灵活、可自由移动、稍经训练即会操作使用。当建筑物发生火灾，在消防队到达火场之前且固定灭火系统尚未启动之际，火灾现场人员可使用灭火器进行扑救。灭火器能及时有效地扑灭建筑初起火灾，防止火灾蔓延形成大火，降低火灾损失，同时还可减轻消防队的负担，节省灭火系统启动的耗费。因此，在生产、使用和储存可燃物的工业与民用建筑物内，除设置固定灭火系统外，还应配置灭火器。按照灭火器的操作使用方法不同，可以将其分为手提式、推车式、背负式、手抛式和悬挂式；按照充装方式不同，可以分为水型灭火器、泡沫型灭火器、干粉型灭火器、卤代烷型灭火器等。表2-11给出了常见灭火器的使用和管理。

表2-11　　　常见灭火器的使用和管理

种类	泡沫灭火器	1211灭火器	二氧化碳灭火器	干粉灭火器
规格	10 L 65~130 L	2 kg以下 4 kg 6 kg	2 kg以下 2~3 kg 5~7 kg	4 kg 8 kg 35 kg
灭火剂	碳酸氢钠、发沫剂和硫酸铝溶液	卤代烷	压缩成液态的二氧化碳	小苏打或钾盐干粉
用途	扑救油类火灾	扑救油类、有机溶剂、精密仪器、文件档案等火灾	扑救贵重仪器和设备，不能扑救金属钾、钠、镁、铝等物质的火灾	扑救石油、石油产品、油漆、有机溶剂和电气设备等火灾
性能	10 L灭火器、喷射时间60 s、射程为8 m。65 L的喷射时间170 s，有效射程13.5 m	10 L灭火器，喷射时间50 s，射程为10 m	要接近着火地点，保持3 m远	8 kg干粉喷射时间14~16 s，射程为4.5 m
使用方法	倒过来稍加摇动或打开开关，灭火剂即喷出	把灭火器筒倒过来，灭火剂即可喷出	一手拿好喇叭筒对准火源，另一手打开开关即可	提起圈环，干粉即可喷出

续表

种类	泡沫灭火器	1211 灭火器	二氧化碳灭火器	干粉灭火器
保管和检查方法	保管：①放在方便取放的地方；②防止喷嘴堵塞；③注意使用期限；④冬季防止灭火剂冻结、做好保温 检查：①泡沫灭火器的泡沫发生倍数为 5.5 倍，存放期间低于 4 倍时，应换药。另一种用相对密度计试验内外药（内药为 30 度，外药为 10 度），低于规定应换药。②酸碱灭火器的检查方法同泡沫灭火器的检查方法。③二氧化碳灭火器的检查方法：年称重一次，得出重量与器体上注明的器体重量和二氧化碳净重相对照，如二氧化碳净重减少达 10%时应检修充气			应保存在干燥通风处，防止受潮日晒。每年应抽查一次干粉是否受潮结块，二氧化碳气体每年称重一次

第五节　检维修作业

化工企业的生产过程连续、危险源集中，涉及动火、进入受限空间、高处、吊装、临时用电、动土、检维修、盲板抽堵等特殊作业，一旦发生事故会直接影响企业的经济效益以及作业人员的生命安全。

化工企业的生产设备结构极其复杂，往往会涉及很多有害因素，危险性极高，并且面临的不确定因素较多。因此，化工检维修作业中的不确定因素较多。由于化工设备介质特殊，在检维修施工过程中还常常会涉及易燃易爆、有毒有害介质。另外，化工检维修工作受到空间、动火、盲板抽堵等因素限制，容易引发爆炸以及中毒窒息等事故。

由于以上原因，化工检维修作业的组织形式相当复杂，其安全管理难度相对较高。在化工企业检维修过程中必须秉承科学、严谨的态度，针对工程项目中的单项工程、分部工程以及分项工程制定详细的施工方案。一般化工企业会通过招标的方式将检维修工作承包给其他施工单位，通过承包商的参与共同进行检维修作业以及安全管理。这种组织方式复杂，为检维修工作的安全管理带来的较大难度。

一、化工检维修的主要类型

化工检维修一般分为日常检维修和定期装置大检修（也称计划检维修）两种，有时还会有临时检维修。计划检维修是针对化工设备定期的管理，通过一定的使用经验和生产规律针对化工设备进行定期的检修，确保其正常高效地运行，应根据化工设备的实际情况制订大修、小修、中修计划。临时检维修是指当化工设备遇到突发情况以及突发故障时进行的具体有针对性的检维修。

1. 日常检维修

（1）日常检维修一般由各生产车间负责，对生产装置中出现的影响安全生产的设备故障、隐患，及时进行检维修。

（2）需要装置之外的人员具体实施的其他活动，也应按照设备日常检维修的要求来进行管理。

（3）设备日常检维修实行作业许可证制度。

（4）当作业活动涉及动火、受限空间、高处、临时用电、动土等特殊作业，应办理相应的作业许可证，并按照相应的制度执行。

2. 装置大检修

（1）装置大检修是装置运行周期中必须有的过程，检修质量是保证化工装置长周期运行的关键。

（2）装置大检修的过程是多种危险作业集中的过程，也是易发生事故的过程，需要完善的组织管理和施工方案。

二、日常检维修作业安全风险分析要点

1. 检维修作业前的安全风险分析要点

（1）作业人员（承包商）对现场和化工企业危险性不熟悉，入厂前的安全教育培训不到位，有可能无意中违章或造成误碰阀门、管线，作业部位错误等，都会使检维修作业造成安全风险。

（2）设备检维修之前，应对具体检维修活动进行有针对性的工作危害分析，制定相应风险控制措施，申请办理相关作业许可证，经逐级审批后实施。生产车间项目负责人、专业技术管理人员应向施工单位作业负责人、作业人员交底，交底内容应包括作业内容、作业环境的危害和风险、安全注意事项、作业人员劳动防护用品、应急措施等。作业许

可证签发生效后，生产车间项目负责人应将现场作业安排情况在作业实施之前通知作业区域的岗位人员，以便岗位人员做好配合工作。

2. 安全技术交底

（1）作业前现场检查和安全技术交底

施工单位取得许可证后，由其作业负责人组织作业。施工单位应确保作业机具达到作业所在区域或部位的防火防爆等级要求，项目负责人应对作业机具是否符合防火防爆等级要求进行检查，不符合要求的机具不得使用。作业人员必须严格按任务单、许可证及现场交底的要求作业，严格遵守操作规程和与作业有关的规章制度施工。

基层单位必须向施工单位进行现场检查交底，由基层单位有关专业技术人员会同施工单位作业负责人及有关专业技术人员、监护人，对作业现场的设备设施进行现场检查，对检维修作业内容、可能存在的风险及施工作业环境进行交底，结合施工作业环境对作业许可证列出的有关安全措施逐条确认，并将补充措施确认后填入相应栏内。

施工单位作业负责人应向施工作业人员进行作业程序和安全措施交底，并指派作业监护人。

（2）安全技术交底的内容

安全技术交底主要包括两个方面的内容：一是在作业（施工）方案的基础上按照实际要求，对作业（施工）方案进行细化和补充；二是要将作业人员（操作者）的安全注意事项讲清楚，保证作业人员的人身安全。需要说明的是，《化学品生产单位特殊作业安全规范》（GB 30871—2014）提出了明确要求，即作业前，应对参加作业的人员进行安全教育，主要内容有：

1）有关作业的安全规章制度。

2）作业现场和作业过程中可能存在的风险、有害因素及相应的防范措施。

3）作业过程中使用的个体防护器具的使用方法及使用注意事项。

4）事故的预防、避险、逃生、自救及互救等知识。

5）相关的事故案例及经验教训。

安全技术交底工作完毕后，所有参加交底的人员必须履行签字手续，基层单位班组、交底人、作业人员、作业监护人各留执一份，并记录存档。

3. 检维修作业过程中的安全风险分析要点

（1）风险分析要点

设备检维修作业时间紧、作业条件差、交叉作业多，主要的危害有工作过程中造成作业人员的机械伤害、物体打击、灼烫、中毒窒息等。日常检维修作业过程，因为涉及动火、进入受限空间等危险作业活动，存在安全风险。安全风险分析要点如下：

1）在作业过程中，作业人员站位不好、使用工具有缺陷、未进行有效固定、操作失误、有关人员配合不好等。

2）对需要作业的电气设备或与电气设备系统相连，未在停机后切断电源、摘除挂接地线，未在开关上挂"有人工作、严禁合闸"警示牌。

3）未办理完作业许可证就开始作业，或作业内容、人员、有效期等与作业许可证不符。

4）劳动防护用品配备不到位，如产生粉尘的作业不配备防尘口罩而是用纱布口罩代替，穿易产生静电的服装、服饰和带铁钉的鞋进入生产装置和易燃易爆区等。

5）作业过程中就地排放易燃易爆物料及危险化学品，或者用汽油、易挥发溶剂擦洗设备、衣物、工具及地面。

6）在液化烃和轻质油装置、罐区，用黑色金属和易产生火花的工具进行敲打、撞击作业，在高温管线上刷漆、敷设保温材料等。

7）作业期间，生产车间项目负责人、单位领导和专业管理人员未对作业现场进行抽查，未监督施工单位遵章作业。

（2）主要防范措施

1）在拆卸、解体和维修高温设备时，必须等设备内部温度冷却至正常温度时，再进行拆卸、解体和维修作业。开启设备人孔，拆卸设备的头盖、管线的法兰、机泵等工作时，要防止残存物料喷出、部件坠落造成人身机械伤害、中毒、烫伤等伤害。

非本装置人员进入生产装置作业时，要注意装置内设置的警示牌、风向标等。

2）作业过程中发现异常现象（如现场消防警报、紧急撤离警报响起），生产单位项目负责人或者许可证签发人、监护人等应立即通知作业人员暂停作业并撤离，作业人员必须立即暂停作业并从作业区域撤离。当异常情况解除，需要恢复作业时，应由基层单位领导分析、核查暂停作业的原因是否已得到有效消除，并对相关的安全措施重新检查确认后方可恢复作业。

3）当作业内容与许可证上规定的作业内容相比发生变更时，或环境条件变化时，需要重新办理作业许可证。

4）施工作业完工后，由生产车间项目负责人、监护人和施工单位作业负责人确认并在相应作业票上的"完工验收"栏中签名，还要将完工信息告知相关岗位和人员。

三、装置大检修安全风险分析要点

1. 装置大检修作业前的安全风险分析要点

生产装置大检修周期短，现场交叉作业多，作业场地狭窄，施工环境差，施工人员素质参差不齐，有时需要边生产边进行施工作业，在作业过程中极易发生火灾、高处坠落、起重伤害、中毒窒息等各类人身伤害以及环境污染事故等。

装置大检修作业前的安全风险分析应关注以下内容。

（1）作业前人员要求

1）把好承包商准入关。在施工项目招标阶段，应对施工单位的营业执照、法定工程资质、特种作业人员资质、安全生产资质和安全管理能力等内容进行招标入围前审查。

施工单位中标以后，企业要严格施工人员进入现场的三级安全教育等安全教育培训的管理。

施工作业过程中，企业对承包商施工现场作业行为要进行监督检查与考核，淘汰资质不合格、现场施工安全管理能力低的承包商。

2）对其他人员要求。对参加检修的所有人员要进行各专业施工安全规程的专题安全教育，生产单位应组织本单位员工学习装置检修安全健康环保管理规定、危险辨识、风险评价后提出的控制措施、应急预案、开工方案、停工方案等，对照应急预案进行演练，并考试合格。

（2）停工过程要求

1）制定大检修作业停工方案，进行危害识别并制定相应的安全措施。严格按照审批后的停工方案停工，停工过程中的每一关键步骤都要有专人负责确认。

2）易燃易爆、有毒、腐蚀、污染性物料按规定回收或排放。

3）对盛装有毒有害、易燃易爆等介质的设备、塔、罐、换热器、管线等应按规定时间进行彻底吹扫、蒸煮、酸碱中和、氮气置换、空气置换，使其不存留介质，并按规定时间通风后采样分析合格。

4）进出装置的油、瓦斯、氢气、氮气、蒸气、化工物料等管线要加装盲板，使装置有效隔离。盲板应安排专人管理、装拆，进行编号登记，并在现场做好明显标识。

5）含油污水系统的检查井、地漏、下水井等，装置区明沟、地面、平台及设备、管道外表油污应清扫干净。

6）对下水系统进行有效封堵，下水井及地漏系统应使用不少于 2 层的石棉布或 5 cm 厚的细土封堵，也可用水泥封闭；无存油的地沟要灌清水；不能把 Y 型地漏的放空管线和漏斗封闭在一起。

7）进入特殊部位进行检查、清扫、检修要制定并落实好危害防范措施。

8）安排好合格的作业监护人。

9）对危险区域、设施、电缆沟、禁动区域设施等应做好警示标志。

10）在施工作业现场划出安全隔离作业区，办理临时固定动火点审批手续后再进行作业；施工单位应根据作业内容和作业场所环境情况制定安全有效的作业区隔离措施方案。

11）做好检修期间废弃物处理。

12）落实现场消防措施，消防和其他防护设施、器材应完好。

13）重要仪表要采取适当的防护措施。

14）所有机泵等用电设备应全部断电并告知生产车间，未断电的设备要做好警示标志和防护。

15）需夜间检修的作业场所，应设有足够亮度的照明装置。

16）对检修现场的坑、井、洼、沟、陡坡等应填平或铺设与地面平齐的盖板，也可设置围栏和警告标志，并设夜间警示红灯；检修现场的爬梯、栏杆、平台、铁箅子、盖板等要安全可靠。

17）加强道路交通管理，应检查、清理检修现场的消防通道、行车通道，以保障其畅通无阻；应规定施工作业期间哪些路段禁止通行，哪些路段禁止停放车辆，必要时安排专人进行交通管理。

（3）组织检修前的生产装置联合检查确认

实施装置大检修前联合检查是保障安全检修的一项行之有效的措施，即相关部门和单位按照专业分工对检修条件进行确认，确保装置内工艺系统、检修环境等已得到妥善处理，各类安全措施得到落实；对达不到检修条件或者开工条件的系统或环境应进一步完善，起到事前预防的作用，这样才能避免由于准备不充分、条件不具备而引发各类事故，为整个检修过程提供安全的作业条件；应检查应急准备情况，才能保证一旦发生事故可以得到及时有效的处理。

2. 装置大检修施工现场管理要点

装置大检修安全管理以现场安全施工、文明作业和反"三违"为主；检修前期以防火防爆为主要控制内容；检修中期以防机械伤害、高处坠落、起重事故、触电等为主要内容；检修后期应防止人员因疲劳、麻痹大意、侥幸心理而造成工作失误和违章作业。

大检修施工现场管理应重点关注以下各方面的内容：

（1）临时用电。

（2）高处作业。

（3）受限空间作业。

（4）吊装作业。

（5）动火作业。

（6）作业人员的劳动防护用品。

施工单位须为进入施工作业现场的施工人员配备必要的个体劳动防护用品。同一个施工单位要配备统一的符合要求的劳动防护服装和鞋，按照作业现场的工作性质配备适用的有关劳动防护用品，如防尘口罩、防毒面罩、耳塞、防护目镜等，受限空间作业还要配备空气呼吸器、长导管呼吸器等。

3. 装置大检修结束后的管理要点

装置大检修结束后，企业要组织大检修工作联合检查验收，其主要工作内容如下：

（1）确保检修项目全部完工、质量合格。

（2）脚手架、临时照明设备、临时电源线全部拆除。

（3）施工机具全部运走，保运机具移至装置外围。

（4）梯子、平台、栏杆、地沟、吊装孔恢复完好。

（5）安全装置齐备、灵敏好用，照明（包括事故照明）正常。

（6）消防道路畅通，消防设备、器材和劳动防护用品齐全完好。

（7）地面平整清洁，各种废物废料得到合理处置，不污染环境，做到工完、料净、场地清。

（8）压力容器及储罐等设备及管线，按规定进行试压、试漏和气密试验；安全阀、压力表、温度计、液位计等安全附件调试安装并投用，仪表自保联锁校验合格并投用，通风设备完好。

（9）涉及易燃易爆物料的密闭设备和管道按工艺要求进行气体置换，化工原材料准备齐全。

（10）做好开工使用的公用工程准备工作，按照操作规程引水、电、蒸汽、风、瓦斯进入生产装置区。

（11）施工人员全部撤离现场，保运人员进入指定位置工作，组织岗位操作人员学习开工方案并经考试合格。

（12）生产车间按开工方案组织开工前安全条件确认检查，做好系统开车的准备。

检修过程是一个动态的过程，提倡全员参与安全管理、人人都做安全员，尤其是作业监护人，应能够对作业全过程进行监督管理，能够及时发现问题并及时制止、及时上报，对各种风险进行有效控制。

四、机械设备的防腐管理

1. 设计中的防腐管理

如选材、工艺设计、强度设计、设备与部件的结构设计的防腐方法选择等。

2. 制作过程中的防腐管理

如投料、冷加工、焊接、热处理装置的防腐处理等。

3. 使用过程中的防腐管理

（1）工艺防腐

对全流程的腐蚀介质分布应进行分析，绘制分布图，对不同的部位进行注水、缓蚀剂、中和剂等进行调整，必须全程分析化验，对铁离子、酸碱液、硫化氢、氨水、氯气等腐蚀性介质要定量分析。在运行操作中，升温升压应严格按照规程要求，防止应力腐蚀的出现。

（2）设备防腐

对全流程材质防腐蚀速率要设置设防值，对系统进行定期测厚，对相变区域、变径区域、弯头、三通等特殊位置应定期检测，有条件的可以设置在线防腐蚀监测系统、高温测厚系统等监测系统。

设备管理人员必须建立设备腐蚀档案，按相关规定定期进行内外部检测，加强巡检，随时了解腐蚀情况。特别是要做好重点部位的腐蚀情况观测，严格控制腐蚀环境。

4. 设备维修过程中的防腐管理

维修时要根据不同情况制定对设备保护的措施，并应认真做好停车期间的设备检查和腐蚀检测，主要检查或检测在设备运转中无法检查或检测的腐蚀形态、腐蚀分布及损伤等。

维修过程中要避免对设备造成新的损伤，与制作过程一样要注意防止产生新的腐蚀隐患，如不能混用材料（包括焊接材料）、不能随意更换保温材料等。

第六节　危险源及其辨识

一、危险源的基本知识

1. 危险源及其分类

危险源是指可能导致人身伤害和（或）健康损害的根源、状态或行为等因素或这些因素的组合。

根据危险源在事故发生、发展中的作用，一般把危险源划分为两大类，即第一类危险源和第二类危险源。

第一类危险源是指生产过程中存在的，可能发生意外释放的能量。一般来说，能量被解释为物体做功的本领，这种本领是无形的，只有在做功时才显现出来。因此在实际工作中，往往把产生能量的能量源或拥有能量的能量载体看作第一类危险源来处理。例如，带电的导体、奔驰的车辆、旋转的飞轮等属于第一类危险源。第一类危险源决定了事故后果的严重程度，它具有的能量越多，发生事故的后果越严重。

第二类危险源是指导致能量或危险物质约束或限制措施破坏或失效的各种因素，广义上包括人的失误、物的故障、环境不良以及管理缺陷等因素。

人的失误是指人的行为结果偏离了被要求的标准，即没有完成规定功能的现象。人的不安全行为也属于人的失误。

物的故障是指机械设备、装置、元器件等由于性能低下而不能实现预定的功能的现象。从安全功能的角度，物的不安全状态也是物的故障。物的故障可能是固有的，也可能是由于维修、使用不当等原因造成的。

环境不良是指人和物存在的环境，即生产作业环境中的温度、湿度、噪声、振动、照明或通风换气等方面存在问题，会促使人的失误或物的故障发生。

管理的缺陷包括制度不完善、责任制未落实、教育培训制度未达到要求等。

第二类危险源决定了事故发生的可能性，它出现得越频繁，发生事故的可能性越大。例如，多次冒险进入危险场所，最终受到人身伤害等。

第一类危险源控制的措施是约束、限制能量或危险物质。在企业安全管理工作中，第一类危险源客观上已经存在并且在设计、建设时已经采取了必要的控制措施，如选用安全电压、减少危险化学品的储量等。因此，企业安全工作重点是第二类危险源的控制。

从上述意义上讲，危险源可以是一次事故、一种环境、一种状态的载体，也可以是可能产生不期望后果的人或物。例如：液化石油气在生产、储存、运输和使用过程中，可能发生泄漏，引起中毒、火灾或爆炸事故，因此，充装了液化石油气的储罐是第一类危险源；原油储罐的呼吸阀已经损坏，当储罐储存了原油后，有可能因呼吸阀损坏而发生事故，因此，损坏的原油储罐呼吸阀是第二类危险源；一个携带了新冠肺炎病毒的人，可能造成与其有过接触的人被传染，因此，携带新冠肺炎病毒的人是第一类危险源；在卸油作业操作过程中，没有完善的操作规程，可能使操作人员出现不安全行为，因此，没有操作规程是第二类危险源。

2. 事故金字塔理论

经过大量数据统计表明，死亡事故、受伤损工、伤害事件、危险事件、人的不安全行为和物的不安全状态之间的比例是 1∶30∶300∶3 000∶30 000，这被称为事故金字塔理论。事故金字塔理论揭示了一个十分重要的事故预防原则：要预防死亡事故，必须预防受伤损工事故；要预防受伤损工事故，必须预防伤害事件；要预防伤害事件，必须预防危险事件；要预防危险事件，必须消除人的不安全行为和物的不安全状态。能否及时消除人的不安全行为和物的不安全状态，取决于日常管理是否到位，也就是平时讲的细节管理，这是预防死亡和重伤事故最重要的基础工作。我们进行危险源辨识的目的，也正是在日常的安全管理中，发现人的不安全行为、物的不安全状态、环境不良和管理缺陷。

二、危险源辨识

1. 风险

风险可以用生产系统中事故发生的可能性与严重性来表示，即：

$$R = f(F, C) \qquad (2-1)$$

式中：R 为风险；F 为发生事故的可能性；C 为发生事故的严重性。

我们进行危险源辨识，就是要找出企业内部的安全风险，并对其进行全面而系统的辨识。危险源辨识的范围应覆盖本单位的所有活动及区域，并考虑正常、异常和紧急三种状态及过去、现在和将来三种时态。根据辨识出的危险源，应选择合适的安全风险评估方法，定期对所辨识出的存在安全风险的作业活动、设备设施、物料等进行评估。应从影响人、物和环境三个方面的伤害（损失）的可能性及其严重程度进行安全风险评估，确定可能性值和损失后果值，并确定安全风险等级。根据风险等级不同，选择相应的工程技术措施、管理控制措施、个体防护措施等，对其进行控制。

2. 危险源辨识的方法

美国的学者研究了人们在具有潜在危险环境中作业的危险性，提出了以所评价的环境与某些作为参考环境的对比为基础，将作业条件的危险性作为因变量（D），事故或危险事件发生的可能性（L）、人员暴露于危险环境的频率（E）及危险严重程度（C）作为自变量，确定了它们之间的函数式 $D=LEC$。根据实际经验，他们给出了 3 个自变量的各种不同情况的分数值（见表 2-12～表 2-14），采取对所评价的对象根据情况进行打分的办法，然后根据公式计算出其因变量作出条件的危险性分数值，再按经验将作业条件和危险性分数值划分的危险程度等级统计在表里或标注在图上，以便于查出其危险程度。这种方法被称为作业条件危险性评价方法，是一种简单易行的评价作业条件危险性的方法，也是一种重要的危险源辨识的方法。

表 2-12　　　　　　事故或危险事件发生的可能性（L）

分数值	事故或危险事件发生的可能性
10	完全可以预料到
6	相当可能
3	可能，但不经常
1	可能性小，完全意外
0.5	很不可能，可以设想
0.2	极不可能
0.1	实际不可能

表 2-13　　　　　　人员暴露于危险环境的频率（E）

分数值	人员暴露于危险环境的频率
10	连续暴露
6	每天工作时间内暴露
3	每周一次，或偶然暴露
2	每月一次暴露
1	每年几次暴露
0.5	非常罕见的暴露

表 2-14　　　　　　危险严重程度（C）

分数值	危险严重程度（C）
>320	极其危险
160～320	高度危险
70～160	显著危险
20～70	一般危险
<20	稍有危险

按照《国务院安委会办公室关于实施遏制重特大事故工作指南构建双重预防机制的意见》，生产经营单位进行危险源辨识后，要根据安全风险等级从高到低划分为重大风

险、较大风险、一般风险和低风险，分别用红、橙、黄、蓝四种颜色标示。其中，重大安全风险应填写清单、汇总造册，按照职责范围报告属地负有安全生产监督管理职责的部门。要依据安全风险类别和等级建立企业安全风险数据库，绘制企业"红、橙、黄、蓝"四色安全风险空间分布图。

依据作业条件危险性评价方法划分的作业等级，结合《国务院安委会办公室关于实施遏制重特大事故工作指南构建双重预防机制的意见》中的四级风险划分的要求，可以将作业条件危险性评价方法的五级与之相对应，得到风险等级如表 2-15 所示。

表 2-15　　　　　　　　　　　　　　　风险等级匹配

分数值	风险程度	风险等级
>320	极其危险	重大风险（红色）
160～320	高度危险	较大风险（橙色）
70～160	显著危险	一般风险（黄色）
20～70	一般危险	低风险（蓝色）
<20	稍有危险	

第七节　劳动防护用品的使用和维护

一、劳动防护用品的使用

劳动防护用品是指由用人单位为劳动者配备的，使其在劳动过程中免遭或者减轻事故伤害及职业危害的个人防护装备。使用劳动防护用品是保障劳动者人身安全与健康的重要措施，也是用人单位安全生产日常管理的重要工作内容。

1. 劳动防护用品分类

（1）按国家标准分类

按《个体防护装备配备基本要求》（GB/T 29510—2013），劳动防护用品分类、分级及适用范围详见表 2-16。

表 2-16 个体防护装备的分类、分级及适用范围

防护分类	防护装备名称	特点	分级	级别指标	参考适用范围
头部防护	普通安全帽	由塑料、橡胶、玻璃钢等材料制成，抵御坠物所造成的伤害	—	—	存在坠物危险或对头部可能产生碰撞的场所
	阻燃安全帽	在普通型安全帽的基础上增加阻燃功能，抵御明火燎烧所造成的伤害	—	—	存在坠物危险或对头部可能产生碰撞及有明火或具有易燃物质的场所
	防静电安全帽	在普通型安全帽的基础上消除电荷在帽体上的聚积	—	—	存在坠物危险或对头部可能产生碰撞及不允许有放电发生的场所，多用于精密仪器加工、石油化工、煤矿开采等行业
	电绝缘安全帽	在普通型安全帽的基础上阻止电流通过，防止人员意外触电	—	—	存在坠物危险或对头部可能产生碰撞及带电作业场所，如电力水利行业等
	抗压安全帽	在普通型安全帽的基础上具有侧向刚性性能，防止头部受到挤压伤害	—	—	存在坠物危险或对头部可能产生碰撞及挤压的作业场所，如坑道、矿井等
	防寒安全帽	在普通型安全帽的基础上具有耐低温及保温性能，防止人员冻伤	—	—	低温作业环境中存在坠物危险或对头部可能产生碰撞的场所，如冷库、林业等
	耐高温安全帽	在普通型安全帽的基础上具有耐高温性能，防止人员受高温伤害	—	—	高温作业环境中存在坠物危险或对头部可能产生碰撞的场所，如锻造、炼钢等
眼面防护	防冲击眼护具	防止颗粒物、飞溅碎屑冲击	L	试验冲击速度为（45~46.5）m/s	切削加工、金属切割、碎石等低能量冲击作业场所
			M	试验冲击速度为（120~123）m/s	切削加工、金属切割、碎石等中能量冲击作业场所
			H	试验冲击速度为（190~195）m/s	切削加工、金属切割、碎石等高能量冲击作业场所

续表

防护分类	防护装备名称	特点	分级	级别指标	参考适用范围
眼面防护	焊接眼护具	防强可见光、红外线、紫外线	—	—	电焊、气弧焊、氧切割等作业场所
	激光护目镜	衰减或吸收激光能量	—	—	激光加工、光学实验室等场所
	炉窑护目镜	防热辐射、红外线	—	—	冶炼、玻璃制造、陶瓷、机械加工等行业炉窑作业场所
	微波护目镜	防微波辐射	—	—	雷达、通信等微波作业场所
	X射线防护眼镜	防X射线辐射	—	—	X光医疗等作业场所
	化学安全防护镜	防御有刺激或腐蚀性溶液	—	—	实验室、医疗卫生等场所
	防尘眼镜	防粉尘	—	—	尘埃较多的场所
听力防护	耳塞	直接塞入外耳道内,具有良好的密封和隔声性	—	—	参见《护听器的选择指南》（GB/T 23466—2009）第4章
	耳罩	紧贴头部,围住耳郭四周,遮住耳道	—	—	
	头盔	罩住头部,隔热、防震、防冲击	—	—	
呼吸防护	过滤式呼吸防护装备 自吸过滤式防颗粒物呼吸器	靠佩戴者呼吸克服部件气流阻力,防御颗粒物的伤害	KN/KP 90	过滤效率≥90.0%	适用于存在颗粒物空气污染物的环境,不适用于防护有害气体或蒸气。KN适用于非油性颗粒物,KP适用于油性和非油性颗粒物。适用浓度范围见《呼吸防护用品的选择、使用与维护》（GB/T 18664—2002）表3
			KN/KP 95	过滤效率≥95.0%	
			KN/KP 100	过滤效率≥99.97%	
	自吸过滤式防毒面具	靠佩戴者呼吸克服部件阻力,防御有毒、有害气体或蒸气、颗粒物等对呼吸系统及眼面部的伤害	1级	一般防护时间,参见《呼吸防护 自吸过滤式防毒面具》（GB 2890—2009）表5	适合有毒气体或蒸气的防护,适用浓度范围见《呼吸防护用品的选择、使用与维护》（GB/T 18664—2002）表3
			2级	中等防护时间,参见《呼吸防护 自吸过滤式防毒面具》（GB 2890—2009）表5	

续表

防护分类	防护装备名称	特点	分级	级别指标	参考适用范围
呼吸防护	过滤式呼吸防护装备	自吸过滤式防毒面具	靠佩戴者呼吸克服部件阻力，防御有毒、有害气体或素气、颗粒物等对呼吸系统或眼面部的伤害	3级	高等防护时间，参见《呼吸防护 自吸过滤式防毒面具》（GB 2890—2009）表5	适合有毒气体或蒸气的防护，适用浓度范围见《呼吸防护用品的选择、使用与维护》（GB/T 18664—2002）表3
			4级	特等防护时间，参见《呼吸防护 自吸过滤式防毒面具》（GB 2890—2009）表5	
			P1	一般能力的滤烟性能效率≥95.0%	适合有毒气体或蒸气的防护，适用浓度范围见《呼吸防护用品的选择、使用与维护》（GB/T 18664—2002）表3
			P2	中等能力的滤烟性能效率≥99.0%	
			P3	高等能力的滤烟性能效率≥99.99%	
		送风过滤式防护装备	靠动力（如电动风机或手动风机）克服部件阻力，防御有毒、有害气体或蒸气、颗粒物等对呼吸系统或眼面部的伤害	—	—	适用浓度范围见《呼吸防护用品的选择、使用与维护》（GB/T 18664—2002）表3
	隔绝式呼吸防护装备	正压式空气呼吸防护装备	使用者任一呼吸循环过程中面罩内压力均大于环境压力	—	—	适用于各类颗粒物和有毒有害气体环境，适用浓度范围见《呼吸防护用品的选择、使用与维护》（GB/T 18664—2002）表3
		负压式空气呼吸防护装备	使用者任一呼吸循环过程面罩内压力在吸气阶段均小于环境压力	—	—	
		自吸式长管呼吸器	靠佩戴者自主呼吸得到新鲜、清洁空气	—	—	
		送风式长管呼吸器	以风机或空气压缩机供气为佩戴者输送清洁空气			

续表

防护分类	防护装备名称		特点	分级	级别指标	参考适用范围
呼吸防护	隔绝式呼吸防护装备	氧气呼吸器	通过压缩氧气或化学生氧剂罐向使用者提供呼吸气源	—	—	适用于各类颗粒物和有毒有害气体环境，适用浓度范围见《呼吸防护用品的选择、使用与维护》（GB/T 18664—2002）表3
躯干防护	一般工作服		一般由棉布或化纤织物制作	—	—	没有特殊要求的一般作业场所
	防静电服		内含导电纤维或浸涂抗静电剂，降低静电聚积，可与防静电毛针织服、防静电鞋、防静电袜配套穿用	A级	点对点电阻为$(1\times10^5 \sim 1\times10^7)$ Ω 带电电荷量为<0.2 μC	静电敏感区域及火灾和爆炸危险场所
				B级	点对点电阻为$(1\times10^7 \sim 1\times10^{11})$ Ω 带电电荷量为<$(0.2\sim0.6)$ μC	火灾及爆炸危险场所
	防静电毛针织服		防静电纤维纱与羊毛纱、棉纱、腈纶等化学纤维混纺或交织、缝制而成，防止静电电荷积聚，可与防静电服、防静电鞋、防静电袜配套穿用	—	—	石油、化工、医药、航天、食品、电子、运输、军工、煤矿开采等因静电聚积引发电击、火灾及爆炸危险的作业场所
	防尘洁净服		防一般性粉尘及静电聚积	—	—	矿山、建材、化工、冶金、食品、医药、军工等洁净作业场所
	医用防护服		能阻隔带有微生物、细菌等病毒的血液、体液、分泌物	—	—	医务人员、急救人员和警务人员的防护
	高可视性警示服		带有逆反射材料，具有高可视性	—	—	从事公共事业，如警察、消防队员、清洁工人等起警示作用的作业场所
	防寒服		保温性良好、导热系数小、吸热效率高	—	—	冬季室外作业或常年低温环境作业

防护分类	防护装备名称	特点	分级	级别指标	参考适用范围
躯干防护	阻燃防护服	耐高温、阻燃、隔离辐射热、防飞溅火星及熔融物	A级	热防护系数（皮肤直接接触）≥126 kW·s/m² 热防护系数（皮肤与服装间有空隙）≥250 kW·s/m² 续燃时间≤2 s 阴燃时间≤2 s 损毁长度≤50 mm	工业炉窑、金属热加工、焊接、化工、石油、电力、航天等有明火、散发火花、在熔融金属附近操作有辐射热和对流热的场合穿用
			B级	续燃时间≤2 s 阴燃时间≤2 s 损毁长度≤100 mm	工业炉窑、金属热加工、焊接、化工、石油、电力、航天等有明火、散发火花、有易燃物质并有发火危险的场所穿用
			C级	续燃时间≤5 s 阴燃时间≤5 s 损毁长度≤150 mm	工业炉窑、金属热加工、焊接、化工、石油、电力、航天等临时、不长期使用的，从事在有易燃物质并有发火危险的场所穿用

防护分类	防护装备名称	特点	分级	级别指标	参考适用范围
躯干防护	焊接防护服	阻燃、抗熔融金属液滴冲击	A级	热防护系数（皮肤直接接触）≥126 kW·s/m² 热防护系数（皮肤与服装间有空隙）≥250 kW·s/m² 续燃时间≤2 s 阴燃时间≤2 s 损毁长度≤50 mm	操作人员头部及躯干局部或整体暴露于焊接及相关作业过程中产生的由上而下坠落的熔滴飞溅环境之中，或操作人员囿于操作位置或空间的限制无法有效躲避熔滴飞溅和弧光辐射的作业
			B级	续燃时间≤4 s 阴燃时间≤4 s 损毁长度≤100 mm	操作人员身体局部暴露于焊接及相关作业过程中产生熔滴飞溅和弧光辐射中的作业
			C级	续燃时间≤5 s 阴燃时间≤5 s 损毁长度≤150 mm	焊接或切割操作过程中没有或很少火焰或弧光辐射，金属熔滴飞溅很少的作业
	X射线防护服	由含铅橡胶、塑料等其他复合材料制成，可防护人体免受X射线危害	—	—	用于医疗卫生等存在X射线危害的场所
	100 keV以下辐射防护服	由不含铅的材料制成	—	—	防100 keV以下辐射作业
	耐酸碱类化学品防护服	防御酸碱类化学品直接损害皮肤或经皮肤吸收伤害人体	一级	织物洗后穿透时间：$(3 \leqslant t < 5)$ min 非织物渗透时间：$(90 \leqslant t < 120)$ min 织物洗后耐液体静压力：$(175 \leqslant p < 520)$ Pa	织物类适用于中轻度酸碱污染场所，非织物类适用于严重酸碱污染场所，参见《防护服装 化学防护服的选择、使用和维护》（GB/T 24536—2009）中5.2
			二级	织物洗后穿透时间：$(5 \leqslant t < 10)$ min 非织物渗透时间：$(120 \leqslant t < 240)$ min 织物洗后耐液体静压力：$(520 \leqslant p < 1\,020)$ Pa	

防护分类	防护装备名称	特点	分级	级别指标	参考适用范围
躯干防护	耐酸碱类化学品防护服	防御酸碱类化学品直接损害皮肤或经皮肤吸收伤害人体	三级	织物洗后穿透时间：$t \geqslant 10$ min 非织物渗透时间：$t \geqslant 240$ min 织物洗后耐液体静压力：$p \geqslant 1\ 020$ Pa	织物类适用于中轻度酸碱污染场所，非织物类适用于严重酸碱污染场所，参见《防护服装 化学防护服的选择、使用和维护》（GB/T 24536—2009）中 5.2
	带电作业用屏蔽服装	具有电磁屏蔽和阻燃性，整套服装各远点之间的电阻值均小于 20 Ω	Ⅰ型	电压等级为交流 110（66）kV ~ 500 kV、直流±500 kV 及以下	电压等级为交流 110（66）kV ~ 500 kV、直流±500 kV 及以下的电气设备上带电作业
			Ⅱ型	电压等级为交流 750 kV	电压等级为交流 750 kV 的电气设备上带电作业
	防辐射服	内含金属材料，可衰减或消除作用于人体的电磁能量	—	—	通信、航空、医疗、雷达、高压变电等大功率雷达和类似电磁辐射作业场所
	高压静电防护服	导电材料与纺织纤维混纺交织而成，能有效防护人体免受高压电场及电磁波的影响	—	—	在 330 kV ~ 500 kV 塔上作业的低电位作业场所
	中子辐射防护服	由面料、功能防护内衬及里料三层组成，内衬采用防中子辐射纤维经非织造加工而成	—	—	用于原子能、医疗卫生、石油测井、地质勘探等存在中子辐射的场所
	救生衣	具有一定的浮力，防人员落水沉溺	—	—	有落水危险的场所
	浸水服	具有一定的浮力，能保持落水者体温，醒目可视	—	—	在水面或水面附近有落水危险的作业场所
手部防护	带电作业用绝缘手套	具有良好的绝缘性能	0级	交流试验最低耐受电压 10 kV、直流最低耐受电压 20 kV	适用于 380 V 等级电压作业
			1级	交流试验最低耐受电压 20 kV、直流最低耐受电压 40 kV	适用于 3 000 V 等级电压作业

续表

防护分类	防护装备名称	特点	分级	级别指标	参考适用范围
手部防护	带电作业用绝缘手套	具有良好的绝缘性能	2级	交流试验最低耐受电压 30 kV、直流最低耐受电压 60 kV	适用于 10 000 V 等级电压作业
			3级	交流试验最低耐受电压 40 kV、直流最低耐受电压 70 kV	适用于 20 000 V 等级电压作业
			4级	交流试验最低耐受电压 50 kV、直流最低耐受电压 90 kV	适用于 35 000 V 等级电压作业
	耐酸碱手套	一般由橡胶、乳胶和塑料等材质制成，耐酸碱	—	—	化工、印染、皮革、电镀、热处理作业或农、林、渔等行业
	焊工手套	防熔融金属滴落、短时接触有限火焰、对流热、传导热和弧光的紫外线辐射以及机械性伤害	—	—	气割、气焊、电焊及其他焊接作业场所
	耐油手套	耐油、耐溶剂、耐磨、耐撕裂	—	—	存在油、脂类化学物质，石油化工产品及润滑剂和各种溶剂的工作场所
	浸塑手套	防水、防污、防酸碱、防油、防有机溶剂及防轻微机械伤害	—	—	接触酸碱、油污、有机溶剂等作业
	防静电手套	消除静电或避免静电、尘埃聚积	—	—	电子、仪表、石化等行业存在燃烧、爆炸危险场所
	耐高温阻燃手套	耐高温、阻燃	—	—	冶炼炉前工或其他炉窑工种
	防振手套	手掌面添加一定厚度的泡沫塑料、乳胶以及空气夹层等吸收振动	—	—	手持振动机械，如风钻、风铲、油锯等作业
	防水手套	防水	—	—	涉水作业

续表

防护分类	防护装备名称	特点	分级	级别指标	参考适用范围
手部防护	防 X 射线手套	对 X 射线具有屏蔽作用	—	—	X 射线工作场所
	森林防火手套	防御高温辐射、烧灼	—	—	森林灭火作业
	防机械伤害手套	防摩擦、切割、穿刺等机械危害	1 级	耐摩擦性/周期：100 耐切割性/指数：1.2 耐撕裂性/N：10 耐穿刺性/N：20	适用于接触、使用锋利器物的不同等级机械危害作业，如金属加工打毛清边、玻璃加工与装配
			2 级	耐摩擦性/周期：500 耐切割性/指数：1.2 耐撕裂性/N：10 耐穿刺性/N：20	
			3 级	耐摩擦性/周期：2 000 耐切割性/指数：5 耐撕裂性/N：50 耐穿刺性/N：100	
			4 级	耐摩擦性/周期：8 000 耐切割性/指数：10 耐撕裂性/N：25 耐穿刺性/N：150	
			5 级	耐切割性/指数：20	
足部防护	保护足趾安全鞋	鞋头装有金属或非金属内包头，防砸防挤压	安全型	冲击能量≥（200±4）J 耐压力≥（15±0.1）kN	冶金、矿山、林业、港口、装卸、采石等存在高能量物体冲击砸伤足部的危险作业
			防护型	冲击能量≥（100±2）J 耐压力≥（10±0.1）kN	机械、建筑、石油化工等存在低能量冲击砸伤足部的危险作业
	胶面防砸安全靴	防坠落物砸伤、挤压足趾，防水	—	—	存在物体砸伤足部危险、有水或地面潮湿的环境中

防护分类	防护装备名称	特点	分级	级别指标	参考适用范围
足部防护	防刺穿鞋	在鞋的内底与外底之间装有防刺穿垫	—	—	存在锐利物的作业场所
	防静电鞋	防止静电积聚、避免不慎触及低于250 V工频电而产生的电击	—	—	由静电引起的潜在电气故障、易燃易爆场所
	导电鞋	具有良好的导电性能，可在短时间内消除人体静电聚积	—	—	由静电引起的潜在电气故障、易燃、易爆，但没有电击危险的作业场所
	电绝缘鞋	使人的足部与带电物体隔绝、预防触电伤害	—	—	电气设备上工作的场合
	耐化学品的工业用橡胶靴、模压塑料靴	防酸、碱及相关化学品溶液的腐蚀、烧烫	—	—	化工（化肥）、医药（农药）等行业涉及酸、碱、化学药品等作业
	耐油防护鞋	防汽油、柴油、机油、煤油等化学油品	—	—	地面积油或溅油的作业场所
	高温防护鞋	防热辐射、飞溅的熔融金属火花或在热（一般不超过300 ℃）物面上短时间作业时的烫伤或灼伤	—	—	冶炼、金属热加工、焦化、工业炉窑等高温作业场所
	低温环境作业保护靴	保温性良好、导热系数小	—	—	5 ℃及以下的低温作业
	振动防护鞋	衰减来自足部的振动，缓解振动对人体的伤害	—	—	存在剧烈振动环境的场合
	焊接防护鞋	耐高温、绝缘	—	—	气割、气焊、电焊及其他焊接作业场所

续表

防护分类	防护装备名称		特点	分级	级别指标	参考适用范围
坠落防护	安全带	围杆作业安全带	将人体绑定在固定构造物附近，使作业人员的双手可以进行其他操作	—	—	电工、电信工、园林工等杆上作业。参见《坠落防护装备安全使用规范》（GB/T 23468—2009）第4章、第5章
		区域限制安全带	限制作业人员的活动范围，避免其到达可能发生坠落区域	—	—	建筑、造船、安装、维修、起重、桥梁、采石、矿山、公路及铁路调车等高处作业。参见《坠落防护装备安全使用规范》（GB/T 23468—2009）第4章、第5章
		坠落悬挂安全带	高处作业或登高人员发生坠落时，将作业人员安全悬挂	—		建筑、造船、安装、维修、起重、桥梁、采石、矿山、公路及铁路调车等高处作业。参见《坠落防护装备安全使用规范》（GB/T 23468—2009）第4章、第5章
	安全网	安全平网	安装平面不垂直于水平面，宽度不小于3 m，防止人、物坠落，或避免、减轻坠落及物击伤害	—	—	工作平面高于坠落高度基准面3 m及3 m以上的高处作业。参见《坠落防护装备安全使用规范》（GB/T 23468—2009）第4章、第5章
		安全立网	安装平面垂直于水平面，宽（高）度不小于1.2 m，防止人、物坠落，或避免、减轻坠落及物击伤害	—	—	工作平面高于坠落高度基准面3 m及3 m以上的高处作业。参见《坠落防护装备安全使用规范》（GB/T 23468—2009）第4章、第5章
		密目式安全立网	网眼孔径不大于12 mm，垂直于水平面安装，防止人、物坠落，或避免坠物伤害	A级	断裂强力×断裂伸长≥65 kN·mm	有坠落风险的场所。参见《坠落防护装备安全使用规范》（GB/T 23468—2009）第4章、第5章

续表

防护分类	防护装备名称		特点	分级	级别指标	参考适用范围
坠落防护	安全网	密目式安全立网	网眼孔径不大于12 mm，垂直于水平面安装，防止人、物坠落，或避免坠物伤害	B级	断裂强力×断裂伸长≥50 kN·mm	在无坠落风险或配合安全立网（护栏）完成坠落保护功能时使用。参见《坠落防护装备安全使用规范》（GB/T 23468—2009）第4章、第5章
皮肤防护	防水型护肤剂		防止水溶性物质直接刺激皮肤	—	—	适用于存在水溶性物质作业场所，不适用于尘毒场所
	防油型护肤剂		防止油污对皮肤造成伤害	—	—	适用于存在油污作业的场所
	遮光型护肤剂		防止皮肤受光线照射受到伤害	—	—	适用于存在光照危害的场所
	洁肤型护肤剂		能清除皮肤上的油、尘、毒沾污，包括水洗涤剂和不需水干洗膏两种	—	—	适用于存在污物作业环境
	驱避型护肤剂		驱避蚊、蠓等刺叮骚扰性害虫	—	—	适用于野外有蚊、蠓等害虫作业环境

（2）按劳动防护用品用途分类

劳动防护用品按防止伤亡事故的用途可分为防坠落用品、防冲击用品、防触电用品、防机械外伤用品、防酸碱用品、耐油用品、防水用品、防寒用品等。

劳动防护用品按预防职业病的用途可分为防尘用品、防毒用品、防噪声用品、防振动用品、防辐射用品、防高低温用品等。

2. 劳动防护用品的配置

《安全生产法》规定：生产经营单位必须为从业人员提供符合国家标准或者行业标准的劳动防护用品，并监督、教育从业人员按照使用规则佩戴、使用。

《职业病防治法》规定，用人单位必须为劳动者提供个人使用的职业病防护用品。

（1）劳动防护用品管理要求

1）用人单位应当健全管理制度，加强劳动防护用品配备、发放、使用等管理工作。

2）用人单位应当安排专项经费用于配备劳动防护用品，不得以货币或者其他物品替代。该项经费计入生产成本，据实收支。

3）用人单位应当为劳动者提供符合国家标准或者行业标准的劳动防护用品。使用进口的劳动防护用品，其防护性能不得低于我国相关标准。

4）劳动者在作业过程中，应当按照规章制度和劳动防护用品使用规则，正确佩戴和使用劳动防护用品。

5）用人单位使用的劳务派遣工、接纳的实习学生应当纳入本单位人员统一管理，并配备相应的劳动防护用品。对处于作业地点的其他外来人员，必须按照与进行作业的劳动者相同的标准，正确佩戴和使用劳动防护用品。

（2）劳动防护用品选用要求

1）用人单位应按照识别、评价、选择的程序，结合劳动者作业方式和工作条件，并考虑其个人特点及劳动强度，选择防护功能和效果适用的劳动防护用品。

2）同一工作地点存在不同种类的危险、有害因素的，应当为劳动者同时提供防御各类危害的劳动防护用品。需要同时配备的劳动防护用品，还应考虑其可兼容性。劳动者在不同地点工作，并接触不同的危险、有害因素，或接触不同的危害程度的有害因素的，为其选配的劳动防护用品应满足不同工作地点的防护需求。

3）劳动防护用品的选择还应当考虑其佩戴的合适性和基本舒适性，根据个人特点和需求选择适合号型、式样。

4）用人单位应当在可能发生急性职业损伤的有毒有害工作场所配备应急劳动防护用品，放置于现场临近位置并有醒目标志。用人单位应当为巡检等流动性作业的劳动者配备随身携带的个人应急防护用品。

根据《个体防护装备选用规范》（GB/T 11651—2008），劳动防护用品（个体防护装备）的选用见表2-17。

表2-17　　　　　劳动防护用品（个体防护装备）的选用

作业类别		可以使用的劳动防护用品	建议使用的劳动防护用品
编号	类别名称		
A01	存在物体坠落、撞击的作业	B02 安全帽 B39 防砸鞋（靴） B41 防刺穿鞋 B68 安全网	B40 防滑鞋

续表

作业类别		可以使用的劳动防护用品	建议使用的劳动防护用品
编号	类别名称		
A02	有碎屑飞溅的作业	B02 安全帽 B10 防冲击护目镜 B46 一般防护服	B30 防机械伤害手套
A03	操作转动机械作业	B01 工作帽 B10 防冲击护目镜 B71 其他零星防护用品	—
A04	接触锋利器具作业	B30 防机械伤害手套 B46 一般防护服	B02 安全帽 B39 防砸鞋（靴） B41 防刺穿鞋
A05	地面存在尖利器物的作业	B41 防刺穿鞋	B02 安全帽
A06	手持振动机械作业	B18 耳塞 B19 耳罩 B29 防振手套	B38 防振鞋
A07	人承受全身振动的作业	B38 防振鞋	—
A08	铲、装、吊、推机械操作作业	B02 安全帽 B46 一般防护服	B05 防尘口罩（防颗粒物呼吸器） B10 防冲击护目镜
A09	低压带电作业（1 kV 以下）	B31 绝缘手套 B42 绝缘鞋 B64 绝缘服	B02 安全帽（带电绝缘性能） B10 防冲击护目镜
A10	高压带电作业 在 1 kV~10 kV 带电设备上进行作业时	B02 安全帽（带电绝缘性能） B31 绝缘手套 B42 绝缘鞋 B64 绝缘服	B10 防冲击护目镜 B63 带电作业屏蔽服 B65 防电弧服
	在 10 kV~500 kV 带电设备上进行作业时	B63 带电作业屏蔽服	B13 防强光、紫外线、红外线护目镜或面罩
A11	高温作业	B02 安全帽 B13 防强光、紫外线、红外线护目镜或面罩 B34 隔热阻燃鞋 B56 白帆布类隔热服 B58 热防护服	B57 铝箔辐射类隔热服 B71 其他零星劳动防护用品

作业类别		可以使用的劳动防护用品	建议使用的劳动防护用品
编号	类别名称		
A12	易燃易爆场所作业	B23 防静电手套 B35 防静电鞋 B52 化学品防护服 B53 阻燃防护服 B54 防静电服 B66 棉布工作服	B05 防尘口罩（防颗粒物呼吸器） B06 防毒面具 B47 防尘服
A13	可燃性粉尘场所作业	B05 防尘口罩（防颗粒物呼吸器） B23 防静电手套 B35 防静电鞋 B54 防静电服 B66 棉布工作服	B47 防尘服 B53 阻燃防护服
A14	高处作业	B02 安全帽 B67 安全带 B68 安全网	B40 防滑鞋
A15	井下作业		
A16	地下作业	B02 安全帽 B05 防尘口罩（防颗粒物呼吸器） B06 防毒面具 B08 自救器 B18 耳塞 B23 防静电手套 B29 防振手套 B32 防水胶靴 B39 防砸鞋（靴） B40 防滑鞋 B44 矿工靴 B48 防水服 B53 阻燃防护服	B19 耳罩 B41 防刺穿鞋
A17	水上作业	B32 防水胶靴 B49 水上作业服 B62 救生衣（圈）	B48 防水服
A18	潜水作业	B50 潜水服	—
A19	吸入性气相毒物作业	B06 防毒面具 B21 防化学品手套 B52 化学品防护服	B69 劳动护肤剂

续表

作业类别		可以使用的劳动防护用品	建议使用的劳动防护用品
编号	类别名称		
A20	密闭场所作业	B06 防毒面具（供气或携气） B21 防化学品手套 B52 化学品防护服	B07 空气呼吸器 B69 劳动护肤剂
A21	吸入性气溶胶毒物作业	B01 工作帽 B06 防毒面具 B21 防化学品手套 B52 化学品防护服	B05 防尘口罩（防颗粒物呼吸器） B69 劳动护肤剂
A22	沾染性毒物作业	B01 工作帽 B06 防毒面具 B16 防腐蚀液护目镜 B21 防化学品手套 B52 化学品防护服	B05 防尘口罩（防颗粒物呼吸器） B69 劳动护肤剂
A23	生物性毒物作业	B01 工作帽 B05 防尘口罩（防颗粒物呼吸器） B16 防腐蚀液护目镜 B22 防微生物手套 B52 化学品防护服	B69 劳动护肤剂
A24	噪声作业	B18 耳塞	B19 耳罩

3. 劳动防护用品采购、发放、培训及使用

（1）用人单位应当根据劳动者工作场所中存在的危险、有害因素种类及危害程度、劳动环境条件、劳动防护用品有效使用时间制定适合本单位的劳动防护用品配备标准。

（2）用人单位应当根据劳动防护用品配备标准制定采购计划，购买符合标准的合格产品。

（3）用人单位应当查验并保存劳动防护用品检验报告等质量证明文件的原件或复印件。

（4）用人单位应当确保已采购劳动防护用品的存储条件，并保证其在有效期内。

（5）用人单位应当按照本单位制定的配备标准发放劳动防护用品，并做好登记。

（6）用人单位应当对劳动者进行劳动防护用品的使用、维护等专业知识的培训。

（7）用人单位应当督促劳动者在使用劳动防护用品前，对劳动防护用品进行检查，确保外观完好、部件齐全、功能正常。

（8）用人单位应当定期对劳动防护用品的使用情况进行检查，确保劳动者正确使用。

二、劳动防护用品维护、更换及报废

（1）劳动防护用品应当按照要求妥善保存，及时更换。公用的劳动防护用品应当由车间或班组统一保管，定期维护。

（2）用人单位应当对应急劳动防护用品进行经常性的维护、检修，定期检测劳动防护用品的性能和效果，保证其完好有效。

（3）用人单位应当按照劳动防护用品发放周期定期发放，对工作过程中损坏的，用人单位应及时更换。

安全帽、呼吸器、绝缘手套等安全性能要求高、易损耗的劳动防护用品，应当按照有效防护功能最低指标和有效使用期，到期强制报废。

第八节　安全警示与标志

根据《安全标志及其使用导则》（GB 2894—2008）的要求，国家规定了四大类传递安全信息的安全标志。

一、禁止标志

禁止标志是禁止人们不安全行为的图形标志。

禁止标志的基本型式是带斜杠的圆边框，其基本型式及参数如图 2-8 所示。其中圆环与斜杠相连，用红色；图形符号用黑色，背景用白色。

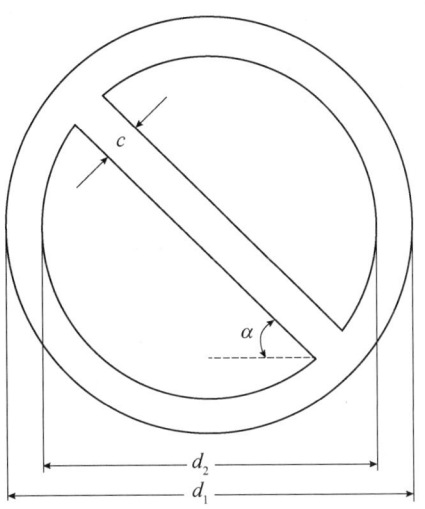

外径d_1=0.025L；内径d_2=0.800d_1；
斜杠宽c=0.080d_1；
斜杠与水平线的夹角 α=45°；
L为观察距离

图2-8　禁止标志的基本型式及参数

我国规定的禁止标志共有40个，如禁止吸烟、禁止烟火、禁止带火种、禁止用水灭火、禁止放置易燃物、禁止堆放、禁止启动、禁止合闸、禁止转动等。

示例：

图2-9　禁止吸烟

图 2-9 所示的禁止吸烟应用于有甲、乙、丙类火灾危险物质的场所和禁止吸烟的公共场所等，如木工车间、油漆车间、沥青车间、纺织厂、印染厂等。

二、警告标志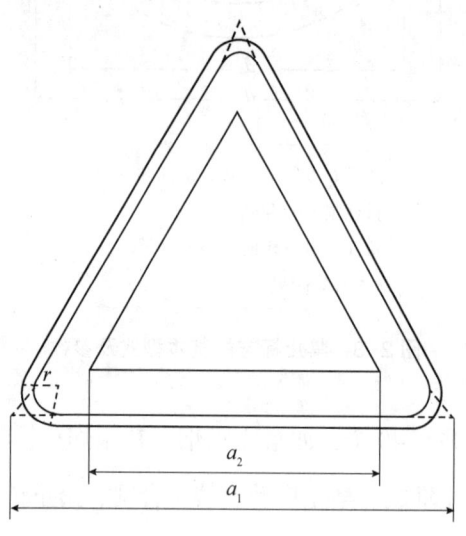

警告标志是提醒人们对周围环境引起注意，以避免可能发生危险的图形标志。

警告标志的基本型式是正三角边框（其基本型式及参数如图 2-10 所示）、黑色符号和黄色背景。

外边a_1=0.034L；内径a_2=0.700a_1；
边框外角圆弧半径r = 0.080a_2；
L为观察距离

图 2-10 警告标志的基本型式及参数

我国规定的警告标志共有 39 个，如注意安全、当心火灾、当心爆炸、当心腐蚀、当心中毒、当心感染、当心触电、当心电缆、当心自动启动、当心机械伤人、当心塌方、当心冒顶、当心坑洞、当心落物、当心吊物、当心碰头、当心挤压、当心烫伤、当心伤手、当心夹手、当心扎脚、当心有犬、当心弧光、当心高温表面、当心低温等。

示例：

图 2-11 当心火灾

图 2-11 所示的当心火灾应设置于易发生火灾的危险场所，如：可燃性物质的生产、储运、使用等地点。

三、指令标志

指令标志是强制人们必须做出某种动作或采用防范措施的图形标志。

指令标志的基本型式是圆形边框（其基本型式及参数如图 2-12 所示），蓝色背景，白色图形符号。

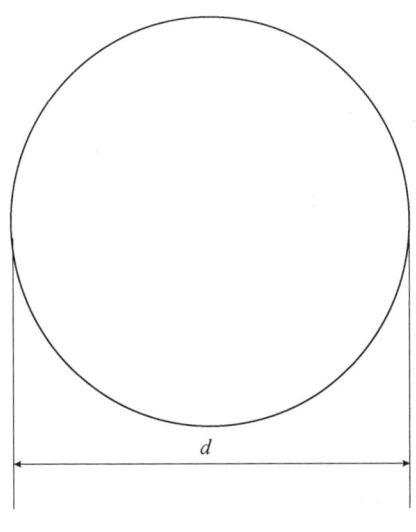

直径 $d = 0.025L$
L 为观察距离

图 2-12 指令标志的基本型式及参数

我国规定的指令标志共有 16 个，如必须戴防护眼镜、必须佩戴遮光护目镜、必须戴防尘口罩、必须戴防毒面具、必须戴护耳器、必须戴安全帽、必须戴防护帽、必须系安全带、必须穿救生衣、必须穿防护服等。

示例：

图 2-13　必须戴安全帽

图 2-13 所示的必须戴安全帽设置在头部易受外力伤害的作业场所，如：矿山、建筑工地、伐木场、造船厂及起重吊装处等。

▨▨▨ 四、提示标志 ◉

提示标志是向人们提供某种信息（如标明安全设施或场所等）的图形标志。

提示标志的基本型式是正方形边框（其基本型式及如图 2-14 所示），绿色背景，白色图形符号及文字。

提示标志共有 8 个，如紧急出口、避险处、应急避难场所、可动火区、击碎板面、急救点、应急电话、紧急医疗站。

示例：

边长 a =0.025L；
L为观察距离

图 2-14　提示标志的基本型式

图 2-15　急救点

图 2-15 所示的急救点设置于现场具备急救仪器设备及药品的地点。

第九节　职业病危害防治

一、职业病危害基本概念

职业病危害是指对从事职业活动的劳动者可能导致职业病的各种危害。职业病危害因素包括职业活动中存在的各种有害的化学、物理、生物因素以及在作业过程中产生的其他有害因素。

1. 职业病危害因素分类

（1）按来源分类

各种职业病危害因素按其来源可分为以下三类：

1）生产过程中产生的危害因素

①化学因素包括生产性粉尘和化学有毒物质。生产性粉尘如矽尘、煤尘、石棉尘、电焊烟尘等；化学有毒物质如铅、汞、苯、一氧化碳、硫化氢、甲醛、甲醇等。

②物理因素如异常气象条件（高温、高湿、低温）、异常气压、噪声、振动、辐射等。

③生物因素如附着于皮毛上的炭疽杆菌、甘蔗渣上的真菌，医务工作者可能接触到的生物传染性病原物等。

2）劳动过程中的危害因素

①劳动组织和制度不合理，劳动作息制度不合理等。

②精神性职业紧张。

③劳动强度过大或生产定额不当。

④个别器官或系统过度紧张，如视力紧张等。

⑤长时间不良体位或使用不合理的工具等。

3）生产环境中的危害因素

①自然环境中的因素，如炎热季节的太阳辐射等。

②作业场所建筑卫生学设计缺陷因素，如照明不良、通风不足等。

（2）按有关规定分类

2015 年修订的《职业病危害因素分类目录》将职业病危害因素分为六大类：

1）粉尘共 52 种。

2）化学因素共 375 种。

3）物理因素共 15 种。

4）放射性因素共 8 种。

5）生物因素共 6 种。

6）其他因素共 3 种。

2. 职业病的分类

根据现行的《职业病分类和目录》，职业病共 10 大类 132 种，具体包括：

（1）职业性尘肺病及其他呼吸系统疾病共 19 种。其中尘肺共 13 种，其他呼吸系统疾病共 6 种。

（2）职业性皮肤病共 9 种。

（3）职业性眼病共 3 种。

（4）职业性耳鼻喉口腔疾病共 4 种。

（5）职业性化学中毒共 60 种。

（6）物理因素所致职业病共 7 种。

（7）职业性放射性疾病共 11 种。

（8）职业性传染病共 5 种。

（9）职业性肿瘤共 11 种。

（10）其他职业病共 3 种。

二、职业病危害预防与控制的工作方针与原则

职业病危害因素预防与控制工作的目的是预防、控制和消除职业病危害，防治职业病，保护劳动者健康及相关权益，促进经济发展；利用职业卫生与职业医学和相关学科的基础理论，对工作场所进行职业卫生调查，判断职业病危害对职业人群健康的影响，

评价工作环境是否符合相关法律、法规、标准的要求。

职业病危害防治工作，必须发挥政府、工会、生产经营单位、职业卫生技术服务机构、职业病防治机构等各方面的力量，由全社会加以监督，贯彻"预防为主，防治结合"的方针，遵循"三级预防"的原则，实行分类管理、综合治理，不断提高职业病危害防治管理水平。

1. 第一级预防

第一级预防又称病因预防，是从根本上杜绝职业病危害因素对人的作用，即改进生产工艺和生产设备，合理利用防护设施及个人劳动防护用品，以减少从业人员接触职业病危害因素的机会和程度。将国家制定的工业企业设计卫生标准、工作场所有害物质职业接触限值等作为共同遵守的接触限值或防护的准则，可在职业病预防工作中发挥重要的作用。

2. 第二级预防

第二级预防又称发病预防，是早期检测和发现人体受到职业病危害因素所致的疾病。其主要手段是定期进行环境中职业病危害因素的监测和对接触者的定期体格检查，评价工作场所职业病危害程度，控制职业病危害，加强防毒防尘、防止物理性因素等有害因素的危害，使工作场所职业病危害因素的浓度（强度）符合国家职业卫生标准。对劳动者进行职业健康监护，开展职业健康检查，早期发现职业性疾病损害，早期鉴别和诊断。

3. 第三级预防

第三级预防是在从业人员患职业病以后，对其合理进行康复治疗，包括对职业病病人的保障，对疑似职业病病人进行诊断。保障职业病病人享受职业病待遇，安排职业病病人进行治疗、康复和定期检查，对不适宜继续从事原工作的职业病病人，应当调离原岗位并妥善安置。

三、职业病危害因素的检测、危害评价与控制

1. 职业病危害因素检测

依据职业卫生有关采样、测定等法规标准的要求，在作业现场采集样品后测定分析或者直接测量，对照国家职业病危害因素接触限值有关的标准要求，是评价工作环境中

存在的职业病危害因素的浓度或强度的基本方式。通过职业病危害因素检测，可以判定职业病危害因素的性质、分布、产生的原因和危害程度，也可以评价作业场所配备的工程防护设备设施的运行效果。

国家职业卫生有关法律、法规、标准对作业场所职业病危害因素的采样和测定都有明确的规定，职业病危害因素检测必须按计划实施，由专人负责并进行记录，纳入已建立的职业卫生档案。如对于工作场所中存在的粉尘和化学毒物的采样，根据其采样方式的不同又可以分为定点采样和个体采样两种类型。定点采样是指将空气收集器放置在选定的采样点、劳动者的呼吸带进行采样；个体采样是指将空气收集器佩戴在采样对象（选定的作业人员）的前胸上部，其进气口尽量接近呼吸带所进行的采样。

2. 职业病危害评价

职业病危害评价是依据国家有关法律法规和职业卫生标准，对生产经营单位生产过程中产生的职业病危害因素进行接触评价，对生产经营单位采取预防控制措施进行效果评价，同时也为作业场所职业卫生监督管理提供技术数据。

根据评价的目的和性质不同，可分为经常性（日常）职业病危害因素检测与评价和建设项目的职业病危害评价。建设项目职业病危害评价又可分为新建、改建、扩建和技术改造与技术引进项目的职业病危害预评价、控制效果评价与生产运行中的现状评价。

（1）建设项目职业病危害预评价

对建设项目的选址、总体布局、生产工艺和设备布局、车间建筑设计卫生、职业病危害防护措施、辅助卫生用室设置、应急救援措施、个人防护措施、职业卫生管理措施、职业健康监护等进行评价分析与评价，通过职业病危害预评价，识别和分析建设项目在建成投产后可能产生的职业病危害因素及其主要存在环节，评价可能造成的职业病危害及程度，确定建设项目在职业病防治方面的可行性，为建设项目的设计提供必要的职业病危害防护对策和建议。

（2）建设项目职业病危害控制效果评价

对评价范围内生产或操作过程中可能存在的有毒有害物质、物理因素等职业病危害因素的浓度或强度，以及对劳动者健康的可能影响，对建设项目的生产工艺和设备布局、车间建筑设计卫生、职业病危害防护措施、应急救援措施、个体防护措施、职业卫生管理措施、职业健康监护等方面进行评价，从而明确建设项目产生的职业病危害因素，分析其危害程度及对劳动者健康的影响，评价职业病危害防护措施及其效果，对未达到职业病危害防护要求的系统或单元提出职业病危害预防控制措施的建议。

（3）生产运行中的职业病危害现状评价

根据评价的目的不同，生产运行过程中的现状评价可针对生产经营单位职业病危害预防控制工作的多个方面，主要内容是对作业人员职业病危害接触情况、职业病危害预防控制的工程控制情况、职业卫生管理等方面进行评价，在掌握生产经营单位职业病危害预防控制现状的基础上，找出职业病危害预防控制工作的薄弱环节或者存在的问题，并给生产经营单位提出予以改进的具体措施或建议。

3. 职业病危害控制

职业病危害控制的主要技术措施包括工程技术措施、个体防护措施和组织管理措施等。

（1）工程技术措施

工程技术措施是指应用工程技术的措施和手段（如密闭、通风、冷却、隔离等），控制生产工艺过程中产生或存在的职业病危害因素的浓度或强度，使作业环境中有害因素的浓度或强度降至国家职业卫生标准容许的范围之内。例如，控制作业场所中存在的粉尘，常采用湿式作业或者密闭抽风除尘的工程技术措施，以防止粉尘飞扬，降低作业场所粉尘浓度；对于化学毒物的工程控制，则可以采取全面通风、局部送风和排出气体净化等措施；对于噪声危害，则可以采用隔离降噪、吸声等技术措施。

（2）个体防护措施

对于经工程技术治理后仍然不能达到限值要求的职业病危害因素，为避免其对劳动者造成健康损害，需要为劳动者配备有效的个体劳动防护用品。针对不同类型的职业病危害因素，应选用合适的防尘、防毒或者防噪声等的个体劳动防护用品。

（3）组织管理措施

在生产和劳动过程中，通过建立健全职业病危害预防控制规章制度，确保职业病危害预防控制有关要素的良好与有效运行，是保障劳动者职业健康的重要手段，也是合理组织劳动过程、实现生产工作高效运行的基础。

第三章　安全生产管理制度

第一节　基本概念、意义

一、安全生产管理的含义

企业管理系统包含多个具有某种特定功能的子系统，安全生产管理（以下简称安全管理）就是其中一个，这个子系统是由企业有关部门的响应人员组成的。安全管理这个子系统的主要目的是通过管理手段，实现控制事故、消除隐患、减少损失的目的，使整个企业达到最佳的安全水平，为从业人员创造安全舒适的工作环境。

1. 安全管理的定义

安全管理就是针对人们在生产过程中的安全问题，运用有效的资源，发挥人们的智慧，通过人们的努力，进行有关决策、计划、组织和控制等活动，实现生产过程中人与设备、物料、环境的和谐，达到安全生产的目的。

安全管理的基本对象是企业的从业人员（企业所有人员）、设备设施、物料、环境、财务、信息等各个方面。安全管理包括安全生产行政管理、监督管理、工艺技术管理、设备设施管理、作业环境和条件管理等方面。安全管理的目标是减少和控制危害事故，尽量避免生产过程中所造成的人身伤害、财产损失、环境污染以及其他损失。

2. 安全管理的分类

可以从宏观和微观、狭义和广义等方面，对安全管理加以分类。

从宏观上看，凡是保障和推进安全生产的一切管理措施和活动都属于安全管理的范畴，泛指国家从政治、经济、法律、体制、组织等各方面所采取的措施和进行的活动。安全管理人员应对国家有关安全生产的方针、政策、法律、法规、标准、体制、组织结构以及经济措施等有深刻的理解和全面的掌握。

从微观上看，安全管理指经济和生产管理部门以及企事业单位所进行的具体的安全管理活动。

狭义的安全管理是指在生产过程或与生产有直接关系的活动中，防止意外伤害和财产损失的管理活动。

广义的安全管理泛指一切保护从业人员安全健康、防止国家财产受到损失的管理活动。从这个意义上讲，安全管理不但要防止劳动中的意外伤亡，也要防止危害从业人员健康的一切因素产生。例如，防止尘毒、噪声、辐射等物理化学危害，对女工的特殊保护等。

二、现代安全管理理论

1. 安全管理原理与原则

安全管理作为管理的主要组成部分，遵循管理的普遍规律，它既服从管理的基本原理与原则，也有其自身特殊性。

（1）系统原理

安全管理是生产管理的一个子系统，它包含各级安全管理人员、安全防护设备与设施、安全管理规章制度、安全生产操作规范和规程以及安全管理信息等。安全贯穿生产活动的各个方面，安全管理是全方位、全天候和涉及全体人员的管理。系统原理是运用系统观点、理论和方法，对管理活动进行充分的系统分析，以达到优化管理的目标，即用系统论的观点、理论和方法来认识和处理管理中出现的问题。

运用系统原理时应遵循的原则如下：

1）动态相关性原则。构成管理系统的各要素是运动和发展的，它们相互联系、相互制约。

2）整分合原则。在整体规划下明确分工，在分工基础上有效综合。

3）反馈原则。成功的高效管理，离不开灵活、准确、快速的反馈。

4）封闭原则。在任何一个管理系统内部，管理手段、管理过程等必须构成一个连续封闭的回路，才能形成有效的管理活动。

（2）人本原理

人本原理是指在管理中必须把人的因素放在首位，体现以人为本的指导思想。以人为本有两层含义：其一是一切管理活动都是以人为根本而展开的，人既是管理的主体，又是管理的客体；其二是在管理活动中，作为管理对象的各要素和管理系统各环节，都需要人掌握、运作、推动和实施。

运用人本原理时应遵循的原则如下：

1）动力原则。推动管理活动的基本力量是人，管理必须有能够激发人工作能力的动力（管理系统有 3 种动力，即物质动力、精神动力和信息动力）。

2）能级原则。在管理系统中，建立一套合理能级，根据单位和个人能量的大小安排其工作，才能发挥不同能级的能量，保证结构的稳定性和管理的有效性。

3）激励原则。以科学的手段，激发人的内在潜力，使其充分发挥积极性、主动性和创造性。

（3）预防原理

预防原理是指安全管理应以预防为主，通过有效的管理和技术手段，减少和防止人的不安全行为和物的不安全状态。

运用预防原理时应遵循的原则如下：

1）偶然损失原则。反复发生的同类事故，并不一定产生完全相同的后果。

2）因果关系原则。事故的发生是许多因素互为因果连续发生的最终结果，只要导致事故的因素存在，发生事故就是必然的，只是时间或迟或早而已。

3）3E（Engineering——工程技术，Education——教育培训，Enforcement——强制管理）原则。针对造成人和物不安全因素的 4 个方面原因——技术原因、教育原因、身体和态度原因以及管理原因，采取 3 种防治对策，即工程技术对策、教育培训对策和强制管理对策。

4）本质安全化原则。从一开始和从本质上实现安全化，从根本上消除事故发生的可能性。

（4）强制原理

强制原理是指采取强制管理的手段控制人的意愿和行为，使个人的活动、行为等受到安全生产要求的约束。

运用强制原理时应遵循的原则如下：

1）安全第一原则。在进行生产和其他活动时把安全工作放在一切工作的首要位置。生产或其他工作与安全发生矛盾时，要服从安全。

2）监督原则。为了使安全生产法律法规得到落实，设立安全生产监督管理部门，对企业生产中的守法和执法情况进行监督。

2. 事故致因理论

事故发生有其自身的发展规律和特点，只有掌握了事故发生的规律，才能保证生产系统处于安全状态。科技工作者们站在不同的角度，对事故进行研究，给出了很多事故致因理论，其中具有代表性的是海因里希因果连锁理论。

美国安全工程师海因里希把工业伤害事故的发生发展过程描述为具有一定因果关系事件的连锁，即人员伤亡的发生是事故的结果，事故发生的原因是人的不安全行为或物的不安全状态，人的不安全行为或物的不安全状态是由人的缺点造成的，人的缺点是由不良环境诱发或由先天遗传因素造成的。

海因里希将事故因果连锁过程概括为以下 5 个因素，即遗传因素及社会环境、人的缺点、人的不安全行为或物的不安全状态、事故、伤害。海因里希用多米诺骨牌来形象地描述事故的这种因果连锁关系：在多米诺骨牌系列中，一枚骨牌被碰倒后，则将发生连锁反应，其余几枚骨牌相继被碰倒；如果移去中间的一枚骨牌，则连锁被破坏，事故过程被中止，如图 3-1 所示。他认为，企业安全工作的中心就是防止人的不安全行为，消除物（机械的或物质）的不安全状态，中断事故连锁的进程，从而避免事故发生。

三、生产安全事故概述

1. 事故的定义及其特征

（1）事故的定义

在生产过程中，事故是指造成人员死亡、伤害、职业病、财产损失或其他损失的意外事件。从这个解释可以看出，事故是意外的事件，而不是预谋的事件；该事件是违背了人们的意愿而发生的，也就是人们不希望看到的；同时该事件产生了违背人们意愿的后果。如果事件的后果是人员死亡、受伤或身体的损害，就称为人员伤亡事故；如果没

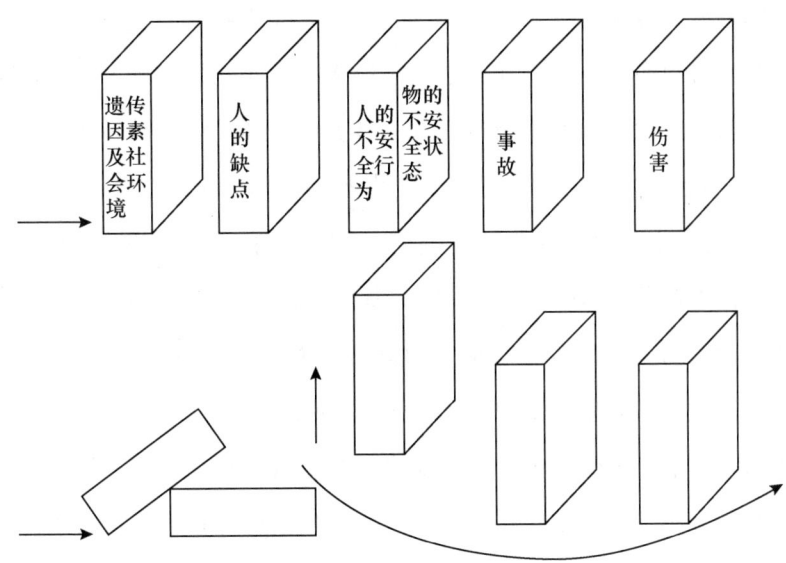

图 3-1 海因里希事故因果连锁示意

有造成人员伤亡，就是非人员伤亡事故。

在生产过程中发生的事故或与生产过程有关的事故，称为生产事故。按照安全系统工程的观点，首先，生产事故是发生在生产过程中的意外事件，该事件破坏了正常的生产过程。任何生产过程都可能发生生产事故，因此要想保持正常的生产过程，就必须采取措施防止事故发生。其次，生产事故是突然发生的、出乎人们意料的事件。导致事故发生的原因非常复杂，因而事故具有随机性，事故的随机性使得对事故发生规律的认识和事故预防变得更加困难。最后，生产事故会造成人员伤亡、财产损失或其他损失，因此在生产过程中，不仅要采取措施预防事故发生，还要采取措施减少事故造成的人员伤亡和各类损失。

根据定义，事故有以下 3 个特征：

1）事故来源于目标的行动过程。

2）事故表现为与人的意志相反的意外事件。

3）事故的结果为目标行动停止。

（2）事故的特性

事故表面现象是千变万化的，并且渗透到了人们的生活和每一个生产领域，可以说是无所不在的，同时其结果又各不相同，所以说事故是复杂的。但是事故是客观存在的，客观存在的事物发展本身就有一定的规律性，这是客观事物本身所固有的本质联系，因此事故必然有其本身固有的发展规律，这是不以人的意志为转移的。对事故的研究不能只从事故的表面出发，而必须对事故进行深入调查和分析，由事故特性入手，寻找根本原因和发展规律。大量的事故统计结果表明，事故主要具有以下几个特性：

1）普遍性。各类事故的发生具有普遍性，从更广泛的意义上讲，世界上没有绝对的安全。从事故统计资料可以知道，各类事故的发生从时间上看是基本均匀的，也就是说，事故可能在任何一个时间点发生；从地点的分布上看，每个地方或企业都会发生事故，不存在事故的"禁区"或者安全生产的"福地"；从事故的类型上看，每一类事故都有血的教训。这说明安全生产工作必须时刻面对事故的挑战，任何时间、任何场合都不能放松对安全生产的要求，而且针对那些事故发生较少的地区和单位，更要明确事故的普遍性这一特点，避免麻痹大意的思想，争取从源头上杜绝事故的发生。

2）偶然性和必然性。偶然性是指事物发展过程中呈现出来的某种摇摆、偏离，是可以出现或不出现、可以这样出现或那样出现的不确定的趋势。必然性是客观事物联系和发展的合乎规律的、确定不移的趋势，是在一定条件下的不可避免性。事故的发生是随机的，同样的前因事件随时间的进程导致的后果不一定完全相同，但偶然中有必然，必然性存在于偶然性之中。随机事件服从统计规律，可用数理统计方法对事故进行统计分析，从中找出事故发生、发展的规律，从而为预防事故提供依据。

3）因果性。事故的因果性是指一切事故的发生都是由一定原因引起的，这些原因就是潜在的危险因素，事故本身只是所有潜在危险因素或显性危险因素共同作用的结果。在生产过程中存在着许多危险因素，不但有人的因素（包括人的不安全行为和管理缺陷），而且也有物的因素（包括物本身存在的不安全因素以及环境存在的不安全条件等）。这些危险因素在生产过程中通常被称为隐患，它们在一定的时间和地点相互作用就可能导致事故的发生。事故的因果性也是事故必然性的反映，若生产过程中存在隐患，则迟早会导致事故的发生。

4）潜伏性。事故的潜伏性是指事故在尚未发生或还未造成后果之时，是不会显现出来的，好像一切还处在"正常"和"平静"状态。但生产中的危险因素是客观存在的，只要这些危险因素未被消除，事故总会发生，只是时间的早晚而已。

5）可预防性。事故的发生、发展都是有规律的，只要按照科学的方法和严谨的态度进行分析并积极做好有关预防工作，事故是完全可以预防的。人类对于事故预防措施的研究一直没有停止过，而且随着人类认识水平的不断提升，各种类型的事故都已经找到了比较有效的预防方法。可以说，人类已经基本掌握绝大多数事故发生、发展的规律，关键的问题是如何将其用于企业管理和从业人员的生产实践，这是目前安全生产技术问题的关键所在。

6）低频性。一般情况下，事故（特别是重特大事故）发生的频率比较低。美国安全工程师海因里希通过对55万余件机械伤害事故进行研究，表明事故与伤害程度之间存在着一定的比例关系。对于反复发生的同一类型事故，遵守下面的比例关系：在330次事故当中，无伤害事故大约有300次，轻微伤害事故大约为29次，严重伤害事故大约是1次，即"1∶29∶300法则"。国际上将此比例关系称为"事故法则"，也称"海因里希法则"。很明显，"事故法则"也就是事故低频性的最好注解。

2. 事故分类

根据《企业职工伤亡事故分类》（GB 6441—1986），事故分为以下20类。

（1）物体打击

失控物体由于惯性造成的人身伤害事故。

（2）车辆伤害

机动车辆引起的伤害事故。

（3）机械伤害

机械设备与工具引起的绞、碾、碰、割、戳、切等伤害。

（4）起重伤害

从事起重作业时引起的伤害事故，它适用各种起重作业。

（5）触电

电流流经人体，造成生理伤害的事故。

（6）淹溺

因大量水经口、鼻进入肺内，造成呼吸道阻塞，发生急性缺氧窒息的伤亡事故。

（7）灼烫

强酸、强碱等物质溅到身上引起的化学灼伤，因火焰引起的烧伤，高温物体引起的烫伤，放射线引起的皮肤损伤等事故。

（8）火灾

造成人身伤亡的企业火灾事故。

（9）高处坠落

由于危险重力势能差引起的伤害事故。

（10）坍塌

建筑物、构筑物、堆置物等倒塌以及土石塌方引起的事故。

（11）冒顶片帮

矿山、地下开采、掘进及其他坑道作业发生的坍塌事故。

（12）透水

矿山、地下开采或其他坑道作业时，意外水源带来的伤亡事故。

（13）放炮

施工时由于放炮作业造成的伤亡事故。

（14）火药爆炸

火药与炸药在生产、运输、储存的过程中发生的爆炸事故。

（15）瓦斯爆炸

可燃性气体瓦斯、煤尘与空气混合，浓度达到爆炸极限，接触点火源而引起的化学性爆炸事故。

（16）锅炉爆炸

各种锅炉的物理性爆炸事故。

（17）容器爆炸

盛装气体或液体的承载一定压力的密闭设备发生的爆炸事故。

（18）其他爆炸

不属于瓦斯爆炸、锅炉爆炸和容器爆炸的爆炸。

（19）中毒和窒息

中毒指人接触有毒物质出现的各种生理现象的总称；窒息指人体组织因为缺氧，发生的晕倒甚至死亡的事故。

（20）其他伤害

凡不属于上述伤害的事故伤害均称为其他伤害。

3. 事故分级

根据生产安全事故造成的人员伤亡或者直接经济损失，事故一般分为以下 4 个等级。

（1）特别重大事故

特别重大事故是指造成 30 人以上死亡，或者 100 人以上重伤（包括急性工业中毒，下同），或者 1 亿元以上直接经济损失的事故。

（2）重大事故

重大事故是指造成 10 人以上 30 人以下死亡，或者 50 人以上 100 人以下重伤，或者 5 000 万元以上 1 亿元以下直接经济损失的事故。

（3）较大事故

较大事故是指造成 3 人以上 10 人以下死亡，或者 10 人以上 50 人以下重伤，或者 1 000 万元以上 5 000 万元以下直接经济损失的事故。

（4）一般事故

一般事故是指造成 3 人以下死亡，或者 10 人以下重伤，或者 1 000 万元以下直接经济损失的事故。

以上分级方法所称的“以上”包括本数，所称的“以下”不包括本数。

四、安全管理的意义

安全管理是全面落实习近平新时代中国特色社会主义思想、习近平法治思想、科学发展观、实施依法治安的必然要求，是各级政府和企业做好安全生产工作的基础，是有效遏制各类事故特别是重特大事故的有力手段。安全管理不仅具有一般管理的规律和特点，还具有自身的系统化特征和方法。具体到方式方法上，安全管理就是要找到事故致因，明确“人、机、环、管”等的不安全关键因素，通过技术、行为、理念和文化等各方面的投入与建设，预防和处理事故，使之不再重复发生。

安全管理是管理学的重要组成部分，是安全科学的一个分支。安全管理是企业管理的一个重要方面，工业企业安全管理的主要任务是在国家安全生产方针的指导下，分析和研究生产过程中存在的各种不安全因素，从技术、组织和管理上采取有效措施，解决和消除不安全因素，防止事故发生，保障从业人员的人身安全和健康以及国家财产安全，保证生产顺利进行。

第二节　安全生产规章制度

一、安全生产规章制度的概念

安全生产规章制度是生产经营单位贯彻国家有关安全生产法律法规、国家和行业标准，贯彻国家安全生产方针、政策的行动指南，是生产经营单位有效防范生产、经营过程安全风险，保障从业人员安全健康、财产安全、公共安全，加强安全管理的重要措施。

安全生产规章制度可以定义为：生产经营单位依据国家有关法律法规、国家和行业标准，结合生产经营的安全生产实际，以生产经营单位名义颁发的有关安全生产的规范性文件，一般包括规程、标准、规定、措施、办法、制度、指导意见等。

二、建立健全安全生产规章制度的必要性

1. 建立健全安全生产规章制度是生产经营单位的法定责任

生产经营单位是安全生产的责任主体，《安全生产法》规定：生产经营单位必须遵守本法和其他有关安全生产的法律法规，加强安全生产管理，建立健全全员安全生产责任制度和安全生产规章制度，加大对安全生产资金、物资、人员的投入保障力度，改善安全生产条件，加强安全生产标准化建设，构建安全风险分级管控和隐患排查治理双重预防体系，健全风险防范化解机制，提高安全生产水平，确保安全生产。《劳动法》规定：用人单位必须建立健全劳动安全卫生制度，严格执行国家劳动安全卫生规程和标准，对劳动者进行劳动安全卫生教育，防止劳动过程中的事故，减少职业危害。《中华人民共和国突发事件应对法》规定：所有单位应当建立健全安全管理制度，定期检查本单位各项安全防范措施的落实情况，及时消除事故隐患。

2. 建立健全安全生产规章制度是生产经营单位落实主体责任的具体体现

《国务院关于进一步加强企业安全生产工作的通知》要求：坚持"安全第一、预防为

主、综合治理"的方针，全面加强企业安全管理，健全规章制度，完善安全标准，提高企业技术水平，夯实安全生产基础；坚持依法依规生产经营，切实加强安全监管，强化企业安全生产主体责任落实和责任追究，促进我国安全生产形势实现根本好转。

3. 建立健全安全生产规章制度是生产经营单位安全生产的重要保障

安全风险来自生产经营活动过程之中，只要生产经营活动在进行，安全风险就客观存在。客观上需要企业对生产工艺过程、机械设备、人员操作进行系统分析、评价，制定出一系列的操作规程和安全控制措施，以保障生产经营单位的生产经营合法、有序、安全地运行，将安全风险降到最低。在长期的生产经营活动过程中积累的大量风险辨识、评价、控制技术及其方法，以及生产安全事故教训的总结，是探索和驾驭安全生产客观规律的重要基础，只有形成生产经营单位的规章制度才能够将这些技术、方法和教训总结得以不断积累，并有效继承和发扬。

4. 建立健全安全生产规章制度是生产经营单位保护从业人员安全与健康的重要手段

国家有关保护从业人员安全与健康的法律法规、国家和行业标准在一个生产经营单位的具体实施，只有通过企业的安全生产规章制度体现出来，才能使从业人员明确自己的权利和义务，同时也为从业人员遵章守纪提供标准和依据。建立健全安全生产规章制度可以防止生产经营单位管理的随意性，有效地保障从业人员的合法权益。

三、安全生产规章制度建设的依据

安全生产规章制度以安全生产法律法规、国家和行业标准，地方政府的法规和标准为依据。生产经营单位安全生产规章制度首先必须符合国家法律法规、国家和行业标准的要求，以及生产经营单位所在地地方政府的相关法规、标准的要求。生产经营单位安全生产规章制度是一系列法律法规在生产经营单位生产经营过程中具体贯彻落实的体现。

安全生产规章制度建设的核心就是危险、有害因素的辨识和控制。通过对危险、有害因素的辨识，才能提高规章制度建设的目的性和针对性，保障安全生产。同时，生产经营单位要积极借鉴相关事故教训，及时修订和完善规章制度，防范类似事故的重复发生。

随着安全科学、技术的迅猛发展，安全生产风险防范的方法和手段不断完善。尤其是安全系统工程理论研究的不断深化，安全管理的方法和手段也日益丰富，如职业安全健康管理体系、风险评估和安全评价体系的建立，也为生产经营单位安全生产规章制度的建设提供了重要依据。

四、安全生产规章制度建设的原则

1. "安全第一、预防为主、综合治理"的原则

"安全第一、预防为主、综合治理"是我国的安全生产方针，是经济社会发展现阶段安全生产客观规律的具体要求。安全第一，就是要求必须把安全生产放在各项工作的首位，正确处理好安全生产与工程进度、经济效益的关系；预防为主，就是要求生产经营单位的安全管理工作，要以危险、有害因素的辨识、评价和控制为基础，建立安全生产规章制度，通过制度的实施达到规范人员行为，消除物的不安全状态，实现安全生产的目标；综合治理，就是要求在管理上综合采取组织措施、技术措施，落实生产经营单位的各级主要负责人、专业技术人员、管理人员、从业人员等各级人员，以及党、政、工、团有关管理部门的责任，各负其责、齐抓共管。

2. 主要负责人负责的原则

我国安全生产法律法规对生产经营单位安全生产规章制度建设有明确的规定，如《安全生产法》规定，建立健全并落实本单位安全生产责任制，加强安全生产标准化建设，组织制定本单位安全生产规章制度和操作规程，是生产经营单位的主要负责人的职责。安全生产规章制度的建设和实施，涉及生产经营单位的各个环节和全体人员，只有主要负责人负责，才能有效调动和使用生产经营单位的所有资源，才能协调好各方面的关系，规章制度的落实才能够得到保障。

3. 系统性原则

安全风险来自生产经营活动过程之中。因此，生产经营单位安全生产规章制度的建设，应按照安全系统工程的原理，涵盖生产经营的全过程、全员、全方位。规章制度的内容应涉及规划设计、建设安装、生产调试、生产运行、技术改造的全过程，生产经营活动的每个环节、每个岗位的每个人，事故预防、应急处置、调查处理的全

过程。

4. 规范化和标准化原则

生产经营单位安全生产规章制度的建设应实现规范化和标准化管理，以确保安全生产规章制度建设的严密、完整、有序。按照系统性原则的要求，生产经营单位应建立完整的安全生产规章制度体系；建立安全生产规章制度起草、会签或公开征求意见、审核、签发、发布、教育培训、反馈、持续改进的组织管理程序；每一个安全生产规章制度编制，都要做到目标明确、流程清晰、标准准确，具有可操作性。

五、建立安全生产规章制度的流程

1. 起草

根据生产经营单位安全生产责任制，由负责安全生产管理部门或相关职能部门负责起草安全生产规章制度。起草前应对安全生产规章制度目的、适用范围、主管部门、解释部门及实施日期等给予明确，同时还应做好相关资料的准备和收集工作。

安全生产规章制度的编制，应做到目的明确、条理清楚、结构严谨、用词准确、文字简明、标点符号正确。

2. 会签或公开征求意见

起草的安全生产规章制度，应通过正式渠道征得相关职能部门或员工的意见和建议，以利于规章制度颁布后的贯彻落实。当意见不能取得一致时，应由分管领导组织讨论，统一认识，达成一致。

3. 审核

安全生产规章制度签发前，应进行审核。一是由生产经营单位负责法律事务的部门进行合规性审查；二是专业技术性较强的安全生产规章制度应邀请相关专家进行审核；三是安全奖惩等涉及全员性的安全生产规章制度，应经过职工代表大会或职工代表进行审核。

4. 签发

技术规程、安全操作规程等技术性较强的安全生产规章制度，一般由生产经营单位主管生产的领导或总工程师签发，涉及全局性的综合管理制度应由生产经营单位的主要负责人签发。

5. 发布

生产经营单位的安全生产规章制度，应采用固定的方式进行发布，如红头文件下发、内部办公网络发布等。发布的范围涵盖应执行的部门、人员，有些特殊的安全生产规章制度还应正式送达相关人员，并由接收人员签字。

6. 教育培训

新颁布的安全生产规章制度、修订的安全生产规章制度，应组织进行教育培训，安全操作规程类规章制度还应组织相关人员进行考试。

7. 反馈

应定期检查安全生产规章制度执行中存在的问题，或建立信息反馈渠道，及时掌握安全生产规章制度的执行效果。

8. 持续改进

生产经营单位应每年制订安全生产规章制度的制定、修订计划，并应公布现行有效的安全生产规章制度清单。对安全操作规程类规章制度，除每年进行审查和修订外，每 3~5 年应进行一次全面修订，并重新发布，以确保规章制度的建设和管理有序进行。

六、危险化学品单位的安全生产规章制度

危险化学品单位根据其生产、储存、经营、使用的危险化学品的种类和性能，应设置通风、防火、防爆、防毒、防潮、防静电、避雷、降温等安全设施，并设立监测、报警、消防、急救等组织，相应地应当建立健全的安全生产规章制度，详见表 3-1。

表 3-1　　　　　　　　危险化学品单位的安全生产规章制度

类别	序号	名称	备注
安全生产责任制度	1	决策层安全生产责任制	各类危险化学品/化工企业通用
	2	管理层安全生产责任制	
	3	岗位安全生产责任制	
安全生产规章制度	1	安全教育培训制度	
	2	特种作业人员安全管理制度	

续表

类别	序号	名称	备注
安全生产规章制度	3	化学品安全技术说明书和安全标签管理办法	各类危险化学品/化工企业通用
	4	劳动防护用品管理制度	
	5	设备安全管理制度	
	6	用电安全管理制度	
	7	动火安全管理制度	
	8	消防管理制度	
	9	安全检查管理制度	
	10	废弃危险化学品处理办法	
	11	重大危险源管理制度（如企业存在重大危险源）	
	12	危险化学品安全事故应急救援预案	
	13	事故报告处理制度	
	14	安全奖惩制度	
	15	危险化学品购销管理制度	经营
	16	剧毒化学品购销管理制度（如有剧毒化学品）	
	17	危险化学品经营手续环节交接责任管理制度	
	18	危险化学品储存保管制度	储存
	19	危险化学品出入库管理制度	
	20	危险化学品养护管理制度	
	21	易燃易爆危险化学品管理制度	
	22	毒害性危险化学品管理制度	
	23	腐蚀性危险化学品管理制度	
	24	危险化学品运输管理制度	
	25	加油站储油罐区管理制度	加油站
	26	加油站进出车辆、人员管理制度	
	27	装卸油安全管理制度	
岗位安全操作规程	1	市场开发岗位；订货岗位；验货及验票岗位；发货岗位	经营
	2	出入库岗位；库房管理岗位；库房养护岗位；巡检岗位；搬运、装卸岗位	储存
	3	司机岗位；押运员岗位；车辆保养维修岗位	
	4	装料岗位；卸料岗位	

1. 《危险化学品生产企业安全生产许可证实施办法》相关规定

企业应当根据化工工艺、装置、设施等实际情况，制定并完善下列主要安全生产规章制度：

（1）安全生产例会等安全生产会议制度。

(2) 安全投入保障制度。

(3) 安全生产奖惩制度。

(4) 安全教育培训制度。

(5) 领导干部轮流现场带班制度。

(6) 特种作业人员管理制度。

(7) 安全检查和隐患排查治理制度。

(8) 重大危险源评估和安全管理制度。

(9) 变更管理制度。

(10) 应急管理制度。

(11) 生产安全事故或者重大事件管理制度。

(12) 防火、防爆、防中毒、防泄漏管理制度。

(13) 工艺、设备、电气仪表、公用工程安全管理制度。

(14) 动火、进入受限空间、吊装、高处、盲板抽堵、动土、断路、设备检维修等作业安全管理制度。

(15) 危险化学品安全管理制度。

(16) 职业健康相关管理制度。

(17) 劳动防护用品使用维护管理制度。

(18) 承包商管理制度。

(19) 安全管理制度及操作规程定期修订制度。

2.《危险化学品安全使用许可证实施办法》相关规定

企业根据化工工艺、装置、设施等实际情况，至少应当制定并完善下列主要安全生产规章制度：

(1) 安全生产例会等安全生产会议制度。

(2) 安全投入保障制度。

(3) 安全生产奖惩制度。

(4) 安全教育培训制度。

(5) 领导干部轮流现场带班制度。

(6) 特种作业人员管理制度。

（7）安全检查和隐患排查治理制度。

（8）重大危险源的评估和安全管理制度。

（9）变更管理制度。

（10）应急管理制度。

（11）生产安全事故或者重大事件管理制度。

（12）防火、防爆、防中毒、防泄漏管理制度。

（13）工艺、设备、电气仪表、公用工程安全管理制度。

（14）动火、进入受限空间、吊装、高处、盲板抽堵、临时用电、动土、断路、设备检维修等作业安全管理制度。

（15）危险化学品安全管理制度。

（16）职业健康相关管理制度。

（17）劳动防护用品使用维护管理制度。

（18）承包商管理制度。

（19）安全管理制度及操作规程定期修订制度。

第三节　安全生产责任制

安全生产责任制是企业各项安全生产规章制度的核心，是明确企业各级领导、各个部门、各类人员在各自职责范围内对安全生产应负责任的制度。在企业，应由主要负责人组织制定各部门、各岗位的安全生产责任制。

在编制安全生产责任制时，应根据各部门和人员职责分工来确定具体内容，要充分体现"责、权、利"相统一和"一岗双责"的原则，做到"横向到边、纵向到底，不留死角"，形成全员、全面、全过程安全责任体系。《危险化学品生产企业安全生产许可证实施办法》规定，企业应当建立全员安全生产责任制，保证每位从业人员的安全生产责任与职务、岗位相匹配。以下针对部门或车间负责人、班组长、门卫保安人员和其他从业人员的安全职责要求进行举例，为企业及从业人员的安全责任制编制和学习提供参考。

一、部门或车间负责人的安全职责

（1）部门或车间负责人应对本部门或车间的安全生产管理、安全防火等工作负具体的组织、领导责任。

（2）认真贯彻执行国家有关安全生产的法律、法规、标准、规程、规定以及本企业制定的安全生产管理制度。

（3）认真组织实施安全工作计划，及时进行检查、总结、评比，做到经常化、制度化。

（4）组织本部门或车间职工学习安全生产有关法律、法规、标准及本企业安全管理制度和安全操作规程。

（5）新职工上岗、职工调换工种前和长期离岗后恢复工作时要进行岗位技术培训及必要的安全生产知识教育。

（6）及时整改事故隐患，落实整改措施。

（7）发现问题要及时上报并采取防范措施予以解决，发生事故要立即上报，同时要采取应急措施，防止事故扩大。

（8）有权拒绝上级下达的不符合安全生产规定的指令和意见。

（9）建立本部门或车间的安全生产档案、记录。

二、班组长的安全职责

（1）负责本班组的安全生产、劳动保护和环境卫生工作。

（2）负责在本班组宣传贯彻安全生产法律法规及本企业安全生产规章制度。

（3）负责对新进班组职工或调换工种的职工进行岗位安全教育。

（4）经常检查本班组安全生产状况，发现问题及时解决，不能解决的要采取临时控制措施并立即上报。

（5）正确处理安全与生产的矛盾、认真总结安全生产经验并收集第一手资料，具体落实安全防范、整改措施。

（6）建立班组安全生产档案、记录。

三、门卫保安人员的安全职责

（1）负责门卫值班及晚间巡逻检查工作。

（2）负责检查进出厂区的物资。物资出厂须查出门证件、出门手续或有关票据，无手续者一律不放行。

（3）负责查询入厂人员并办理登记手续，禁止无关人员进入厂区。

（4）负责入厂车辆管理，进入生产区、库区的车辆要装有火花熄灭装置，并停放在指定地点。

（5）发现问题要及时处理，重大安全问题要立即向企业安全保卫部门甚至主要负责人报告。

四、其他从业人员的安全职责

其他从业人员的岗位安全责任应结合各岗位的具体情况，明确以下内容：

（1）岗位职责范围。

（2）岗位人员安全生产责任及职业资格要求。

（3）岗位安全生产规章制度及业务知识的要求。

（4）岗位操作规程的要求。

（5）拒绝违章指挥、违章作业的权力。

（6）阻止他人违章作业的义务。

（7）提高事故预防及应急处理能力的要求。

（8）岗位安全检查的要求。

（9）事故隐患上报的要求。

（10）本岗位设备设施保养的要求。

（11）如实做好本岗位工伤记录的要求。

第四节 化工企业主要安全生产管理制度

一、防火防爆安全管理制度

制定防火防爆安全管理制度必须符合相关法律、法规、标准和规范的基本要求，并应含有如下要素：

（1）明确适用范围，有关部门、责任人的职责范围，防火防爆的管理组织机构。

（2）明确各级人员的责任，组建义务消防组织，建立消防及防爆档案及档案内容。

（3）明确防火防爆检查内容和要求。如工艺装置上有可能引起火灾、爆炸的部位，所设置的超温、超压等检测仪表、（声、光）报警和安全联锁装置等设施；有可燃气体（蒸气）可能泄漏扩散处，所设置的可燃气体浓度检测、报警器及安全联锁设施；因反应物料爆聚、分解造成超温、超压，可能引起火灾、爆炸危险的设备，设置的自动和手动紧急泄压排放处理槽等设施。

（4）明确对生产和储存场所防火防爆的基本要求。如防雷、防静电、用火管理、防撞击、防摩擦等。

（5）明确防火防爆器材种类、数量和配置地点要求以及维护保养方式、方法等。

二、危险化学品安全管理制度

危险化学品安全管理制度由危险化学品的使用、废弃、生产、经营、储存、运输、加油站等方面的规定组成，其主要类别详见表3-2。

表3-2　　　　　　　　　　危险化学品安全管理制度

类别	序号	名称	备注
类别	1	化学品安全技术说明书和安全标签管理办法	使用
	2	消防管理制度	使用
	3	废弃危险化学品处理办法	废弃

续表

	序号	名称	备注
类别	4	重大危险源管理制度（如企业存在重大危险源）	生产
	5	危险化学品安全事故应急救援预案	
	6	危险化学品购销管理制度	经营
	7	剧毒化学品购销管理制度（如有剧毒化学品）	
	8	危险化学品经营手续环节交接责任管理制度	
	9	危险化学品储存保管制度	储存
	10	危险化学品出入库管理制度	
	11	危险化学品养护管理制度	
	12	易燃易爆危险化学品管理制度	
	13	毒害性危险化学品管理制度	
	14	腐蚀性危险化学品管理制度	
	15	危险化学品运输管理制度	运输
	16	加油站储油罐区管理制度	加油站
	17	加油站进出车辆、人员管理制度	
	18	装卸油安全管理制度	

1. 基本要求

制定危险化学品安全管理制度必须符合相关法律、法规、标准和规范的基本要求，一般应含有如下要素：

（1）明确适用范围，有关部门、责任人的职责范围。

（2）具体管理应涉及的内容。

2. 举例

以下以《废弃危险化学品处理办法》为例，说明制定危险化学品安全管理的基本要求。

（1）明确适用范围（自有仓库和租赁仓库的废弃危险化学品处理）。

（2）明确承担主体的职责范围（如从事危险化学品废弃活动的本单位人员、委托单位的人员的职责范围）及资格要求。

（3）废弃危险化学品处理环节安全管理的具体内容要点：

1）审验合同文本（安全责任界定、废弃危险化学品品名是否明确）或任务来源。

2）搜集与废弃活动有关的法律、法规、标准和其他要求。

3）明确实施处理地点。

4）明确废弃处理环节的具体工作内容。

5）明确对废弃处理环节相关资料、记录管理的要求。

三、电气安全管理制度

制定电气安全管理规定必须符合相关法律、法规、标准和规范的基本要求，并应含有如下要素：

（1）明确适用范围，有关部门、责任人的职责范围。

（2）明确对电气设备环境的要求，电气设备操作中应注意的问题。

（3）明确对各种类别危险场所中的电气设备的特殊要求（如防爆型、增安型等）。

（4）明确电气设备日常维护中应注意的问题。

（5）严禁在危险场所架设临时性电气设施等。

（6）电工必须持有特种作业操作证方可上岗操作，操作时应严格遵守配电线路安装设计规定。

（7）安装和修理电气设备禁止带电作业。

四、设备检维修安全管理制度

制定设备检维修安全管理规定必须符合相关法律、法规、标准和规范的基本要求，并应含有如下要素：

（1）明确适用范围，有关部门、责任人的职责范围。

（2）建立设备档案。

（3）明确设备的定期检查要求。

（4）明确设备维护应达到的要求。

（5）设备故障的处理原则或程序，明确设备检维修的基本要求、安全注意事项，以及验收中应注意的问题。

（6）明确设备的报废要求规定。

（7）明确外来人员修理的相关方管理。

五、职业健康管理制度

制定职业健康管理规定必须符合相关法律、法规、标准和规范的基本要求，并应含有如下要素：

（1）明确适用范围，有关部门、责任人的职责范围。

（2）明确工作场所有毒有害物质的种类及危害。

（3）明确劳动防护用品的使用要求。

（4）明确工作场所有毒有害物质浓度的定期监测。

（5）明确从业人员健康检查的要求。

（6）明确建立职业健康档案、职业健康监护档案等。

六、厂内交通安全管理制度

制定厂内交通安全管理规定必须符合相关法律、法规、标准和规范的基本要求，并应含有如下要素：

（1）明确适用范围，包括进出工厂的内外部所有车辆、人员。

（2）明确承担主体的职责范围，例如门卫、员工、管理人员、司机等。

（3）明确进入危险区域的机动车的排气管口应加罩火星熄灭器，对司机及外来人员的吸烟及用火的限制。

（4）明确进出厂时车辆的车速限制，对随车人员的管理和限制要求。

（5）明确车辆进厂、出厂以及在厂内时行驶路线要求。

（6）明确车辆停放的具体位置要求。

（7）明确货物装卸的安全要求等。

七、安全教育培训制度

安全教育培训制度应包括以下内容：

（1）明确由哪个部门负责安全教育培训工作。

（2）明确安全教育培训的对象，如负责人、管理人员、一般员工、新进厂员工、转换岗位员工、外来人员、临时工作人员等。

（3）明确各类人员接受安全教育培训的内容，如思想、政策、法律、法规、事故教训、安全基本技能、安全基本常识等。

（4）明确培训应达到的目的、资格要求、培训时间、考核方式、培训方式，如脱产学习或日常教育等。

（5）明确必须持证上岗的人员。例如：主要负责人、安全管理人员、专职安全员、特种作业人员应经安全生产培训，考核合格，取得相应资格证书；危险化学品道路运输企业、水路运输企业的驾驶人员、船员、装卸管理人员、押运人员、申报人员、集装箱装箱现场检查员应当经交通运输主管部门考核合格，取得从业资格；其他岗位从业人员应经安全生产教育培训，掌握本岗位安全生产知识并符合相应的规定和要求。

八、劳动防护用品管理制度

（1）明确适用范围，有关部门、责任人的职责范围。

（2）明确劳动防护用品选用原则和要求。劳动保护用品的种类应与作业项目相适应，应明确劳动防护用品的发放对象、发放周期。从事危险化学品生产、使用、运输等的作业人员，其劳动防护用品应具备保障安全的要求；从事有毒有害物质作业的从业人员，应穿戴紧口长袖长裤工作服、拖帽、布袜，尽量减少身体的裸露部分，衣着简单易脱；处于易燃易爆场所的作业人员，劳动防护用品必须用防静电材质制成等。

（3）明确劳动防护用品的使用及检查的要求，明确劳动防护用品失效、报废要求。

（4）明确操作人员应穿戴符合规定的劳动防护用品，不得穿拖鞋、高跟鞋、硬底鞋、钉底鞋和易发生静电积累、易燃的化纤衣服，以及带金属制品的发夹、纽扣、刀剪、锁链等物品进入危险场所或库房。

九、重大危险源管理、检测和评估制度

（1）应在对企业所存在重大危险源进行辨识的基础上制定管理制度，明确重大危险源管理的部门及其职责范围。

（2）建立重大危险源档案，定期进行安全检测、评估、监控。

（3）制定应急预案，明确相关人员在紧急情况下应采取的措施。

（4）应配备必要的应急救援器材。

（5）应急预案应定期进行演练。

十、安全检查和隐患排查治理制度

（1）明确适用范围，有关部门、责任人的职责范围。

（2）明确隐患排查的方式、频次、内容。

（3）确定排查出隐患的级别。

（4）明确隐患治理的目标、责任部门及责任人员等内容。

（5）明确隐患治理后验收工作的要求。

（6）明确隐患排查治理公示、上报及奖惩的要求。

第四章　安全操作规程

第一节　操作规程基础知识

《危险化学品生产企业安全生产许可证实施办法》明确规定，企业应当根据危险化学品的生产工艺、技术、设备特点和原辅料、产品的危险性编制岗位安全操作规程（以下简称操作规程）。

一、基本概念

由于化学工业门类繁多、工艺复杂、产品多样，生产中排放的污染物种类多、数量大、毒性高，化工产品在加工、储存、使用和废弃物处理等各个环节都有可能产生大量有毒物质而影响生态环境、危及人类健康，因此化工生产岗位安全操作对于保证生产安全是至关重要的。

操作规程一般是指责任部门为保证装置能够安全、稳定、有效运转，组织制定的相关人员在操作工艺装置或设备设施时必须遵循的程序或步骤。

操作规程是基于装置的工艺安全信息，为操作人员提供的准确、完整和清晰的操作指南，正确使用操作规程有助于实现预期的操作意图、减少非正常工况，使工艺装置在设计要求的状态下稳定运行，是预防工艺安全事故的一个重要环节，可以在很大程度上有助于避免或减少与人为因素相关的工艺安全事故。

全面准确的操作规程是安全、高效操作的指导性管理文件。依照操作规程，操作人员能按统一的、正确的标准来完成操作。必须对工艺进行详细分析、有深刻了解和认识，在危害识别和风险评估的基础上，才能编写出更加符合实际、可操作性强的操作规程。

二、操作规程的作用与意义

操作规程有助于保障生产安全、积累生产经验、提高经济效益、确保产品质量、明确生产人员分工与职责、符合法律法规的要求。其作用与意义主要体现以下5个方面。

1. 保障生产安全

据统计，将近一半的生产安全事故与操作失误相关，因此需要为操作人员提供准确、科学的操作规程，并给予他们足够的培训，以减少操作失误。

有效的操作规程可以排除操作人员根据自己的经验做主观判断，依据装置以往发生的事故，在操作规程中包含了对操作人员的警告与提醒，这样有助于操作人员及时了解操作时可能存在的风险，从而采取正确的做法，减少因人为因素导致事故的发生。

2. 积累生产经验

（1）在编写、审核、批准操作规程前，生产单位应成立由一线操作人员、管理人员、装置技师或专家、主要负责人组成的操作规程编写小组，鼓励全员参与编写过程，全面总结生产经验、操作要点、应急处理步骤，充分研究生产工艺出现非正常工况时的情形与处理对策。这个过程可以帮助相关人员全面、系统地思考如何安全、有效地操作工艺装置与设备设施，加深对工艺装置的理解和掌握。

（2）日常积累的生产经验和实践心得，以及本装置或同类装置发生的事故案例、有效做法都可以适当地反映在操作规程中，所以操作规程编制是积累生产经验的过程。操作规程不是一成不变的，应该动态修订，是后人在前人的基础上不断完善和修订的结果，是持续改进生产实践过程的经验总结，同时也是对员工进行培训的根本依据。

3. 提高经济效益

作为化工等高危企业，安全是最大的效益，事故是最大的成本。生产安全事故可能造成巨大的人员伤害和经济损失，经济损失主要表现为设备损坏、物料损耗、生产装置被迫停产或减产，以及其他财产损失。有效的操作规程可以为操作人员提供统一正确的操作指南，有助于提高操作效率，保证操作的正确性，实现新装置或复产装置的顺利投产，减少生产装置的故障率和不必要的停车，从而提高装置产量和效率，降低生产成本。

4. 确保产品质量

操作规程是生产操作调节的基本依据，一个有效的操作规程，不仅包括初始开车、正常操作、临时操作、应急操作、正常停车、紧急停车等各方面操作，同时还包括正常生产情况下控制范围、偏离正常工况下的后果以及纠正和预防措施等。因此，在操作规程的指导下，从业人员统一操作，及时发现生产中的事故隐患并及时处理，保证生产装置在正常控制范围内，提高装置操作平稳率，这样装置的安全运行的产品质量就可以得到充分保障。

5. 明确生产人员分工及职责

编写和使用操作规程，有利于生产单位内部进行明确的责任分工和职责划分，特别是生产操作人员、生产管理人员与生产维护人员的职责，将不同岗位的职责明确落实在书面上，不仅有利于平时各项工作的开展，也有利于不同岗位的人员对操作规程进行有针对性的学习。

三、操作规程执行中需注意的问题

操作规程应为一线操作人员提供清晰的作业指南，对保障生产安全、提高经济效益等各方面有着十分重要的意义。但是，目前在化工行业中存在许多操作规程执行中的问题，具体有以下4个方面。

（1）有些一线操作人员由于缺乏培训或考核不到位等原因，对操作规程不熟悉，违规操作，导致事故的发生。

（2）有些操作规程不完善、指令不清晰，容易造成操作人员的误解、误操作，从而引起生产安全事故。

（3）有些在工艺、设备发生改变后，没有及时落实变更管理，更新操作规程，带来事故隐患。

（4）有些重复性的常规操作，仅凭老师傅的经验、口口相传，没有形成正式的操作规程，当发生人员变动时，经验没有得到传承，造成事故隐患。

四、操作规程的编写依据

操作规程是生产操作的依据，在编写时，必须确保其科学性、严谨性与可操作性。

操作规程的编写依据主要有以下 6 个方面。

（1）操作规程必须以工程设计文件和生产实践为依据，确保技术指标、技术要求、操作方法科学合理。

（2）装置所用设备说明书中有关设备安全运转的技术要求与操作方法。

（3）前人的教训，以及同类装置或同行业发生事故的经验教训。

（4）装置长期生产实践得出的操作经验总结。

（5）企业的规章制度以及各种专项应急预案。

（6）根据本企业工艺特点、作业环境条件、外力类型等应纳入规程管理的内容。

五、操作规程的内容

根据《化工企业工艺安全管理实施导则》（AQ/T 3034—2010）中的要求，操作规程的内容至少包括以下 5 个方面。

1. 生产装置各阶段的操作步骤

（1）正常开车。

（2）正常操作。

（3）临时操作。

（4）紧急停车（说明在什么情况下需要紧急停车，并制定相关停车方法）。

（5）应急操作。

（6）正常停车。

以上操作步骤都要有相关注意事项。

2. 操作及控制范围

（1）正常操作时的控制范围。

（2）偏离正常工况的后果。

（3）纠正和防止偏离正常工况的操作步骤。

3. 安全、健康和环境相关的事项

（1）工艺系统储存和使用的化学品的性质及危害。

（2）防止暴露的保护措施，包括过程控制、行政管理和个人防护装备需求。

（3）发生身体接触或暴露的对策。

（4）原料质量控制和危险化学品储存量控制。

（5）任何特殊或特有的危害。

4. 仪表控制系统操作规程

（1）DCS/SIS 系统概述。

（2）复杂控制回路说明及主要控制方法。

（3）装置自保的逻辑控制说明。

（4）联锁逻辑图及设定值。

5. 其他内容

作为一套生产装置的操作规程，它不仅是生产装置的操作指南，同时也是对操作人员进行培训的主要教材，应涵盖生产装置全部操作内容。因此，在包含以上内容的同时，还应有以下 4 个方面的内容。

（1）装置介绍

装置介绍主要包括装置自建立之后历次技术改造与工艺设备变更、装置反应原理、装置流程叙述、装置关键设备及主要风险、主要生产工艺参数控制范围、报警及联锁值等。

（2）设备操作规程

针对装置内的设备，尤其是对经常进行操作切换的设备制定规程，如冷却器、换热器、空冷器、离心泵、往复泵、压缩机、加热炉、调节阀等必须制定专项操作规程。可以同一类设备只制定一套操作规程，但是必须包含投用、切出、切换、交付、检修等各个作业环节。

（3）装置事故处理预案

在编写操作规程前，应对装置进行操作风险辨识，针对风险较高的设备与操作要逐一制定现场应急处置预案，包括事故现象、事故原因、关键步骤、具体处理步骤等，为操作人员提供正确的处理方法，保证操作规程的全面性。

（4）附件明细

如装置动静设备明细表、安全阀型号及规格表、装置平面图、工艺流程图、主要设备结构图、可燃气体和硫化氢报警仪、火灾自动报警系统布置图等信息。

六、操作规程编写注意事项

1. 标题要清晰明确

通常生产装置涉及的操作内容很多，清晰的标题有助于操作人员准确地找到所需操作的指导，特别是在紧急情况下，可以节省大量时间。

2. 设计要实用

设置合理的页眉/页脚，并在页眉/页脚上记录操作规程基本信息，如操作规程名称、版本号、章节标题、页码等，并与操作规程前面总目录一一对应，以便于查阅。

3. 用途要明确

通常在操作规程的每一章、每一节开始部分，要对该部分操作规程的用途进行说明。它是操作人员首先读到的内容，也是操作人员决定是否采用该部分规程的依据，因此要求简洁明了，便于操作人员做出准确的判断。例如，"本部分操作规程是装置停产检修后开工操作的步骤"。

4. 内容要有针对性

操作规程中还必须包含"警告""提示""说明"等内容，目的是为操作人员提供在执行操作内容时需要了解的一些潜在后果、信息或解释。为引起操作人员重视，可以将这部分内容用黑体加粗书写或写在方框中。在整本操作规程中，"警告""提示""说明"等内容可能在不同的地方出现，但是在格式上应保持一致性。一般若某个操作步骤上存在较大风险，需要在操作步骤之前（而不是之后），列出相关的"警告""提示""说明"等内容。

5. 内容要准确

操作规程内容要准确，不能产生误解或歧义，尽量用设备、仪表、阀门的位号来明确操作的对象。在操作规程中，如果利用设备、仪表、阀门的名称来说明时，容易产生混淆，而操作人员通常对装置各设备位号很熟悉。因此在表述设备时，尽量用位号，有利于减少错误，以保证操作规程的准确性与可操作性。

6. 范围要明确

操作规程中通常有操作参数的控制范围，要清晰明确，减少操作人员出现错误的可能。在说明参数的控制范围时，要列出中心值及上下限。

7. 要有针对性

操作规程要做到每一步操作动作清晰、准确，以便于操作人员遵照执行。

8. 要分工明确

如果装置进行某一项操作变动时，涉及多个岗位，需要多名操作人员配合完成。为防止岗位配合错误，或操作时顺序错误导致事故发生，需要在制定操作规程前对不同的岗位人员用不同符号进行区分，并在操作规程中的每一个操作步骤前，注明岗位符号。各岗位人员按照操作规程逐步操作，这样作业分工明确、条理清晰，可以有效避免事故的发生。

9. 要有变更程序

要对装置的所有操作变动进行风险等级评估，执行变更管理程序。针对关键操作或经常性操作，为保证操作准确性，可以将操作规程中相关内容转化为单独文本，制作成"操作程序卡"，实现操作规程的"卡片化"管理。

10. 信息要全面

"操作程序卡"上要有操作时间、岗位人员、确认签字等信息。操作时，岗位人员手持程序卡到现场，依卡执行，步步确认，每完成一个步骤就在程序卡上进行一次确认，这样可以有效防止关键步骤的遗漏，或弄错操作顺序。

11. 要有注意事项

"操作程序卡"上要有注意事项，将以前出现的问题记录下来。当某个操作步骤引起工艺波动后，必须将出现的问题分析清楚并总结，并将结论标注在注意事项中，这样就可以避免问题再次发生。如在注意事项中写明：蒸汽阀门打开时开度过大曾经造成水击事故，建议每次打开阀门时开度必须小于3%；20 min 后，测一下管道的温度，然后再开大。这样经过总结、修改、完善，使操作规程会有更好的可操作性。

七、作业是否需要编制操作规程的判定方法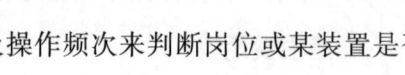

在操作规程编写工作中，要根据作业风险等级及操作频次来判断岗位或某装置是否需要编制操作规程。

操作规程编制的负责人要使用"规程评估工具"对编制操作规程申请进行评估。"规程评估工具"是一个包括作业的关键性、复杂程度和作业频率3个要素的三维表格，依据3个要素的对应关系确定作业的风险级别为1、2或3，依据此风险等级来辅助确定是否需要操作规程及补救措施，如"需要规程""员工协助规程""不需要规程"。三维表格中作业等级为1表示低风险，一般不需要操作规程；作业等级是2或3，表示中、高风险的作业，一般需要操作规程。

第二节　化工企业常见岗位操作规程

工艺规程、安全技术规程、操作规程是化工企业安全管理的重要组成部分，在化工行业称其为"三大规程"。操作规程内容一般包括：①装置的主要性能、规格、允许最大负荷；②正确的操作方法、操作步骤和操作要领，如启动和停车的操作顺序及注意事项等；③保证装置与人身安全的注意事项，对可能出现的紧急情况的处理方法和步骤；④装置清扫、润滑、检查设备是否正常的方法和要求。

我们根据化工企业的典型工作岗位和工艺将常用岗位操作规程做如下示例。

一、各工种岗位安全操作通则

（1）上岗前必须按规定正确穿戴好劳动防护用品，严禁穿凉鞋、拖鞋、高跟鞋上岗。

（2）自觉遵守安全生产规章制度，不违章作业，并及时制止他人违章作业，对违章指挥有权拒绝。

（3）在岗位上、车间内严禁打闹、玩笑、脱岗、串岗、睡岗等违反劳动纪律的行为，以防发生事故。

（4）现场一切电气、安全、消防等设施，不得随便拆动，发现隐患应积极排除，并及时向上级报告。

（5）设备检维修严格执行挂牌、监护、确认制，并认真填写检维修工作票。

（6）所有从业人员一律持证上岗，特殊工种须有有关部门颁发的特种作业人员操作证，严禁无证上岗。

（7）积极参加各种安全活动，如班前会、班后会、事故分析会等，严格执行交接班制度，主动提出改进安全工作的合理化建议。

（8）所有公用工程管道如循环水管道、蒸汽管道、空压管道、氮气管道、盐水管道、冷冻水管道、冷乙醇管道、液氮管道、液氨管道等，要安排操作工定时巡检，发现隐患要及时汇报、排除。

二、循环水泵岗位操作规程

（1）新工人未经技术、安全培训考试合格，不许独立操作。

（2）设备启动前，应进行必要的检查，如安全附件、电气设备、润滑油供油情况及周围环境等。

（3）设备运行中，操作人员应仔细倾听设备声音，观察压力表、电流表、电压表和指示灯等是否正常，不准超压运行。

（4）设备运行中，不得进行危及安全的任何检维修作业。

（5）临时停电时，操作人员不得离开现场，并应关闭总电源等候送电。

（6）严禁站在有水或潮湿的地方推电闸。电闸应明显标示出开关方向。

（7）压力表每半年或一年检查校验一次，停车时压力表应指向零位，如发现不正常情况要及时修复或更换。

（8）无水时不得关闭阀门开泵，叶轮不得反向转动。

（9）水泵房内应经常保持清洁，如有油类等物质时，应及时清除。

（10）严寒季节停泵时应将积水排除。

（11）操作人员上下梯子应遵守登高作业安全技术操作规程。

三、反应釜操作工岗位操作规程

1. 反应釜开车前

（1）检查釜内、搅拌器、转动部分、附属设备、指示仪表、安全阀、管路及阀门是否符合安全要求。

（2）检查水、电、气是否符合安全要求。

2. 反应釜开车中

（1）加料前应先开反应釜的搅拌器，无杂音且正常时，才能将料加到反应釜内，加料数量不得超过工艺要求。

（2）打开蒸汽阀前，先开回气阀，后开进气阀。打开蒸汽阀应缓慢，使之对夹套预热，逐步升压，夹套内压力不准超过规定值。

（3）蒸汽阀门和冷却阀门不能同时启动，蒸汽管路过蒸汽时不准锤击和碰撞。

（4）开冷却介质（水、7 ℃水、盐水、冷乙醇等）阀门时，先开回路阀，后开进路阀。冷却介质压力不得低于 0.1 MPa，也不准高于 0.2 MPa。

（5）水环式真空泵要先开泵后给水，停泵时，先停泵后停水，并应排除泵内积水。

（6）螺杆式真空干燥机要严格按照操作规程操作。

（7）随时检查反应釜运转情况，发现异常应停车检修。

（8）清洗反应釜时，不准用碱水刷反应釜，注意清洗时不要损坏搪瓷。

3. 反应釜停车后

（1）停止搅拌，切断电源，关闭各种阀门。

（2）反应釜必须按压力容器要求进行定期技术检验，检验不合格，不得再开车运行。

4. 反应釜保养

所有反应釜每 3 个月保养 1 次，保养时检查阀门和管道有无泄漏、搅拌轴转动是否平稳、轴承有无异常响声、减速机机油有没有变黑或低于水平线、釜体上和管道上压力表每半年检查 1 次，安全阀及釜体 1 年检查 1 次，并填写反应釜保养检查记录表。反应釜保养注意事项主要如下。

（1）投料前必须检查各阀门是否失灵，各垫圈是否松动漏气。

（2）投料时应严防夹带块状金属或杂物。对于大块硬物料，应粉碎后加入，尽量减小物料与罐壁之间的温差，避免冷罐加料或热罐加料。

（3）采用蒸汽加热时，通过控制蒸汽升压速度（0.1 MPa/mm）徐徐升温；进行冷却时，可慢慢通入冷却介质。

（4）时刻观察反应情况和压力表指数变化。

（5）机械密封腔内的润滑液（密封液）应保证洁净，不得带固体颗粒，定期加润滑液。

（6）经常检查反应釜内的完好情况，如放料时发现有釜体材料，应立即通知维修人员修补或更换反应釜。

四、冷冻机岗位操作规程

（1）操作室内禁止存放易燃易爆等危险化学品，并严禁烟火。

（2）冷冻系统所有阀门、仪表、安全装置必须齐全，并定期校正，保证经常处于灵敏准确状态。水、油、氨管道必须畅通，不得有漏水、漏油、漏氨现象。

（3）机器在运转过程中，操作者应经常观察各压力表、温度表、氨液面、冷却水等情况，并听机器运转声音是否正常。

（4）机器运转过程中，不准擦拭、触摸运转部位和调整紧固承受压力的零件。

（5）机器运转过程中，发现严重缺水或其他特别情况时，应采取紧急停车措施，立即按下停止按钮，迅速将高压阀门关闭，然后关上呼吸阀、节流阀、搅拌器开关，15 min后停止冷却水。

（6）充氨操作时，必须遵守以下事项：

1）将氨瓶放置在专用倾斜架上，氨瓶嘴与充氨管接头连接时，必须垫好密封垫，检查有无漏氨现象。打开或关闭氨瓶阀门时，必须先打开或关闭输氨总阀，操作人员应站在适当的位置。

2）充氨量应不超过氨瓶容积的80%。

五、空气压缩机岗位操作规程

（1）开车前检查一切防护装置和安全附件应处于完好状态，否则不得开车。开车前应检查曲轴箱内油位是否正常，各螺栓是否松动，压力表、气阀是否完好，压缩机必须安装在稳定牢固的基础上。

（2）检查各处的润滑面是否合乎标准。

（3）安全阀须每月做一次自动启动试验，每6个月校正一次，并加铅封。

（4）检维修作业完毕后，应注意避免木屑、铁屑、拭布等物掉入汽缸、储气罐及导管里。

（5）用柴油清洗过的机件必须无负荷运转 10 min，方可投入正常工作。

（6）机器在运转中或设备有压力的情况下，不得进行任何清理工作。不要用手去触摸汽缸头、缸体、排气管，以免温度过高被烫伤。

（7）经常注意压力表指针的变化，禁止超过规定的压力，以免超负荷运转而损坏压缩机和烧毁电动机。

（8）在运转中若发现不正常的声响、气味、振动或发生故障，应立即停车检修。

（9）水冷式空压机开车前先开冷却水阀门再开电动机，无冷却水或停水时，应停止运行。高压电动机启动前应与配电室联系并遵守有关电气安全技术操作规程。

（10）非机房操作人员不得进入机房，因为工作需要进入的，必须经有关部门同意。机房内不准放置易燃易爆物品。

（11）工作完毕后，将储气罐内余气放出，冬季应放掉冷却水，以防冻坏。

（12）空气压缩机进气口、排气口、操作间、机房内噪声不允许超过 85dB（A）。

（13）日常工作结束后，要切断电源，放掉储气罐中的压缩空气，打开储气罐下边的排污阀，放掉汽凝水和污油。

六、焚烧炉岗位操作规程

1. 启动原则

（1）应先启动风和垃圾的末级，停炉时应先停上级，即逆启顺停原则。如果末级未启动，而先启动上级就可能导致堵塞、过负荷等故障。停炉时，如果不顺停也将发生类似故障。

（2）一般启动前，应将报警、监视装置先启动，使它们处于工作状态。电源必须连续给仪表供电，以便记录整个工作过程的状态参数。

2. 启动前的准备

（1）确认锅炉工作状态是否正常。

（2）确认废热锅炉各方面处于正常准备状态（参考废热锅炉操作规程）。

（3）检查各部位润滑油和液压油量，检查炉排各部位有无异常，然后启动液压装置，进一步确认电流、电压及驱动状态。

（4）确认炉排下空气挡板的状态，然后将其关闭。

（5）将垃圾送入炉排，同时将垃圾装满喂料斗。

（6）将引风机挡板全部关闭，当引风机达到额定转速，调节炉内压力为-50~-30 Pa。注意，启动引风机前应确认冷却水的流量。炉内压力最低-80 Pa、最高-20 Pa。当要打开炉排挡板之前，先将炉压降至-80 Pa。

（7）准备燃油系统，确认燃油泵工作是否正常，启动鼓风机，打开蒸汽供给阀并确认蒸汽压力。

3. 启动

（1）点燃点火喷油器后，确认火焰是否稳定。打开供油主阀，点燃一号燃油器，使它处于低负荷燃烧（喷油量少、油压低），根据点火后垃圾焚烧情况，调节供油阀，当炉温达到750 ℃时，停止供油。停油时，首先应慢慢减少供油，然后观察炉温和垃圾燃烧情况，而后停油。

（2）按逆启动原则启动所有的除灰输送机，保持出灰机的水位正常，确认无阻塞。

（3）注意废热锅炉的压力和温度不要升得太快。

（4）当焚烧炉温度上升到400 ℃时，调节炉排下的空气挡板，以保证焚烧炉所需空气。应控制燃气温升速度，升得过快对炉墙和排烟道上的探测器不利。

（5）当垃圾稳定燃烧达600~750 ℃时，可根据情况，将一号油嘴切换成废油，也可以点燃二号喷嘴，同时可将废水、油泥喷嘴投入使用。

（6）一切正常后，进入正常运转，操作人员应经常巡视，调整设备的工作状态。

4. 停炉

（1）将喂料斗中垃圾全部输入炉内后，盖上喂料斗盖。当垃圾出现不连续燃烧时，停止向炉排供风，以防复燃，当完全没有火焰时，减慢炉排速度和减少通过炉排挡板的供风量。此时，应注意尽可能减少供风量，以防炉内出现正压。在停止引风机之前，应密切监视炉温的变化。

（2）冷却水应保持连续供给，直到余热影响的各设备充分冷却。

（3）停炉后，检查修理各设备出现的故障以便再次启动运转。

5. 应急处理

（1）鼓风机和引风机因故障停止运转时，炉内正在燃烧，要将引风机的挡板全部打开，同时应降低燃烧强度，防止火焰蹿入其他地方，并准备恢复运行后的操作。停机时间较长时，应熄灭炉火。要等炉火自然熄灭，同时注意锅炉水位、炉排温度和排烟温度。

（2）除灰系统中某一级发生故障，应首先将上级各除灰机停止。其步骤按照顺停，待恢复正常逆启动。

（3）如果冷却水和锅炉给水停止，应立即停火，除非在极短时间内能够恢复供给。

6. 维护事项

（1）每周维护事项

1）风机轴承打黄油、清除叶轮积灰。

2）风机螺栓如有松动需锁紧。

3）检查紧急排放口是否开关正常。

4）检查燃烧及旋风盘结垢是否清除，以及点火棒是否保持清洁。

5）添加滚动轴承、空气压缩机机油。

6）清洗燃烧及过滤网、复式过滤器滤网、Y型过滤器滤芯。

7）雾化器清除积炭、积灰。

（2）每月维护事项

1）清洗燃烧机喷嘴及点火电极棒。

2）更换滚动轴承、空气压缩机机油。

（3）每季维护事项

更换风机、空压机皮带。

（4）每年维护事项

1）更换滚动轴承。

2）更换风机轴承。

3）修补脱落耐火泥。

4）更换燃烧机喷嘴、点火电极棒。

七、污水处理岗位操作规程

（1）进入岗位操作前，必须穿着工作服、工作鞋。

（2）当设备启动前，应进行检查，确认设备技术（安全）性能处于完好状态才能启动运行。

（3）当登上曝气池面作业时，不得跨出护栏；登上楼梯需握扶手，以防滑倒。

（4）当采集水样后，应将池口板盖上，防止高处坠落事故发生。

（5）必须经常清扫操作场地，保持场地清洁通畅。

（6）当设备进行检维修时，应切断电源，并挂出"禁止合闸"警示牌后才可进行作业。

（7）遵守安全用电制度，不乱拉乱接，不得有裸露电线或接头，接地线要保持有效。

（8）查看氧化池的水质清浊情况，以及微生物的生长状态，并用显微镜观察有无菌胶团悬浮，判断菌种是否存活。

（9）每小时巡池一次，检查设备的运行情况。

（10）对水质化验结果、设备运行情况做好记录，填写污水处理水质分析记录表和污水处理站机械运转情况表。

（11）工作期间不得离岗、串岗、睡岗，应集中精力操作，按工艺和安全操作规程完成工作任务；爱护机器设备，要勤巡检、勤润滑，按时填写设备运行记录；认真执行工艺规程，按时采集水样进行检测，准时填写检测记录。在化验工作中要爱护和小心使用各种化验仪器和器皿。

（12）认真按工艺要求投料操作，注意节约各类原料、物料、水、电等资源。

（13）经常进行设备的清扫、擦拭、保养。

（14）若发生设备事故、工艺控制意外等，应立即报告，并立即停止运行，保护现场。

八、离心工岗位操作规程

1. 开车前的检查准备工作

（1）使用前

使用前应将作业场所进行清理，保障生产操作的顺利进行。准备好过滤物料，检查离心机以下各部位：

1）地脚螺栓应未松动，转鼓内无异物。

2）检查转鼓是否牢固地连接在主轴上。先以手用力将转鼓摇动，假如有轻微的松动感觉，应将螺栓重新紧固，然后用手转动转鼓，重新检验是否正常。

3）制动装置应灵活可靠。用手转动转鼓，应无咬死或卡阻现象。电机部位连接螺栓应紧固，三角带的张紧应适当。

4）检查以上部位后，将工艺要求配套的滤布平整地套在转鼓内壁、上边缘，通电点动空运转，转鼓旋转方向必须符合指示牌的转向，离心机在运转时声音均匀，不夹杂冲击或其他怪声、摩擦声。如听到异常声音时，应立即停车检验纠正。

5）停机。检查结束后，先切断电源，操纵制动手柄缓慢制动。一般制动时间不得少于30 s，切勿急刹车，以免机器受损。制动装置应灵活可靠。

6）重新整理检查滤布。滤布应不脱落、不折皱，运转后滤布不得有摩擦机器转动部位现象。

（2）开动离心机前

1）加料操作在转鼓停止运转以后进行，为了降低不平衡性，必须将物料尽可能地平均分配在转鼓内，特别当处理膏状物料、以块计算的物料时，要特别注意，以免发生危险。加料一直进行到滤渣充满转鼓的操作容积或根据事先计算的质量限度为止，不得超过规定的体积或质量，严禁用物体敲打机壳。

2）启动开车。操作人员离开离心机合适距离后才能启动电动机，多次连续点动离心机，使转鼓逐渐增加转速，以达到最大转速时为止，启动时间一般为60 s左右。如果操作时离心机开始猛烈跳动，必须立即停车，待停止运转后，将转鼓内物料重铺均匀再开车，如仍有激烈跳动则应停车检修。

3）运行中应集中注意力，如发现危及设备及人身安全等一切不正常现象应立即停车，停稳后进行处理并向有关部门反映，杜绝野蛮操作。

2. 停车

过滤结束后停车。停车先切断电源，操纵制动手柄缓慢制动，使用刹车时应注意不得刚关电后即企图把车刹死，应该在开始时轻轻地间歇动作，将手柄逐步拉紧，以达到制动的目的。一般制动时间不得少于 30 s，停机后方可人工出料，严禁将铁锹等工具伸到转动的机器内，否则可能发生事故。

3. 注意事项

（1）每次操作容积及质量不得超过规定限额。

（2）保持滤液出口畅通，以免离心机在滤液中旋转发生事故。

（3）停车时必须先将电动机断电，然后使用刹车装置，开车前必须将刹车装置松开。

（4）离心机在加料尤其是块状物料时，必须将物料在转鼓内散布均匀，以免破坏离心机运转的平衡，引起猛烈振动。

（5）发现猛烈振动、噪声等异常现象时，应立即停车检修，存在危险及安全因素未排除前不得启动使用。

（6）每次出料后，应及时检查各部件连接处有无松动现象。若存在要加以紧固，并检查接地、转鼓等各部件的完好情况。

九、烘房岗位操作规程

（1）使用烘房前，先检查烘房内有无杂物和危险品，通风机、仪表、管路、排空阀、防曝门等附属设备是否良好，如有故障应预先排除。

（2）凡属易燃易爆等危险品一律不准放入烘房内。

（3）打开烘房门应先通风换气，然后才能进入烘房内。

（4）产品进烘房要认真检查，位置要适当，重不压轻，分类存放，防止倾倒滚动。

（5）关闭烘房要确认里面无人，一切正常方可关门，然后再送电或送气。

（6）用真空烘房时应分次将其真空度抽到工艺要求。

（7）用电烘房时应检查电热丝和接头是否接牢，绝缘是否良好，房内有无金属物搭连。开启时必须将真空度降至零位，安全操作。使用时先开通风机后送电，开门时先断电源，后关通风机。

（8）用蒸汽的烘房其安全控制阀要专人调节，严禁任意拨动，如有问题应及时处理，并按以下要求操作：

1）有水冷却要先开冷却水，并检查水流是否畅通。

2）先开回水旁通阀和疏水器的阀门，再开蒸汽阀门，经一定时间后将回水旁通阀关闭。

3）开动通风机，检查进排汽门是否打开。

（9）烘房内外要保持整洁，烘房顶禁堆物件。房内严禁烘衣服及其他杂物，严禁任何人进入烘箱取暖。

（10）烘箱使用必须按技术规定，严禁超温使用。

（11）工作场地严禁明火和吸烟。烘房附近要装消防设备，操作者应熟悉使用方法。

（12）作业时必须有两人以上当班，禁止两人同时离岗。在物料半干时，要适时将大块物料敲碎，以便轧料。物料干时，应通知分析室人员取样，化验合格后方可轧料。

十、包装工岗位操作规程

（1）严格交接班，穿好工作服、戴好口罩后方可进行工作。

（2）按照计划要求领取本班所需包装袋，并检查包装袋有无印刷不清、污迹及破损情况，发现后立即返还。

（3）保证台秤的清洁卫生，每班校准电子秤两次并填写电子秤校准记录。每放料一次清理一次台秤，清理后必须重新调校，确保计量准确。包装间隙应给台秤断电，台秤不允许负重。

（4）包装的同时应注意产品的外观是否合格，对外观不合格的产品严禁用合格包装袋进行包装，并及时向班长反映情况。

（5）检查框架安放是否平稳、牢固、无晃动，电源插座应接触良好，显示仪无闪烁，秤台台面上无灰尘、杂物。信号电缆应完好无破损，不得被框架碾压或被外力冲撞。显示仪应安放平稳，保护膜完好，无灰尘，显示应清晰明了，通风良好，不得进水、灰尘。

（6）产品必须在计量后 3 min 内封口，内袋必须排尽空气后扎紧，防止产品吸潮。热封时要保证封口效果，有烫破或未封牢的，一律换袋返工。缝包时，每袋必须缝两道缝线，并保证缝线平行，杜绝跳针现象。

（7）按要求加盖批次号，批次号应清晰、端正、正确。

（8）产品堆放整齐划一、横竖成行，严禁乱堆乱放。袋装产品统一头向上，方向向右，并将包装袋清理干净，吨袋产品的标签袋统一向外。

（9）不同批次、类型及要求的产品要分区堆放，间隔不小于 30 cm，并设置产品标志牌。

（10）负责并保持本岗位的清洁卫生，改善现场环境。

（11）认真做好记录，保证产品数量、质量、批次的准确性。

十一、装卸工岗位操作规程

1. 库区装卸

（1）严格遵守化工企业的各项安全规定。装卸袋装原料及有挥发性液体，易燃易爆、有毒、酸、碱类物料时，操作工应穿好工装和工鞋，手套、工帽、口罩等防护用品应戴好。严禁穿钉鞋、穿戴化纤类面料衣物、携带打火机等。

（2）工作前应认真检查所用工具是否完好可靠，不准超负荷使用。

（3）装卸时应做到轻装轻放、重不压轻、大不压小，堆放平稳、捆扎牢固。

（4）人工搬运、装卸物件应视物件轻重配备人员，杠棒、跳板、绳索等工具必须完好可靠。多人搬运同一物件时，要有专人指挥，并保持一定间隔，一律顺肩、步调一致。

（5）堆放物件不可歪斜，高度要适当，对易滑动物件要用木块垫塞。不准将物件堆放在安全道内。

（6）用机动车辆搬货物时，不得超载、超高、超长、超宽，要有可靠措施和明显标志。

（7）装车时，随车人员要注意站立位置，车辆行驶时不准站在物件和前挡板之间，车未停稳不准上下。

（8）装运易燃易爆危险化学品严禁与其他货物混装，要轻搬轻放，搬运场地不准吸烟，车厢内不准坐人。

（9）装卸时，应根据吊位变化，注意站立位置，严禁站在吊物下面。

2. 罐区装卸

（1）卸料前，先将装卸台周围清理干净。

（2）操作工工装工鞋应穿戴整齐，手套、工帽、口罩等劳动防护用品应戴好。严禁穿钉鞋、穿戴化纤类面料衣物、携带打火机等。

（3）遵守化工企业危险化学品安全管理制度，卸车前须等料车停稳熄火后，方可操作。

（4）卸料时要认真检查所用卸料泵运转是否正常，应完好可靠，检查卸料管道阀门是否开关到位。

（5）检查无误后，一人在装卸台处，另一人在卸料泵处，还有一人在储罐旁进行放料操作。放料速度必须缓慢。

（6）放料时注意各储罐的液位，当液位达到额定值时，应迅速切换阀门，卸至另一储罐。

（7）当储罐内的液体均满罐时还有余料未卸完，应将事先准备的空铁桶整齐摆放至装卸台附近，并检查桶的状态，将剩余的料放至桶内。

（8）卸料完毕，关闭各阀、泵，清理卸料台，清理工具并放回原处。

十二、叉车工岗位操作规程

（1）驾驶前必须仔细检查叉车及叉车的各个功能部件是否灵敏可靠。

（2）驾驶时切勿使身体摇摆不停。

（3）驾驶叉车前进或后退时，驾驶员注意力要集中，必须面对叉车的前进方向，留心行人和其他车辆。在行驶经过或穿过门口时，或绕过视线受限制的地方时，应特别小心。

（4）在斜坡上行驶时，应将货件放在叉车迎向斜坡上方的地方，货件堆装位置须稍向后倾，以免紧急刹车时引起货物跌落。

（5）未装货的叉车，应将货叉位置调整到离地 50~150 mm 的高度。

（6）切勿突然刹车，以免引起货件倒塌。

（7）叉车工作时，严禁有人站在货叉上或托盘前面。严禁人员在叉车工作时站在货叉下面或在货叉下面行走。

（8）叉车在行驶时，叉车工切勿上车跳车。

（9）货件堆码过高时，叉车应采用向后驾驶的方式，使叉车工视线不受影响。

（10）以货物性质和路面情况决定行车速度，车速过快、快速转弯都是不安全行为。避免高速行车和转弯时车身撞到货物和人，特别是在转弯时，应留意避免车尾撞人。

（11）行驶时，要避开地面上的洞穴、凹陷或凸起处，不小心驶过这些地方时，会使方向盘急转，猛烈的急转可能打击手腕，严重时可使手腕折断。

（12）行驶中，不可过于接近通道两边。叉车与通道两边的设备或正在工作的人员间应留有一定的安全距离。

（13）路面潮湿或有油污要特别小心。

（14）如有人在工作台、墙边或任何固定物体前站立，切不可将叉车驶近，以免不能及时刹车时，夹伤或挤伤他们。

（15）在斜坡上不可转弯横驶。

（16）叉车停车后，应将货叉降至地面，以免行人或作业人员被货叉碰伤或绊倒。

十三、物资仓库管理员操作规程

1. 到货验收

（1）物资到货后，仓库管理员（简称仓管员）须对照申报记录，确定物资的申报人员、数量、规格，并做好到货标志，实验仪器、工具等到货时，应在物资旁标注出申报部门及数量后，再进行物资验收。

（2）验收时发现问题要在到货单上注明，对于没有申报的物资不予签收。不合格品及时退回，不能立即退回的，将物资放置在指定的退换货区并包装好，标注厂家、名称、数量、规格等相关信息。

（3）有特殊要求的物资需通知相关技术人员验收确认。

（4）物资验收无误后，验收员应将其及时放置在各自归属区域，不得随意放置在地上超过半天。特殊物资须标明名称及型号，做好到货记录，并将到货单保存到未入库文件夹，等待入库。

2. 入库

（1）仓管员根据到货单进行入库操作，并将入库单号标注在到货单上，以备查阅。

（2）送货单上标明有问题的物资未经仓库主管同意禁止入库。

3. 物资发放

（1）仓管员根据有效领料单进行发料，领料人员应服从指挥、依次领料。

（2）发料时，仓管员先查看领料单是否有有效签字，无误后，允许领料人员进入仓库。仓管员陪同领料人员完成领料后，将领料单直接夹在相应部门的夹子上，然后进行下一轮发料程序。

（3）领料数量为正，退入仓库的，领料单填写负数。

（4）工具的领用单需由车间主任签字，并将工具登记到工具台账上。

4. 退货

（1）需要退换的物资，仓管员须将其放置在物资退换区，需发回的要包装好，并做好物资使用反馈表。

（2）需退回供应商的物资退货时，仓管员须先找到送货单，确定此项物资是否入库及结账：

1）未入库的物资，在到货单上将此项划掉，并由供应商送货人员签字确认。

2）已入库但未结账的物资，在到货单上将此项划掉，并由供应商送货人员签字确认，然后根据入库单号找到电子入库单，并在电子入库单上将此物资直接删掉，然后保存。

3）已入库且已结账的物资，应进行退货操作，电子入库单为红单，数量金额为负值，单价为正值。

5. 换货

（1）供应商先将新物资带来的，则直接完成更换操作。

（2）供应商先将物资带走再送货的，需由仓管员填写欠货单，注明物资名称、规格、数量、单价及供应商名称，并由供应商及仓管员共同签字，一式两份，各执一份。物资换回后，仓管员将欠货单交回供应商。

（3）由采购部门发回供应商厂家的，仓管员须在物资退换记录中填写相应信息，再由采购部门进行发货处理。

十四、加醇员操作规程

1. 安全规程

（1）加醇机操作人员（简称加醇员），必须经培训考核合格，持证上岗。

（2）加醇员进入操作现场，必须穿防静电服，不得穿化纤、毛料服装或使用该类物质的墩布，不得穿底部带有铁钉的鞋。

（3）加醇机启动计数器加零过程中，不得打开醇枪开关。

（4）加醇时要做到精心操作，醇枪要牢固地插入醇箱的注醇口，防止甲醇渗漏、溅洒。

（5）加醇员必须亲自操作加醇机，不得折弯加醇软管，不得将软管拉到极限位置。

（6）加醇过程中随时注意加醇机运转情况，发现异常应立即停止加醇，排除故障后方可继续操作。

（7）加醇机不得带病运转，不得有跑、冒、滴、漏的现象。

（8）发现或发生危及加醇站安全的情况，应立即停止加醇。

（9）雷雨天气时应停止加醇。

（10）停止作业后应关闭加醇机，切断电源。

2. 操作规程

（1）准备

1）当车辆驶入站时，加醇员应主动引导车辆进入加醇位置。

2）车辆停稳、发动机熄火后，加醇员应主动将车辆醇罐盖打开，若带锁可等顾客开锁后再行打开。

3）首先询问"您好！请问加多少升？"，同时将加醇机泵码回零，并请顾客确认。

（2）加醇

1）定量加醇

①根据顾客要求输入加醇数据。

②根据顾客要求的醇基燃料品种将对应的加醇枪插入醇罐中，提示顾客确认无误后打开加醇枪进行加醇。

③加醇完毕，加醇员须对照加醇机（显示屏）的显示值，请顾客确认所加品种、数量无误后，方可收回醇枪。

④把醇罐盖拧紧，关上醇罐盖板。

2）非定量加醇

①根据加醇机（显示屏）的显示值，请顾客确认所加品种、数量无误后，方可收回醇枪。

②把醇罐盖拧紧，关上醇罐盖板。

（3）清理

1）当加醇程序完成后，使用文明用语，及时引导车辆离开加醇位置。

2）当继续有车辆来站加醇时，按上述程序进行加醇操作。

3）当暂时无车辆来站加醇时，应清理手中醇票、记账卡（单），及时上缴收银台。做好加醇机及其周边区域的卫生。

十五、卸醇员操作规程

1. 准备

（1）送醇罐车到站后，卸醇员立即检查醇罐车安全设施是否齐全有效，符合安全要求后引导罐车至计量场地。

（2）连接静电接地线，按规定备好消防器材，将罐静置 15 min，经计量后准备接卸。

2. 验收

（1）卸醇员会同驾驶员核对罐车醇品交运单记载的品种、数量，检查确认罐车铅封是否完好。

（2）卸醇员登上罐车用玻璃试管抽样进行外观（颜色、气味等）检查，如醇品质量有异常，应报告站长，拒绝接卸。

（3）测量醇高、水高，计算醇品数量。超过定额损耗，但在规定的0.2%幅度内，可直接接卸；超过定额损耗，又超过规定幅度，应报告站长，通知发货醇库派计量员共同复测，复测结果要记录在案，但醇品应予接卸，超额损耗待后期处理。

（4）逐项填写进站醇品核对单，由驾驶员、卸醇员双方签字确认实收数量。

3. 卸醇

（1）核对卸醇罐与罐车所装品种是否相符。

（2）通过液位计或人工计量检测确认卸醇罐的空容量，防止跑、冒醇事故的发生。

（3）按工艺流程要求连接卸醇管，做到接头结合紧密，卸醇管自然弯曲。

（4）检查确认醇罐计量孔密闭良好。

（5）司机缓慢开启罐车卸醇阀，卸醇员集中监视、观察卸醇管线、相关闸阀、过滤器等设备的运行情况，随时准备处理可能发生的问题。同时，罐车司机不得远离现场。

（6）卸醇完毕，卸醇员登上罐车确认甲醇已卸净。关好闸阀，拆卸卸醇管，盖严罐口处的卸醇帽，收回静电导线。

（7）引导醇罐车离站。

（8）遇雷雨或高温天气情况禁止卸醇作业。

4. 卸后工作

（1）待罐内醇面静止平稳后，通知加醇员开机加醇。

（2）将消防器材放回原位，整理好现场。

（3）根据进站甲醇核对单及甲醇交运单，填写进货验收登记表。

十六、计量员操作规程

1. 储醇罐储量测量

（1）储醇罐液面高度测量

1）停止使用与醇罐相连的加醇机，抄写停机时累计泵码数。

2）卸醇后，待稳醇 15 min 后方可测量。

3）将量醇尺尺带用棉纱擦净。

4）从固定测量点将量醇尺垂直徐徐放入醇罐，量醇尺铊接触醇面时应缓慢，以免破坏静止的醇面。

5）当量醇尺铊接近罐底时（约 20 cm）应放慢速度，不得冲击罐底。

6）手感量醇尺铊触底，就迅速将尺垂直向上提起，避免倾斜摆动，以免造成液面发生波动。

7）量醇尺提起后，应迅速观察醇面浸湿线高度，读出醇面高度；先读小数，后读大数，读数时尺带不应平放或倒放，以防醇面变化。

8）测量结果应精确到毫米，每次测量至少两次，两次相差应不大于 1 mm，取小的读数，超过时应重测。

9）每次测量的最后结果应记入测量计量表中。

（2）储醇罐罐底水高测量

1）水的高度不超过 300 mm 时应使用检水尺，水的高度超过 300 mm 时应使用量醇尺。

2）测量时，在量醇尺或检水尺上涂抹一层薄的试水膏。

3）从固定测量点将量醇尺垂直徐徐放入醇罐，尺铊接触醇面时应缓慢，以免破坏静止的醇面。

4）量醇尺铊或检水尺触底时，应静置 3~5 s 后再提尺。

5）量醇尺或检水尺提起后，应迅速读取试水膏变色处的毫米读数，读取时检水尺不应平放或侧置。

6）遇水、醇界面不清晰、不平直，应重新按程序测量。

7）水高超出 50 mm，应及时报告站长，分析原因并进行处理。

8）每次测量的最后结果应记入测量记录表中。

（3）计算储量

根据测量结果计算储罐甲醇储量。

2. 卸醇量测量

（1）醇罐车液面高度测量（人工测量）

1）用于人工测量的停车场地，必须坚实平整，坡不大于 0.5°。

2）醇面平稳后再进行测量。

3）具体测量程序同储醇缺罐液面高度测量。

（2）计算卸醇量

卸醇结束对醇罐车液面高度再次测量，计算卸醇量。

3. 醇品温度测量

（1）温度测量应在醇品高度测量之后进行。

（2）测量时将温度计装入保温盒。

（3）将温度计置于醇面高度的 1/2 处测量醇温，浸没时间不少于 5 min。

（4）提取温度计时要迅速，温度计离开醇点到读数时的时间不应超过 10 s；读数时应使温度计垂直，避免盒内液体洒出，视线应垂直于温度计，先读大数。

（5）使用分度值为 0.5 ℃的温度计，应估读到 0.1 ℃；使用分度值为 1 ℃的温度计，应估读到 0.2 ℃。

（6）每次测量的最后结果应记入测量记录表中。

4. 醇品密度测量（密度计法）

（1）从醇罐采取醇样，将醇样沿量筒内壁倒入量筒，量筒应放在没有气流的地方，并保持平稳。

（2）将干燥的密度计小心放入搅拌均匀的量筒醇样中，操作时注意液面以上的密度计杆管浸湿不得超过两个最小分度值。

（3）待密度计稳定后按弯月面上缘读数，读数时必须注意密度计不得与量筒内壁接触，眼睛要与弯月面上缘成同一水平线，并估计密度计读数至 0.000 1 g/cm³。

（4）测量醇样的温度。

（5）测量完毕，将醇样倒回醇罐，收好计量器具。

（6）每次测量的最后结果应记入测量记录表中。

5. 加醇量计量

根据加醇机数据显示计算加醇量。

6. 损失计量

根据加醇量与储存量计算醇量损失。

十七、电工操作规程

（1）电工必须经考核取得特种作业操作证后持证上岗，应熟悉安全操作规程，熟悉供电系统和各种配电设备的性能和操作方法。

（2）值班电工要有高度的责任心，严格执行各种安全用电规定，工作前必须检查工具、仪表和防护用具、设备是否完好有效。

（3）各种电气设备必须在停机、断电情况下取下熔断器，并挂上"禁止合闸，有人工作"的警示牌后方可进行工作。

（4）每项维修结束时，必须清点所带工具、零件以防遗失和留在设备内造成事故。

（5）低压设备上必须进行带电工作时，要经过领导批准，并需有专人监护。工作时要穿好防护服，戴绝缘手套，穿绝缘鞋，使用有绝缘柄的工具，并站在绝缘垫上进行作业。

（6）电气线路拆除后，必须及时用绝缘布包扎好，熔断器的额定电流要和设备与线路安装额定电流相适应。

（7）工作时，工作位置周围不得有各种易燃易爆及其他影响操作的物件。

（8）登高作业时，必须使用安全带。使用梯子时，梯子和地面之间的角度以 $45°\sim60°$ 为宜，并需有防滑措施。使用人字梯时，拉绳必须牢固。

十八、电焊工操作规程

（1）工作前必须穿戴好劳动防护用品（电焊服、防护手套及防护眼镜等）。

（2）使用焊机前应检查电气线路是否完好，二次线圈和外壳接地是否良好。

（3）操作前必须检查周围是否有易燃易爆物品，如有，必须移开 10 m 外才能工作。

（4）启动电焊机前检查焊钳绝缘是否完好。焊钳不用时，应放到绝缘体上。

（5）电焊工作台必须装好屏风挡光板，切勿无防护直视电弧。

（6）严禁焊接封闭式的容器及松香筒、香蕉水筒、氢气筒等易燃易爆物品容器，以免引起爆炸事故。

（7）移动电焊机位置时，必须先切断电源。焊接作业过程中如遇突然停电，应立即关好电焊机。

（8）电焊机如有故障或电线破损漏电或熔断丝一再烧断时，应停止使用，并报告有关人员修理。

（9）工作结束后，应关掉电源，并将电源线及焊接电缆线整理好。

十九、职业健康操作规程

1. 总体要求

（1）上岗前应经专门培训与告知，经考核合格后上岗。

（2）体检合格后才能上岗，每年须接受专门有针对性的体检。

（3）上岗前要认真学习产生职业危害设备的说明书，熟练掌握设备操作规程及安全注意事项。

（4）在从事职业危害岗位期间，要经常学习更新相关防护知识与技能。

2. 具体要求

（1）噪声岗位

1）进入岗位操作前，必须佩戴防噪声耳塞、耳罩或防噪声帽等岗位所需劳动防护用品。

2）进入岗位后，要认真检查岗位配置的隔声、消声设施，确认隔声、消声设施无异常现象时，方可进行岗位操作。

3）如隔声、消声设施出现故障时，要及时报告相关负责人，安排人员对故障设施进行维修处理，确保隔声、消声设施的正常运转。

4）加强日常设备的维修保养工作，确保设备正常运转，有效控制因设备异常而造成噪声的增大。

5）岗位操作人员要严格按照操作规程的规定进行岗位操作，对未严格按操作规程进行操作的人员，一经发现应严肃处理。

（2）有毒有害气体岗位

1）进入岗位操作前必须按照要求，正确佩戴防毒、防腐蚀等岗位所需劳动防护用品。

2）进入岗位后要认真对岗位配置的通风设施进行检查，确认通风设施正常运转后，方可进行操作。

3）如通风设施出现故障，致使岗位操作现场有毒有害气体超过标准时，应立即报告相关负责人，及时安排对通风设施故障进行维修处理，确认操作现场有毒有害气体浓度正常后，方可进行操作。

4）严格按照岗位操作规程进行操作，避免因违反操作规程而引发安全事故。

5）对未严格按操作规程进行操作的人员，一经发现应严肃处理。

6）生产现场严禁吸烟、饮水、就餐。必须在无污染源的值班室，并认真对面部及手部进行清洗后方可吸烟、饮水、就餐。

7）下班前将工作服等生产现场使用的各类劳动防护用品进行更换后方可离开工作岗

位，以防将污染源带离工作岗位后传播给其他人。

8）离开岗位后，要保持良好的卫生习惯，要对身体及衣物接触有毒有害气体的各个部位彻底清洗，避免污染物进入体内。

9）保持良好的个人卫生习惯，坚持下班洗澡、注重锻炼身体等，积极预防职业病。

（3）高温岗位

1）操作人员在操作时必须严格遵守劳动纪律、坚守岗位、服从管理，正确佩戴和使用劳动防护用品。

2）生产现场必须保持通风良好。

3）对生产现场进行经常性检查。

4）按时巡回检查所属设备的运行情况，不得随意拆卸和检修设备，发现问题要及时找专业人员修理。

5）缩短一次性持续接触高温时间，持续接触热源后，应轮换作业和休息。休息时应脱离热环境，并多喝水。

6）高温环境下的操作人员应佩戴防高温手套、穿隔热服。

7）采取通风降温措施，打开门窗通风，必要时加装通风机进行机械通风。

8）根据生产工艺流程和厂房建筑条件，采取防暑降温治理措施，安装空调或风扇。

9）合理布置和疏散热源。

10）当热源较多而采用天窗排气时，应将热源集中在排气天窗下侧，并对热源采取隔热措施。

第三节　作业许可

一、基本概念

1. 定义

作业许可是指通过书面的形式，对从事风险作业的人员及活动进行的一种授权和约束。

2. 实行作业许可的目的和意义

作业许可的目的及意义在于通过作业许可的审批过程，实现对从事风险作业的人员及活动的许可；通过具体的书面条款，明确作业风险及应采取的防护措施；通过过程监督管理，实现对作业人员及活动的约束，避免因作业人员及活动超出约束范围，威胁作业及周边人员的生命安全，给企业带来不可接受的风险。

二、作业许可管理

1. 管理范围

所有风险作业活动都必须得到许可，只是许可的形式有所不同。

（1）常规作业

为保证装置正常生产运行而进行的生产操作、设备启停或切换、取样分析、设备巡/点检、装/卸车、药剂加注或配备等日常生产或辅助生产作业活动，其操作人员的资格认证效力等同于作业许可，如上岗证、特种设备操作证等。同时，辅以标准操作程序、操作记录和安全监督等管理手段保证操作纪律，避免误操作。

（2）应急处置

装置发生危险能量泄漏，火灾、爆炸等突发事件，为避免事故扩大或次生事故，需要企业内/外部救援力量立即进行处置、抢修的作业活动，既定的应急预案、专项方案及技术方案效力等同于作业许可。

（3）非常规作业

除常规作业之外的非应急处置作业，如独立区域开展的新项目建设施工，在役装置区开展的改/扩建、技术改造、隐患治理等综合施工作业，为消除设备故障开展的计划检维修、日常检维修作业，需要进行书面的作业许可及过程监督，防止因能量隔离失效、作业行为失误、个体防护失效导致人身伤害、财产损失、环境破坏及声誉影响。

1）特殊风险作业。作业过程可能存在对作业人员、企业财产、环境保护产生直接或重大影响的作业，如动火作业、受限空间作业、盲板抽堵作业、高处作业、吊装作业、临时用电作业、动土作业、断路等高风险作业。

2）一般风险作业。不涉及上述特殊风险作业的施工、维护、清理和服务活动，如设备、电气、仪表现场安装和维修，设备试压、打卡堵漏，更换阀门、垫片和螺栓，设备清洗，设备检测、防腐保温等。

2. 管理责任

企业应根据国家标准及安全规范建立作业许可管理程序，明确作业许可的管理范围，管理部门、属地单位及相关人员的职责，以及管理流程。为配合作业许可管理，企业应制定相应的承包商管理程序、检维修施工管理程序，并根据行业标准明确特殊风险作业技术要求。

（1）部门管理职责

1）基层单位和作业单位（包括内/外部承包商）负责作业许可管理流程的具体执行，在作业过程中落实必要的控制措施，确保作业过程安全。

2）生产（技术）、设备、工程建设等专业管理部门负责本专业相关作业的方案审查、作业许可批准、作业过程的安全管理，负责本专业相关承包商的管理。

3）安全管理部门负责作业许可过程监管，并对作业许可、承包商、检维修施工管理程序以及特殊风险作业技术要求的现场执行情况进行监督和审核。

（2）相关人员职责

1）申请人。一般为经过培训的作业单位施工现场负责人，负责根据施工需求现场制定施工方案，主要内容包括：申请作业许可；管理施工机具及作业人员；落实作业许可要求的控制措施；组织班前会，确保所有参与作业的人员都知晓作业的风险和要求；代表承包商对作业全过程的质量和安全负责。施工作业期间，申请人不能离开作业区域。

2）签发人。一般为经过培训的属地单位及以上层级的管理人员，熟悉作业区域的工艺流程和作业风险，负责审查作业方案、签发作业许可，主要内容包括：与申请人进行有效沟通，确保作业许可的要求在现场得到充分落实；代表属地单位对作业全过程的质量和安全负责。

3）监督/监护人。一般为经过培训的属地单位班组人员或作业单位作业人员，负责监督作业过程及监护作业人员，主要内容包括：熟悉作业现场情况，具备必要的应急和救护能力，负责检查并落实作业许可要求的控制措施；及时纠正作业人员的冒险和违章行为；及时发现和消除作业现场的隐患；根据作业风险，对作业过程与作业人员进行全程或巡回监督/监护。

4) 作业人。为专业的作业单位作业人员，履行具体作业许可责任，主要内容包括：涉及特殊作业的应取得相应的特殊作业资格；作业前参与班前会；作业中严格执行专业技术要求及作业许可的要求；对与自己专业相关的作业内容和作业过程的质量和安全负责。

3. 管理流程

作业许可的管理流程按照时间顺序可以分为申请、审查、签发、受控作业、关闭5个环节。

（1）申请

申请人根据作业需求向签发人申请开展作业许可的过程。申请前，申请人需确定作业性质、作业范围以及作业方案。

（2）审查

审查过程中，申请人与签发人需就制定的作业方案、识别出的作业风险、需要落实的措施进行充分、有效的沟通。

（3）签发

签发人根据自身专业，签字允许申请人开展相关作业的过程。当作业风险较高时，必要的情况下需要逐级批准。签发完成，代表着作业方可以进入施工现场，所以最后的签发应是最高级别的批准。

（4）受控作业

作业人员资质确认、气体检测合格、要求的控制措施全部落实后，方可允许开始作业。监督/监护人对作业过程应进行全程监管，及时纠正作业人员的冒险和违章行为。作业完成或阶段性完成，进行必要的清理和整顿后，作业人员方可离开现场。

（5）关闭

申请人确认作业完成，签发人检查施工质量后，由签发人对作业许可进行关闭，并归档。

4. 作业许可取消

发生下列情况时，施工班组（或作业单位）应立即终止作业，取消作业许可，并告知批准人许可被取消的原因。

（1）作业环境和条件发生变化。

（2）作业内容发生变化。

（3）实际作业与作业计划的要求发生重大偏离。

（4）发现有可能立即危及安全的违章行为。

（5）现场作业人员发现重大事故隐患。

（6）当正在进行的作业出现紧急情况或已发出紧急撤离信号时。

（7）事故状态下。

三、作业许可的内容

一份完整的作业许可包括专项作业许可都应包含相关作业活动的基本信息，信息内容主要有作业单位、作业区域、作业范围、作业内容、作业时间、作业危害以及相应的控制措施、作业申请、作业批准、作业人、作业关闭。表4-1所示为动火作业许可。

表4-1　　　　　　　　　　　　　动火作业许可

申请单位	××车间/部门	申请人：×××	车间安全员或负责人：×××	作业编号	No.000××
动火作业级别：一级动火（动火等级分为特级、一级、二级，管廊上作业属一级动火，节假日动火作业升级管理）		动火方式：使用气焊切割、电焊焊接			
动火地点、部位	填写内容应具体、准确（所有作业许可中，作业地点或部位等的描述，必须准确、唯一，要求根据描述能确定具体作业点，如脱苯塔顶部平台。）				
动火时间	自2020年11月8日9时10分始至2020年11月8日15时50分止				
动火作业负责人：×××		动火人：×××		作业人员：×××、×××	
分析点名称	平台周边环境（动火分析点应明确具体，并标明是环境分析还是设备内分析。）				
分析数据	可燃气：0.0%； 氧含量：21.0%				
分析人	动火分析人：×××				
涉及的其他特殊作业编号	临时用电作业No.000××		高处作业No.000××		受限空间作业No.000××
危害辨识	（催化反应原料泄漏等引起）火灾、（电焊等临时用电引起）触电［危害辨识填写内容参照《企业职工伤亡事故分类》（GB 6441—1986）中的20类事故，如可能，应标明何种原因引起。］				

序号	安全措施	确认人
1	动火设备内部构件清理干净，蒸汽吹扫或水洗合格，达到动火条件	属地工段长或班长：×××
2	断开与动火设备相连接的所有管线，加盲板	属地工段长或班长：×××

续表

序号	安全措施	确认人
3	动火点周围的下水井、地漏、地沟、电缆沟等已清除易燃物，并已采取覆盖、铺沙、水封等手段进行隔离	属地工段长或班长：×××
4	罐区内动火点同一围堰和防火间距内的油罐不同时进行脱水作业	作业负责人：×××
5	高处作业已采取防火花飞溅措施	作业负责人：×××
6	动火点周围易燃物已清除	作业负责人：×××
7	电焊回路线已接在焊件上，线路未穿过下水井或与其他设备搭接	作业负责人：×××
8	乙炔气瓶（直立放置）、氧气瓶与火源间的距离大于 10 m，乙炔气瓶间距大于 5 m	作业负责人：×××
9	现场配备消防蒸汽带（1）根，灭火器（2）台，铁锹（2）把，石棉布（1）块	作业负责人：×××
10	其他安全措施：高处应使用接火盆或者篷布，防止焊渣、火花飞溅 编制人：车间安全员（或技术人员）＿＿＿＿＿	作业负责人、属地工段长或班长（注意：安全措施及补充措施均为交底范畴，应由作业负责人与属地负责人共同签字确认。）

生产单位负责人：＿＿＿	属地负责人：＿＿＿	监火人：＿＿＿	监火人 A、监火人 B：＿＿＿	动火初审人：＿＿＿	车间安全员（或车间负责人）：＿＿＿

实施安全教育人	车间安全员（车间安全员与动火作业负责人对现场监护人和作业人进行必要的安全教育，内容应包括所从事作业的安全规章制度、作业场所和作业过程中可能存在的危险、有害因素及应采取的具体安全措施、作业过程所使用的劳动防护用品的使用方法及注意事项、事故应急处置措施及有关事故案例、经验和教训等；在"实施安全教育人"栏内签字）

申请单位意见同意作业签字：作业负责人：＿＿＿＿＿ ＿＿＿年＿＿月＿＿日＿＿时＿＿分

安全管理部门意见：＿＿＿＿ 签字：＿＿＿＿（所有特殊作业安全许可中均不得有空项，如不涉及或者不需填写，应用斜线"／"划去。）

动火审批人意见（动火作业涉及其他管辖区域时，由所在管辖区域负责人审查合格，在作业证上签字，并由双方单位共同落实安全措施，各派一名动火监护人，按动火级别进行审批后，方可动火。）

同意作业签字：＿＿＿＿ 安全环保部：＿＿＿＿（特级由总工审批）

＿＿＿年＿＿＿月＿＿＿日＿＿＿时＿＿＿分

动火前，岗位当班班长验票安全措施到位可以动火签字：＿＿＿＿＿ 当班班长：＿＿＿＿

＿＿＿年＿＿＿月＿＿＿日＿＿＿时＿＿＿分

完工验收签字：＿＿＿＿＿ 作业负责人、属地负责人：＿＿＿＿＿ ＿＿＿年＿＿＿月＿＿＿日＿＿＿时＿＿＿分

注：特级动火作业和一级动火作业的作业许可有效期不能超过 8 h，二级动火作业的作业许可有效期不能超过 72 h。

四、作业许可管理实例

动火作业、受限空间作业、盲板抽堵作业、高处作业、吊装作业、临时用电作业、动土作业、断路作业的高风险作业许可管理需执行下列安全技术规范要求：《化学品生产单位特殊作业安全规范》（GB 30871—2014）、《化学品生产单位设备检修作业安全规范》（AQ 3026—2008）、《化学品生产单位动火作业安全规范》（AQ 3022—2008）、《化学品生产单位受限空间作业安全规范》（AQ 3028—2008）、《化学品生产单位盲板抽堵作业安全规范》（AQ 3027—2008）、《化学品生产单位高处作业安全规范》（AQ 3025—2008）、《化学品生产单位吊装作业安全规范》（AQ 3021—2008）、《施工现场临时用电安全技术规范（附条文说明）》（JGJ 46—2005）、《化学品生产单位动土作业安全规范》（AQ 3023—2008）、《化学品生产单位断路作业安全规范》（AQ 3024—2008）。另外，还有如下常用管理方法和经验。

1. 动火作业

（1）作业等级

根据作业过程火灾、爆炸危险性的大小判定动火作业等级。

1）停工检修经吹扫、处理、化验分析合格的工艺生产装置，盛装过可燃气体、液态烃、可燃液体及有毒介质设备或管线上的首次用火宜作为一级动火作业管理。

2）机动车、非防爆电动车进入装置区宜作为二级动火作业管理。

3）装置区内使用充电工具、锤击作业宜作为二级动火作业管理。

4）除特级、一级、二级动火作业范围外，可从没有火灾危险性的区域划出固定动火作业区，由企业安全管理部门和消防管理部门共同审查、认定。

（2）其他安全管理措施

1）在正常生产的装置和罐区内，凡是可用可不用的动火作业一律不动火；凡能拆下来的设备、管线一律拆下来转移到安全的地方再动火，严格控制一级动火作业。

2）装置全面停工检修和工程施工再动火可实行区域动火作业监护。

3）施工动火作业涉及其他管辖区域时，由所在管辖区域单位审查会签，并由双方共同落实安全措施，按动火作业级别进行审批后，方可动火。

2. 受限空间作业

（1）作业分级

可根据作业过程窒息危险性的大小对受限空间进行分级管理。

1）特级受限空间。正在生产的工艺装置中，对设备进行完全隔离或孤立，经工艺处理后，氧气、有毒物、可燃物分析化验有任何一项不合格，或者因条件限制无法对设备内物料完全清理干净的受限空间。

如无氧、缺氧或氮气保护状态下的换剂、撇顶等作业，进入与污水排放系统相连的下水井、下水道、涵洞等部位的作业应按照特级受限空间作业进行管理。

2）一级受限空间。在不涉及有毒、易燃可燃和窒息性气体介质的受限空间，或正在生产的工艺装置中，对设备进行完全隔离或孤立，经工艺处理后，氧气、有毒物、可燃物分析化验都合格的受限空间。

3）二级受限空间。停工检修后将物料全部送出装置外罐区的工艺装置，经工艺处理后，氧气、有毒物、可燃物分析化验都合格的受限空间，以及运送到安全地点的盛装过有毒或易燃可燃介质的设备容器，经工艺处理后氧气、有毒物、可燃物分析化验都合格的受限空间。

（2）其他安全管理措施

1）受限空间作业前后应清点作业人员和作业工器具，可在受限空间入口设置作业人员及工器具进出登记表加以比照。

2）受限空间作业的外部监护人员应为经过培训合格的专职人员，其培训内容应该包括窒息事故应急处置、急救等内容，避免事故状态下盲目施救导致事故扩大。

3）受限空间作业间隙，现场无人监护时，宜在受限空间入口设置固定隔离及安全警示，如人孔封闭器、人孔锁，锁具的钥匙应由专人保管。

4）受限空间内的气体监测采样点应有代表性，最好在作业面附近监测；容积较大的受限空间应采取上、中、下各部位取样，监测结果宜全部记录在作业许可内。

5）进入受限空间的作业人员应佩戴便携式气体监测报警仪，对作业过程要施行全程气体监测。

3. 盲板抽堵作业

（1）作业分级

可根据作业过程风险性的大小对盲板抽堵作业进行分级管理。

1）一级盲板抽堵作业。对管线进行完全隔离，经工艺处理后，有毒、有害、可燃气体分析检测仍不合格，或者因条件限制无法将管线内物料完全处理干净的盲板抽堵作业，如化学品物料、蒸气、氮气管线。

2）二级盲板抽堵作业。经隔离、工艺处理后，有毒、有害、可燃气体分析检测合格的化学品物料管线，或虽因条件限制无法实现完全隔离的低风险公用工程管线（如循环水、仪表风管线）上的盲板抽堵作业。

（2）其他安全管理措施

中国石油天然气集团公司对盲板抽堵作业进行了管理延伸，设置了管线与设备打开作业，将采取下列方式（包括但不限于）改变封闭管线与设备及其附件的完整性的作业归为其中。

1）解开法兰。

2）从法兰上去掉一个或多个螺栓。

3）打开阀盖或拆除阀门。

4）调换"8"字盲板。

5）打开管线连接件。

6）去掉盲板、盲法兰、堵头和管帽。

7）断开仪表、润滑、控制系统管线，如引压管、润滑油管等。

8）断开加料和卸料临时管线（包括任何连接方式的软管）。

9）用机械方法或其他方法穿透管线。

10）开启检查孔。

11）微小调整（如更换阀门填料）。

4. 高处作业

（1）临边作业、作业点与可坠落范围坠落高度基准面的高度差大于 2 m 的，应纳入高处作业进行管理。

（2）15 m 及以上高处作业应配备通信联络工具，如（防爆）对讲机。

（3）有毒、易燃管线的高处带压堵漏作业，作业面应设置缓降器作为安全带锚固点，以便突发情况下作业人员可以顺利逃生。

（4）高处作业涉及脚手架的应执行《建筑施工扣件式钢管脚手架安全技术规范》（JGJ 130—2011）。

5. 吊装作业

（1）手拉葫芦属于简易起重设备和辅助用具，应纳入吊装作业管理。

（2）根据《特种设备安全监察条例》，额定起重量大于或者等于 1 t，且提升高度大于或者等于 2 m 的承重形式固定的电动葫芦属于特种设备，操作人员应取得操作资质。

（3）严禁利用管道、管架、电杆、机电设备等作吊装锚点。

（4）吊装机具的检查、维护、保养及修理应执行《起重机械安全规程 第 1 部分：总则》（GB 6067.1—2010）以及《起重机械安全规程 第 5 部分：桥式和门式起重机》（GB 6067.5—2014）。

6. 临时用电作业

（1）施工现场临时用电设备在 5 台及以上，或设备总容量在 50 kW 及以上，配送电单位应编制用电组织设计。

（2）施工单位必须每天在使用临时用电漏电保护器前进行漏电保护试验，严禁在试验不正常的情况下使用。

（3）配送电单位应将临时用电设施纳入正常运行电气巡回检查范围；每天不少于 2 次巡回检查，并建立检查记录和隐患问题处理通知单，确保临时供电设施完好。当存在重大隐患和发生威胁安全生产的紧急情况时，配送电单位有权紧急停电处理。

（4）施工单位应对临时用电设备和线路进行检查，每天不少于 2 次。

（5）临时用电单位应严格遵守临时用电规定，不得随意变更地点和作业内容，禁止任意增加用电负荷或私自向其他单位转供电。

7. 动土作业

动土作业的其他安全管理措施：开挖深度超过 1.2 m 的动土作业宜纳入受限空间作业管理。

8. 断路作业

断路作业的其他安全管理措施（内容略）。

第五章 事故事件状态下的现场应急处置

第一节 应急处置的基本要求

一、生产经营单位事故应急管理的要求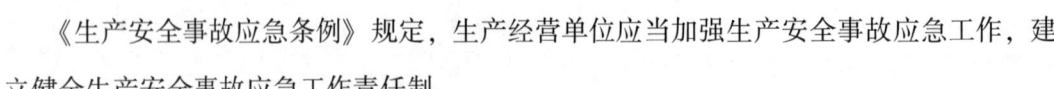

《生产安全事故应急条例》规定，生产经营单位应当加强生产安全事故应急工作，建立健全生产安全事故应急工作责任制。

《危险化学品安全管理条例》规定，国家实行危险化学品登记制度，为危险化学品安全管理以及危险化学品事故预防和应急救援提供技术、信息支持。

危险化学品单位应当制定本单位危险化学品事故应急预案，配备应急救援人员和必要的应急救援器材、设备，并定期组织应急救援演练。危险化学品单位应当将其危险化学品事故应急预案报所在地设区的市级人民政府应急管理部门备案。

《危险化学品生产企业安全生产许可证实施办法》规定，企业应当符合下列应急管理要求：

（1）按照国家有关规定编制危险化学品事故应急预案并报有关部门备案。

（2）建立应急救援组织，规模较小的企业可以不建立应急救援组织，但应指定兼职的应急救援人员。

（3）配备必要的应急救援器材、设备和物资，并进行经常性维护、保养，保证正常运转。

生产、储存和使用氯气、氨气、光气、硫化氢等吸入性有毒有害气体的企业，除符合上述第（1）项规定外，还应当配备至少两套以上全封闭防化服；构成重大危险源的，还应当设立气体防护站（组）。

《危险化学品重大危险源监督管理暂行规定》规定，危险化学品单位应当在重大危险源所在场所设置明显的安全警示标志，写明紧急情况下的应急处置办法。

危险化学品单位应当将重大危险源可能发生的事故后果和应急措施等信息，以适当方式告知可能受影响的单位、区域及人员。

危险化学品单位应当依法制定重大危险源事故应急预案，建立应急救援组织或者配备应急救援人员，配备必要的防护装备及应急救援器材、设备、物资，并保障其完好和方便使用；配合地方人民政府应急管理部门制定所在地区涉及本单位的危险化学品事故应急预案。对存在吸入性有毒、有害气体的重大危险源，危险化学品单位应当配备便携式浓度检测设备、空气呼吸器、化学防护服、堵漏器材等应急器材和设备；涉及剧毒气体的重大危险源，还应当配备两套以上（含本数）气密型化学防护服；涉及易燃易爆气体或者易燃液体蒸气的重大危险源，还应当配备一定数量的便携式可燃气体检测设备。

二、事故应急工作内容

事故应急工作包括应急预防、应急准备、应急救援和应急恢复 4 个阶段。

1. 应急预防

在应急管理中，预防有两层含义：一是事故的预防工作，即通过安全管理和安全技术等手段，尽可能地防止事故的发生，实现本质安全；二是在假定事故必然发生的前提下，通过采取预防措施，达到降低或减缓事故的影响或后果的严重程度，如加大建筑物的安全距离、工厂选址的安全规划、减少危险物品的存量、设置防护墙以及开展公众教育等。从长远看，低成本、高效率的预防措施是减少事故损失的关键。

2. 应急准备

准备是应急管理工作中的一个关键环节（阶段）。应急准备是指为有效应对突发事件而事先采取的各种措施的总称，包括意识、组织、机制、预案、队伍、资源、培训演练等各种准备。

（1）应急预案的组成

《生产安全事故应急条例》规定，生产经营单位应当针对本单位可能发生的生产安全事故的特点和危害，进行风险辨识和评估，制定相应的生产安全事故应急救援预案，并向本单位从业人员公布。生产安全事故应急救援预案应当符合有关法律、法规、规章和标准的规定，具有科学性、针对性和可操作性，明确规定应急组织体系、职责分工以及应急救援程序和措施。

《生产安全事故应急预案管理办法》规定，生产经营单位应急预案分为综合应急预案、专项应急预案和现场处置方案。

综合应急预案是指生产经营单位为应对各种生产安全事故而制定的综合性工作方案，是本单位应对生产安全事故的总体工作程序、措施和应急预案体系的总纲。

专项应急预案是指生产经营单位为应对某一种或者多种类型生产安全事故，或者针对重要生产设施、重大危险源、重大活动防止生产安全事故而制定的专项性工作方案。

现场处置方案是指生产经营单位根据不同生产安全事故类型，针对具体场所、装置或者设施所制定的应急处置措施。

（2）应急预案编制的要求

生产经营单位应急预案的编制应当符合下列要求：

1）有关法律、法规、规章和标准的规定。

2）本单位的安全生产实际情况。

3）本单位的危险性分析情况。

4）应急组织和人员的职责分工明确，并有具体的落实措施。

5）有明确、具体的应急程序和处置措施，并与其应急能力相适应。

6）有明确的应急保障措施，满足本单位的应急工作需要。

7）应急预案基本要素齐全、完整，应急预案附件提供的信息准确。

8）应急预案内容与相关应急预案相互衔接。

编制应急预案应当成立编制工作小组，由本单位有关负责人任组长，吸收与应急预案有关的职能部门和单位的人员，以及有现场处置经验的人员参加。

编制应急预案前，编制单位应当进行事故风险辨识、评估和应急资源调查。事故风险辨识、评估是指针对不同事故种类及特点，识别存在的危险危害因素，分析事故可能产生的直接后果以及次生、衍生后果，评估各种后果的危害程度和影响范围，提出防范和控制事故风险措施的过程。应急资源调查是指全面调查本单位第一时间可以调用的应急资源状况和合作区域内可以请求援助的应急资源状况，并结合事故风险辨识评估结论制定应急措施的过程。

生产经营单位应当根据有关法律、法规、规章和相关标准，结合本单位组织管理体系、生产规模和可能发生的事故特点，与相关预案保持衔接，确立本单位的应急预案体系，编制相应的应急预案，并体现自救互救和先期处置等特点。

生产经营单位风险种类多、可能发生多种类型事故的，应当组织编制综合应急预案。综合应急预案应当规定应急组织机构及其职责、应急预案体系、事故风险描述、预警及信息报告、应急响应、保障措施、应急预案管理等内容。

对于某一种或者多种类型的事故风险，生产经营单位可以编制相应的专项应急预案，或将专项应急预案并入综合应急预案。专项应急预案应当规定应急指挥机构与职责、处置程序和措施等内容。

对于危险性较大的场所、装置或者设施，生产经营单位应当编制现场处置方案。现场处置方案应当规定应急工作职责、应急处置措施和注意事项等内容。

事故风险单一、危险性小的生产经营单位，可以只编制现场处置方案。

生产经营单位应急预案应当包括向上级应急管理机构报告的内容、应急组织机构和人员的联系方式、应急物资储备清单等附件信息。附件信息发生变化时，应当及时更新，确保准确有效。

生产经营单位组织应急预案编制过程中，应当根据法律、法规、规章的规定或者实际需要，征求相关应急救援队伍、公民、法人或者其他组织的意见。生产经营单位编制的各类应急预案之间应当相互衔接，并与相关人民政府及其部门、应急救援队伍和涉及的其他单位的应急预案相衔接。

生产经营单位应当在编制应急预案的基础上，针对工作场所、岗位的特点，编制简明、实用、有效的应急处置卡。

应急处置卡应当规定重点岗位、人员的应急处置程序和措施，以及相关联络人员和联系方式，便于从业人员携带。

（3）应急预案的评审、备案、评估、修订及演练

1）应急预案的评审。《生产安全事故应急预案管理办法》规定，矿山、金属冶炼企业和易燃易爆物品、危险化学品的生产、经营（带储存设施的，下同）、储存、运输企业，以及使用危险化学品达到国家规定数量的化工企业，烟花爆竹生产、批发经营企业和中型规模以上的其他生产经营单位，应当对本单位编制的应急预案进行评审，并形成书面评审纪要。

参加应急预案评审的人员应当包括有关安全生产及应急管理方面的专家。评审人员与所评审应急预案的生产经营单位有利害关系的，应当回避。应急预案的评审或者论证应当注重基本要素的完整性、组织体系的合理性、应急处置程序和措施的针对性、应急保障措施的可行性、应急预案的衔接性等内容。

生产经营单位的应急预案经评审或者论证后，由本单位主要负责人签署，向本单位从业人员公布，并及时发放到本单位有关部门、岗位和相关应急救援队伍。事故风险可能影响周边其他单位、人员的，生产经营单位应当将有关事故风险的性质、影响范围和应急防范措施告知周边的其他单位和人员。

2）应急预案的备案。《生产安全事故应急预案管理办法》规定，易燃易爆物品、危险化学品等危险物品的生产、经营、储存、运输单位，矿山、金属冶炼、城市轨道交通运营、建筑施工单位，以及宾馆、商场、娱乐场所、旅游景区等人员密集场所经营单位，应当在应急预案公布之日起20个工作日内，按照分级属地原则，向县级以上人民政府应急管理部门和其他负有安全生产监督管理职责的部门进行备案，并依法向社会公布。

易燃易爆物品、危险化学品等危险物品的生产、经营、储存、运输单位，矿山、金属冶炼、城市轨道交通运营、建筑施工单位，以及宾馆、商场、娱乐场所、旅游景区等人员密集场所经营单位，属于中央企业的，其总部的应急预案，报国务院主管的负有安全生产监督管理职责的部门备案，并抄送应急管理部；其所属单位的应急预案报所在地的省、自治区、直辖市或者设区的市级人民政府主管的负有安全生产监督管理职责的部门备案，并抄送同级人民政府应急管理部门。不属于中央企业的，应急预案按照隶属关系报所在地县级以上地方人民政府应急管理部门备案。

油气输送管道运营单位的应急预案，还应当抄送所属行政区域的县级人民政府应急管理部门。海洋石油开采企业的应急预案，还应当抄送所属行政区域的县级人民政府应

急管理部门和海洋石油安全监管机构。

3）应急预案的评估。《生产安全事故应急预案管理办法》规定，矿山、金属冶炼、建筑施工企业和易燃易爆物品、危险化学品等危险物品的生产、经营、储存、运输企业、使用危险化学品达到国家规定数量的化工企业，烟花爆竹生产、批发经营企业和中型规模以上的其他生产经营单位，应当每3年进行一次应急预案评估。应急预案评估可以邀请相关专业机构或者有关专家、有实际应急救援工作经验的人员参加，必要时可以委托安全生产技术服务机构实施。

4）应急预案的修订。《生产安全事故应急条例》规定，有下列情形之一的，生产安全事故应急救援预案制定单位应当及时修订相关预案：

①制定预案所依据的法律、法规、规章、标准发生重大变化。

②应急指挥机构及其职责发生调整。

③安全生产面临的风险发生重大变化。

④重要应急资源发生重大变化。

⑤在预案演练或者应急救援中发现需要修订预案的重大问题。

⑥其他应当修订的情形。

5）应急预案的演练。《生产安全事故应急条例》规定，易燃易爆物品、危险化学品等危险物品的生产、经营、储存、运输单位，矿山、金属冶炼、城市轨道交通运营、建筑施工单位，以及宾馆、商场、娱乐场所、旅游景区等人员密集场所经营单位，应当至少每半年组织1次生产安全事故应急救援预案演练，并将演练情况报送所在地县级以上地方人民政府负有安全生产监督管理职责的部门。

《危险化学品重大危险源监督管理暂行规定》危险化学品单位应当制定重大危险源事故应急预案演练计划，并按照下列要求进行事故应急预案演练：

①对重大危险源专项应急预案，每年至少进行一次事故应急预案演练。

②对重大危险源现场处置方案，每半年至少进行一次事故应急预案演练。

应急预案演练结束后，危险化学品单位应当对应急预案演练效果进行评估，撰写应急预案演练评估报告，分析存在的问题，对应急预案提出修订意见，并及时修订完善。

按应急演练组织形式的不同，事故应急预案演练可分为桌面演练和现场演练两类。桌面演练指针对事故情景，利用图纸、沙盘、流程图、计算机、视频等辅助手段，依据应急预案而进行交互式讨论或模拟应急状态下应急行动的演练活动。现场演练指选择（或模拟）生产经营活动中的设备设施、装置或场所，设定事故情景，依据应急预案而模拟开展的演练活动。

按应急演练内容的不同，事故应急预案演练可以分为单项演练和综合演练两类。单项演练指针对应急预案中某项应急响应功能开展的演练活动。综合演练指针对应急预案中多项或全部应急响应功能开展的演练活动。

应急演练组织实施包括演练计划、演练准备、演练实施、演练评估和持续改进5个流程。

（4）应急救援队伍、应急救援装备与物质的要求

《生产安全事故应急条例》规定，易燃易爆物品、危险化学品等危险物品的生产、经营、储存、运输单位，矿山、金属冶炼、城市轨道交通运营、建筑施工单位，以及宾馆、商场、娱乐场所、旅游景区等人员密集场所经营单位，应当建立应急救援队伍。其中，小型企业或者微型企业等规模较小的生产经营单位，可以不建立应急救援队伍，但应当指定兼职的应急救援人员，并且可以与邻近的应急救援队伍签订应急救援协议。工业园区、开发区等产业聚集区域内的生产经营单位，可以联合建立应急救援队伍。

应急救援队伍的应急救援人员应当具备必要的专业知识、技能、身体素质和心理素质。应急救援队伍建立单位或者兼职应急救援人员所在单位应当按照国家有关规定对应急救援人员进行培训。应急救援人员经培训合格后，方可参加应急救援工作。

生产经营单位应当按照应急预案的规定，落实应急指挥体系、应急救援队伍、应急物资及装备，建立应急物资、装备配备及其使用档案，并对应急物资、装备进行定期检测和维护，使其处于适用状态。

《生产安全事故应急预案管理办法》规定，生产经营单位应当按照应急预案的规定，落实应急指挥体系、应急救援队伍、应急物资及装备，建立应急物资、装备配备及其使用档案，并对应急物资、装备进行定期检测和维护，使其处于适用状态。

《生产安全事故应急条例》规定，易燃易爆物品、危险化学品等危险物品的生产、经营、储存、运输单位，矿山、金属冶炼、城市轨道交通运营、建筑施工单位，以及宾馆、商场、娱乐场所、旅游景区等人员密集场所经营单位，应当根据本单位可能发生的生产安全事故的特点和危害，配备必要的灭火、排水、通风以及危险物品稀释、掩埋、收集等应急救援器材、设备和物资，并进行经常性维护、保养，保证其正常运转。

危险物品的生产、经营、储存、运输单位以及矿山、金属冶炼、城市轨道交通运营、建筑施工单位应当建立应急值班制度，配备应急值班人员。规模较大、危险性较高的易燃易爆物品、危险化学品等危险物品的生产、经营、储存、运输单位应当成立应急处置技术组，实行 24 小时应急值班。

生产经营单位应当对从业人员进行应急教育和培训，保证从业人员具备必要的应急知识，掌握风险防范技能和事故应急措施。

3. 应急救援

（1）先期处置

根据《企业安全生产标准化基本规范》（GB/T 33000—2016）规定，生产经营单位事故先期处置的要求是：

1）发生事故后，企业应根据预案要求，立即启动应急响应程序，按照有关规定报告事故情况，并开展先期处置。

2）发出警报，在不危及人身安全时，现场人员采取阻断或隔离事故源、危险源等措施；在严重危及人身安全时，迅速停止现场作业，现场人员采取必要的或可能的应急措施后撤离危险区域。

3）立即按照有关规定和程序报告本企业有关负责人，有关负责人应立即将事故发生的时间、地点、当前状态等简要信息向所在地县级以上地方人民政府负有应急管理职责的有关部门报告，并按照有关规定及时补报、续报有关情况；情况紧急时，事故现场有关人员可以直接向有关部门报告；对可能引发次生事故灾害的，应及时报告相关主管部门。

4）研判事故危害及发展趋势，将可能危及周边生命、财产、环境安全的危险性和防护措施等告知相关单位与人员；遇有重大紧急情况时，应立即封闭事故现场，通知本单位从业人员和周边人员疏散，采取转移重要物资、避免或减轻环境危害等措施。

5）请求周边应急救援队伍参加事故救援，维护事故现场秩序，保护事故现场证据。准备事故救援技术资料，做好向所在地人民政府及其负有安全生产监督管理职责的部门移交救援工作指挥权的各项准备。

（2）应急救援

1）《生产安全事故应急条例》规定，发生生产安全事故后，生产经营单位应当立即启动生产安全事故应急救援预案，采取下列一项或者多项应急救援措施，并按照国家有关规定报告事故情况：

①迅速控制危险源，组织抢救遇险人员。

②根据事故危害程度，组织现场人员撤离或者采取可能的应急措施后撤离。

③及时通知可能受到事故影响的单位和人员。

④采取必要措施，防止事故危害扩大和次生、衍生灾害发生。

⑤根据需要请求邻近的应急救援队伍参加救援，并向参加救援的应急救援队伍提供相关技术资料、信息和处置方法。

⑥维护事故现场秩序，保护事故现场和相关证据。

⑦法律法规规定的其他应急救援措施。

2)《危险化学品安全管理条例》规定，发生危险化学品事故，事故单位主要负责人应当立即按照本单位危险化学品应急预案组织救援，并向当地应急管理部门和环境保护、公安、卫生健康主管部门报告；道路运输、水路运输过程中发生危险化学品事故的，驾驶人员、船员或者押运人员还应当向事故发生地交通运输主管部门报告。

发生危险化学品事故，有关地方人民政府及其有关部门应当按照下列规定，采取必要的应急处置措施，减少事故损失，防止事故蔓延、扩大：

①立即组织营救和救治受害人员，疏散、撤离或者采取其他措施保护危害区域内的其他人员。

②迅速控制危害源，测定危险化学品的性质、事故的危害区域及危害程度。

③针对事故对人体、动植物、土壤、水源、大气造成的现实危害和可能产生的危害，迅速采取封闭、隔离、洗消等措施。

④对危险化学品事故造成的环境污染和生态破坏状况进行监测、评估，并采取相应的环境污染治理和生态修复措施。

（3）应急评估

《企业安全生产标准化基本规范》（GB/T 33000—2016）规定，企业应对应急准备、应急处置工作进行评估。矿山、金属冶炼等企业，生产、经营、运输、储存、使用危险物品或处置废弃危险物品的企业，应每年进行一次应急准备评估。完成险情或事故应急处置后，企业应主动配合有关组织开展应急处置评估。

4. 应急恢复

对于生产经营单位来说，应急恢复主要是事故的善后处理工作，包括事故原因分析、事故责任追究、事故受害人的经济赔偿、事故整改措施的落实等。

《企业安全生产标准化基本规范》（GB/T 33000—2016）规定，企业发生事故后，应及时成立事故调查组，明确其职责与权限，进行事故调查，查明事故发生的时间、经过、原因、波及范围、人员伤亡情况及直接经济损失等。事故调查组应根据有关证据、资料，分析事故的直接原因、间接原因和事故责任，提出应吸取的教训、整改措施和处理建议，编制事故调查报告。

企业应开展事故案例警示教育活动，认真吸取事故教训，落实防范和整改措施，防止类似事故再次发生。企业应根据事故等级，积极配合政府有关部门开展事故调查。

第二节　现场处置方案及其主要内容

一、现场处置方案的定义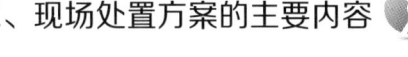

《生产经营单位生产安全事故应急预案编制导则》（GB/T 29639—2020）规定，现场处置方案是生产经营单位根据不同事故类别，针对具体的场所、装置或设施所制定的应急处置措施，主要包括事故风险分析、应急工作职责、应急处置和注意事项等内容。生产经营单位应根据风险评估、岗位操作规程以及危险性控制措施，组织本单位现场作业人员及安全管理等专业人员共同编制现场处置方案。

简单说来，现场处置方案就是针对具体的装置、场所或设施、岗位制定的应急处置措施。

二、现场处置方案的主要内容

现场处置方案应具体、简单、针对性强，要求事故相关人员应知应会、熟练掌握，并通过应急演练，做到事故发生时能迅速反应、正确处置。其主要内容如下：

（1）岗位或设备名称。

（2）事故/事件名称及后果。

（3）应急工作职责。根据现场工作岗位、组织形式及人员构成，明确各岗位人员的应急工作分工和职责。

1）基层单位应急自救组织形式及人员构成情况（最好用图表的形式）。

2）应急自救组织机构、人员的具体职责应同单位或车间、班组人员工作职责紧密结合，明确相关岗位和人员的应急工作职责。

（4）应急处置措施。主要包括以下内容：

1）事故应急处置程序。根据可能发生的事故及现场情况，明确事故报警、各项应急措施启动、应急救护人员的引导、事故扩大及同生产经营单位应急预案的衔接等程序。这些应急预案包括生产安全事故应急救援预案、消防预案、环境突发事件应急预案、供电预案、特种设备应急预案等，可用图表加必要的文字说明的形式。

2）现场应急处置措施。针对可能发生的火灾、爆炸、危险化学品泄漏、坍塌、水患、机动车辆伤害等，从人员救护、工艺操作、事故控制、消防、现场恢复（现场恢复应考虑预防次生灾害事件的措施，如制定防止现场洗消发生环境污染事故的措施）等方面制定明确的应急处置措施（重点明确，尽可能详细而简明扼要、可操作性强）。

3）明确报警负责人以及报警电话及上级管理部门、相关应急救援单位联络方式和联系人员，以及事故报告的基本要求和内容。

（5）注意事项。主要包括以下内容：

1）佩戴劳动防护用品方面的注意事项。

2）使用抢险救援器材方面的注意事项。

3）采取救援对策或措施方面的注意事项。

4）现场自救和互救的注意事项。

5）现场应急处置能力确认和人员安全防护等的注意事项。

6）应急救援结束后的注意事项。

7）其他需要特别警示的事项。

（6）附件。列出应急预案涉及的主要物资和装备的名称、型号、性能、数量、存放地点、运输和使用条件、管理责任人和联系电话等。

第三节　化工事故应急处置原则与方法

针对危险化学品各类事故的现场应急处置，关键在于运用主要化工事故灾害类型的应急救援技能和急救知识，编制相应的现场处置方案，了解各类应急器材的工作原理、使用要求和适用范围，根据化工企业事故类型及其特点，判定企业配备的应急救援器材的符合性，并设计科学的处置流程。

一、化工事故应急处置原则

危险化学品发生事故时，往往存在火灾、爆炸、中毒与窒息、烧伤等多种事故类型，应根据不同物料的物理化学特性并参照相应的典型物质事故案例进行应急处置。

二、化工事故应急处置的准备

准备工作主要是做好组织机构、人员、装备的落实，制定切实可行的工作制度，使应急处置的各项工作达到规范化管理。

通常，化工事故的现场应急处置需要用到以下器材和装备：

（1）工程抢险、堵漏等专业设备，以及急救器材和药品、劳动防护用品、急救车辆、急救通信工具等。

（2）一般急救器材。包括扩音话筒、照明工具、帐篷、雨具、安全区指示标志、急救医疗点及风向标、检伤分类标志、担架等。

（3）医疗急救器械和急救药品的选配应根据需要，有针对性地加以配置。急救药品特别是特殊解毒药品的配备，应针对当地化学毒物的种类备好一定的数量。为便于紧急调用，需编制化工事故医疗急救器械和急救药品的配备标准，以便按标准合理配置。

（4）常规与特殊急救器材。包括简易手术床和麻醉用品、氧气、便携式吸引器、雾化器、呼吸气囊或呼吸机、口对口呼吸管、心脏按压泵、气管内导管、喉镜、各种穿刺针、静脉导管、胃管、导尿管、听诊器、血压计、温度计、压舌板、张口器等。

（5）急救药品。包括肾上腺素、去甲肾上腺素、异丙肾上腺素、哌替啶（杜冷丁）、吗啡、硝酸甘油等。

（6）特殊解毒剂。包括根据各种毒物配置的不同特殊解毒剂，如亚甲蓝、亚硝酸异戊酯、硫代硫酸钠、4-二甲氧基苯酣（4-DMAP）、阿托品、氯磷啶等。

三、化工事故的现场急救

化工事故现场急救时，不论患者还是救援人员都须进行适当的防护。

1. 现场急救的注意事项

（1）应将受伤人员小心地从危险的环境转移到安全的地点。

（2）必须注意安全防护，备好防毒面罩和防护服。

（3）随时注意观察现场风向的变化，做好自身防护。

（4）进入污染区前，必须戴好防毒面罩、穿好防护服，并应以2~3人为一组，集体行动，互相照应。

（5）带好通信联系工具，随时保持通信联系。

（6）所用的救援器材必须防爆。

（7）急救处理程序化。可采取如下步骤：除去伤病员污染衣物→冲洗→共性处理→个性处理→转送医院。

（8）处理污染物。要注意对伤员污染衣物的处理，防止发生继发性损害。

2. 一般伤员的急救原则

（1）置神志不清的伤员于侧位，防止气道阻塞；呼吸困难时给其吸氧；呼吸停止者应立即进行人工呼吸；心搏停止者立即进行胸外心脏按压。

（2）皮肤污染时，脱去被污染的衣服，用流动清水冲洗；头面部烧伤时，要注意眼、耳、鼻、口腔的清洗。

（3）眼睛被污染时，立即提起眼睑，用大量流动清水彻底冲洗至少15 min。

（4）当人员发生冻伤时，应迅速复温。复温的方法是采用40~42 ℃恒温热水浸泡，使其在 15~30 min 内温度提高至接近正常。在对冻伤的部位进行轻柔按摩时，应注意不要将伤处的皮肤擦破，以防感染。

（5）当人员发生烧伤时，应迅速将患者衣服脱去，用水冲洗降温，用清洁布覆盖创伤面，避免创面受到污染；不要随意把水疱弄破。伤者口渴时，可适量饮水或含盐饮料。

（6）口服毒物者，可根据毒物的性质，对症处理，必要时进行洗胃。

（7）经现场处理后，应迅速护送至医院救治。

四、火灾事故的处置方法

1. 扑救初起阶段火灾的基本方法

（1）迅速关闭火灾部位的上下游阀门，切断进入火灾事故地点的一切物料。

（2）在火灾尚未扩大到不可控制之前，应使用移动式灭火器或现场其他各种消防设备、器材扑灭初起阶段火灾和控制火源。

2. 扑救压缩或液化气体火灾的基本方法

压缩或液化气体通常被储存在不同的容器内或通过管道输送，发生火灾时，一般应采取以下基本对策：

（1）扑救气体火灾切忌盲目扑灭火势，在没有采取堵漏措施的情况下，必须保持稳定燃烧。

（2）应先扑灭外围被火源引燃的可燃物火势，切断火势蔓延途径，控制燃烧范围，并积极抢救受伤和被困人员。

（3）如果现场有受到火焰辐射热威胁的压力容器，能转移的应尽量在水枪的掩护下移至安全地带，不能转移的应部署足够的水枪进行冷却保护。为防止容器爆炸伤人，救援人员应尽量采用低姿射水或利用现场坚实的掩蔽体保护。对卧式储罐，冷却人员应选择储罐四侧角作为射水阵地。

（4）如果是输气管道泄漏着火，应设法找到气源阀门。如果阀门完好，只要关闭气体的进出阀门，火势就会自动熄灭。

（5）储罐或管道泄漏关阀无效时，应根据火势判断气体压力和泄漏口的大小及其形状，准备好相应的堵漏材料（如软木塞、橡皮塞、气囊塞、黏合剂、弯管工具等）。

（6）堵漏工作准备就绪后，即可用水扑救火灾，也可用干粉、二氧化碳、卤代烷灭火剂灭火，但仍需用水冷却烧烫的罐或管壁。火扑灭后，应立即用堵漏材料堵漏，同时用雾状水稀释和驱散泄漏出来的气体。如果确认泄漏口非常大，根本无法堵漏，应冷却着火容器及其周围容器和可燃物品，以控制着火范围，直到燃气燃尽，火势自动熄灭。

（7）现场指挥人员应密切注意各种危险征兆，遇有火势熄灭后较长时间未能恢复稳定燃烧或受热辐射的容器安全阀火焰变亮耀眼、尖叫、晃动等爆炸征兆时，指挥人员必须适时作出准确判断，及时下达撤退命令。现场人员看到或听到事先规定的撤退信号后，应迅速撤退至安全地带。

3. 扑救易燃液体的基本方法

（1）应切断火势蔓延的途径，冷却和转移受火势威胁的压力容器及密闭容器和可燃物，控制燃烧范围，并积极抢救受伤和被困人员。如果有液体流淌时，应筑堤（或用围油栏）拦截飘散流淌的易燃液体或挖沟导流。

（2）及时了解和掌握着火液体的品名、相对密度、水溶性、毒性、腐蚀性，以及沸溢、喷溅等危险性，以便采取相应的灭火和防护措施。

（3）对较大的储罐或流淌火灾，应准确判断着火面积和液体性质，采取相应灭火措施。

小面积（50 m² 以内）液体火灾，一般可用雾状水扑灭，用泡沫、干粉、二氧化碳、卤代烷灭火剂灭火一般更有效。

大面积液体火灾必须根据其相对密度、水溶性和燃烧面积大小，选择正确的灭火剂扑救。

比水轻又不溶于水的液体（如汽油、苯等），用直流水、雾状水灭火往往无效，可用普通蛋白泡沫或轻水泡沫灭火剂灭火。用干粉、卤代烷灭火剂扑救时，灭火效果要视燃烧面积大小和燃烧条件而定，最好同时用水冷却罐壁。

比水重又不溶于水的液体（如二硫化碳）起火时可用水扑救，水能覆盖在液面上灭火，用泡沫灭火剂也有效。用干粉、卤代烷灭火剂扑救时，灭火效果要视燃烧面积大小和燃烧条件而定，最好同时用水冷却罐壁。

具有水溶性的可燃液体（如醇类、酮类等），最好用抗溶性泡沫灭火剂扑救。用干粉、卤代烷灭火剂扑救时，灭火效果要视燃烧面积大小和燃烧条件而定，也需用水冷却盛装可燃液体的罐壁。

（4）扑救毒害性、腐蚀性或燃烧产物毒害性较强的易燃液体火灾，扑救人员必须佩戴防护面具，采取可靠的防护措施。

（5）扑救原油和重油等具有沸溢和喷溅危险的液体火灾，如果有条件，可采用切水、搅拌等防止发生沸溢和喷溅的措施，在灭火同时必须注意计算可能发生沸溢、喷溅的时间和观察是否有沸溢、喷溅的征兆。指挥人员发现危险征兆时应迅速作出准确判断，及时下达撤退命令，避免造成扑救人员伤亡和装备损失。扑救人员看到或听到统一的撤退信号后，应立即撤至安全地带。

（6）遇易燃液体管道或储罐泄漏着火，在切断蔓延途径把火势限制在一定范围内的同时，对输送管道应设法找到并关闭进出阀门。如果管道阀门已损坏或是储罐泄漏，应迅速准备好堵漏材料，然后先用泡沫、干粉、二氧化碳灭火剂或雾状水等扑灭地上的流淌火焰，为堵漏扫清障碍，再扑灭泄漏口的火焰，并迅速采取堵漏措施。与气体堵漏不同的是，液体一次堵漏失败，可连续堵几次，用泡沫灭火剂覆盖地面，并堵住液体流淌和控制好周围的着火源。

4. 扑救爆炸物品火灾的基本方法

（1）迅速判断和查明再次发生爆炸的可能性和危险性，紧紧抓住爆炸后和再次发生爆炸之前的有利时机，采取一切可能的措施，全力制止再次爆炸的发生。

（2）切忌用沙土盖压，以免增强爆炸物品爆炸时的威力。

（3）如果有转移可能，在人身安全确有可靠保障的情况下，应迅速组织力量及时转移着火区域周围的爆炸物品，使着火区域周围形成一个隔离带。

（4）扑救爆炸物品堆垛时，水流应采用吊射，避免强力水流直接冲击堆垛，以免堆垛倒塌引起再次爆炸。

（5）灭火人员应尽量利用现场已有的掩蔽体或尽量采用卧姿等低姿射水，尽可能地采取自我保护措施。消防车辆不要停靠离爆炸物品太近的水源。

（6）灭火人员发现有发生再次爆炸的危险时，应立即向现场指挥人员报告，现场指挥人员应迅速作出准确判断，确有发生再次爆炸征兆或危险时，应立即下达撤退命令。灭火人员看到或听到撤退信号后，应迅速撤至安全地带，来不及撤退时，应就地卧倒。

5. 扑救遇湿易燃物品火灾的基本方法

（1）应了解清楚遇湿易燃物品的品名、数量、是否与其他物品混存、燃烧范围、火势蔓延途径等情况。

（2）如果是只有极少量（一般指 50 g 以内）遇湿易燃物品的火灾，则不管是否与其他物品混存，仍可用大量的水或泡沫灭火剂扑救。

（3）如果是遇湿易燃物品数量较多的火灾，且未与其他物品混存，则绝对禁止用水或泡沫、酸碱等湿性灭火剂扑救。

遇湿易燃物品火灾应用干粉、二氧化碳、卤代烷灭火剂扑救，只有金属钾、钠、铝、镁等个别物品用二氧化碳、卤代烷灭火剂扑救无效。

固体遇湿易燃物品火灾应用水泥、干沙、干粉、硅藻土和蛭石等覆盖扑救。

水泥是扑救固体遇湿易燃物品火灾比较容易得到的灭火剂。对遇湿易燃物品中的粉尘如镁粉、铝粉等，切忌喷射有压力的灭火剂，以防止将粉尘吹扬起来，与空气形成爆炸性混合物而导致爆炸发生。

（4）如果有较多的遇湿易燃物品与其他物品混存，则应先查明是哪类物品着火，遇湿易燃物品的包装是否损坏。可先开关水枪向着火点吊射少量的水进行试探，如未见火势明显增大，证明遇湿物品尚未着火，包装也未损坏，应立即用大量水或泡沫灭火剂扑救，扑灭火势后立即组织力量将淋过水或仍在潮湿区域的遇湿易燃物品转移到安全地带并分散开来。如果射水试探后火势明显增大，则证明遇湿易燃物品已经着火或包装已经损坏，应禁止用水、泡沫、酸碱灭火剂扑救；若是液体应用干粉等灭火剂扑救，若是固体应用水泥、干沙等覆盖，如果遇钾、钠、铝、镁轻金属发生火灾最好用石墨粉、氯化钠以及专用的轻金属灭火剂扑救。

（5）如果其他物品火灾威胁到相邻的较多遇湿易燃物品，应先用油布或塑料膜等防水材料将遇湿易燃物品遮盖好，然后再在上面盖上棉被并淋上水。如果遇湿易燃物品堆放处地势不太高，可在其周围用土筑一道防水堤。在用水或泡沫灭火剂扑救火灾时，对相邻的遇湿易燃物品应留一定的力量监护。

由于遇湿易燃物品性能特殊，又不能使用水和泡沫灭火剂扑救，从事这类物品生产、经营、储存、运输、使用的人员及消防救援人员平时应经常了解和熟悉其品名和主要危险特性。

6. 扑救毒害品、腐蚀品火灾的基本方法

（1）灭火人员必须穿防护服、佩戴防护面具。一般情况下采取全身防护，对有特殊要求的物品火灾，应使用专用防护服。考虑到过滤式防毒面具防毒范围的局限性，在扑救毒害品火灾时应尽量使用隔绝式氧气或空气面具。为了在火场上能正确使用和适应防护服和防护面具，平时应进行严格的适应性训练。

（2）积极抢救受伤和被困人员，限制燃烧范围。

（3）扑救时应尽量使用低压水流或雾状水，避免腐蚀品、毒害品溅出。遇酸类或碱类腐蚀品最好调制相应的中和剂稀释中和。

（4）遇毒害品、腐蚀品容器泄漏，在扑灭火势后应采取堵漏措施。腐蚀品需用防腐蚀材料堵漏。

（5）浓硫酸遇水能放出大量的热，会导致沸腾飞溅，需特别注意防护。扑救浓硫酸与其他可燃物品接触发生的火灾，浓硫酸数量不多时，可用大量低压水快速扑救；如果浓硫酸量很大，应先用二氧化碳、干粉、卤代烷等灭火剂灭火，然后再把着火物品与浓硫酸分开。

7. 扑救易燃固体、自燃物品火灾的基本方法

（1）2，4-二硝基苯甲醚、二硝基萘、萘等是易升华的易燃固体，受热发出易燃蒸气，火灾时可用雾状水、泡沫灭火剂扑救并切断火势蔓延途径。但应注意，不能以为明火焰扑灭即已完成灭火工作，因为受热以后升华的易燃蒸气会在不知不觉中飘逸，在上层与空气能形成爆炸性混合物，尤其是在室内，易发生爆燃。因此，扑救这类物品火灾千万不能被"假象"所迷惑，在扑救过程中应不时向燃烧区域上空及周围喷射雾状水，并用水浇灭燃烧区域及其周围的一切火源。

（2）黄磷是自燃点很低、在空气中能很快氧化升温并自燃的自燃物品。遇黄磷火灾时，首先应切断火势蔓延途径，控制燃烧范围。对着火的黄磷应用低压水或雾状水扑救。高压直流水冲击能引起黄磷飞溅，导致灾害扩大。黄磷熔融液体流淌时应用泥土、沙袋等筑堤拦截并用雾状水冷却，对磷块和冷却后已固化的黄磷，应用钳子将其钳入储水容器中。来不及钳时可先用沙土掩盖，但应做好标记，等火势扑灭后，再逐步集中到储水容器中。

（3）少数易燃固体、自燃物品不能用水和泡沫灭火剂扑救，如三硫化二磷、铝粉、烷基铝、连二亚硫酸钠（保险粉）等，应根据具体情况区别处理，宜选用干沙和不用压力喷射的干粉灭火剂扑救。

8. 扑救放射性物品火灾的基本方法

（1）先派出专业人员携带放射性测试仪器，测试辐射（剂）量和范围。测试人员必须采取防护措施。对辐射（剂）量超过 0.038 7 C/kg 的区域，应设置写有"危及生命、禁止进入"的警告标志牌；对辐射（剂）量小于 0.038 7 C/kg 的区域，应设置写有"辐射危险、请勿接近"的警告标志牌。测试人员还应进行不间断的巡回监测。

（2）对辐射（剂）量大于 0.038 7 C/kg 的区域，灭火人员不能深入辐射源纵深灭火进攻；对辐射（剂）量小于 0.038 7 C/kg 的区域，可快速喷水灭火或用泡沫、二氧化碳、干粉、卤代烷灭火剂扑救，并积极抢救受伤人员。

（3）对燃烧现场包装没有被破坏的放射性物品，可在水枪的掩护下佩戴防护装备设法疏散。无法疏散时，应就地冷却保护，防止造成新的破损，增加辐射（剂）量。

（4）对已破损的容器切忌搬动或用水流冲击，以防止放射性污染范围扩大。

五、泄漏事故处置方法

1. 泄漏处理注意事项

（1）进入现场人员必须配备必要的个人防护装备。

（2）如果泄漏化学品是易燃易爆的，应扑灭任何明火及任何其他形式的热源和火源，以降低发生火灾爆炸的危险性。

（3）应急处理时严禁单独行动，要有监护人，必要时用水枪、水炮掩护。

（4）应从上风、上坡处接近现场，严禁盲目进入。

2. 泄漏源控制

（1）通过关闭有关阀门、停止作业或通过采取改变工艺流程、物料走副线、局部停车、打循环、减负荷运行等方法，控制泄漏源。

（2）容器发生泄漏后，应采取措施修补和堵塞裂口，制止化学品进一步泄漏。能否成功地进行堵漏取决于接近泄漏点的危险程度、泄漏孔的尺寸、泄漏点处实际的或潜在的压力、泄漏物质的特性等因素。

3. 泄漏物处置

泄漏被控制后，要及时将现场泄漏物进行覆盖、收容、稀释、处理，使泄漏物得到安全可靠的处置，防止二次事故的发生。地面上泄漏物处置主要有以下方法：

（1）如果化学品为液体，泄漏到地面上时会四处蔓延扩散，难以收集处理。为此需要筑堤堵截或者将其引流到安全地点。对于储罐区发生液体泄漏时，要及时关闭围堰雨水阀，防止物料外流。

（2）对于液体泄漏，为降低物料向大气中的蒸发速度，可用泡沫或其他覆盖物品覆盖外泄的物料，在其表面形成覆盖层，抑制其蒸发，或者采用低温冷却来降低泄漏物的蒸发。

（3）为减少大气污染，通常采用水枪或消防水带向有害物蒸气云喷射雾状水，加速气体向高空扩散，使其在安全地带扩散。在使用这一技术时，将产生大量的被污染水，因此应做好污水收集工作。对于可燃物，也可以在现场施放大量水蒸气或氮气，以破坏其燃烧条件。

（4）对于泄漏量大的液体，可选择用隔膜泵将泄漏出的物料抽入容器内或槽车内；当泄漏量小时，可用沙子、吸附材料、中和材料等吸收、中和，或者用固化法处理。

（5）将收集的泄漏物运至废物处理场所处置，用消防水冲洗剩下的少量物料，冲洗水排入含油污水处理系统。

第六章 事故案例分析

一、江苏响水某化工有限公司"3·21"特别重大爆炸事故

2019年3月21日14时48分许，位于江苏省盐城市响水县生态化工园区的某化工有限公司（以下简称某公司）发生特别重大爆炸事故，造成78人死亡、76人重伤，640人住院治疗，直接经济损失198 635.07万元。国务院根据调查结果，批复并同意《江苏响水某化工有限公司"3·21"特别重大爆炸事故调查报告》，认定江苏响水某化工有限公司"3·21"特别重大爆炸事故是一起长期违法储存危险废物导致自燃进而引发爆炸的特别重大生产安全责任事故。

1. 事故有关情况

事故调查组经调阅现场视频记录等进行分析认定，2019年3月21日14时45分35秒，某公司旧固废库房顶中部冒出淡白烟，随即出现明火且火势迅速扩大，至14时48分44秒发生爆炸。

某公司成立于2007年4月5日，主要负责人由其控股公司某集团委派，重大管理决策需某集团批准。企业占地面积14.7万 m^2，注册资本900万元，员工195人，主要产品为间苯二胺、邻苯二胺、对苯二胺、间羟基苯甲酸、3，4-二氨基甲苯、对甲苯胺、均三甲基苯胺等，主要用于生产农药、染料、医药等。企业所在的响水县生态化工园区（以下简称生态化工园区）规划面积10 km^2，已开发使用面积7.5 km^2，现有企业67家，其中化工企业56家。2018年4月，因环境污染问题被中央电视台《经济半小时》节目曝光，江苏省原环境保护（以下简称环保）厅建议响水县政府对整个园区责令停产整治；同年9月，响水县组织11个部门对停产企业进行复产验收，包括某公司在内的10家企业通过验收后陆续复产。

事故发生后，在党中央、国务院坚强领导下，江苏省和应急管理部等立即启动应急响应，迅速调集综合性消防救援队伍和危险化学品专业救援队伍开展救援，至 3 月 22 日 5 时许，某公司的储罐和其他企业等 8 处明火被全部扑灭，未发生次生事故；至 3 月 24 日 24 时，失联人员全部找到，救出 86 人，搜寻到遇难者 78 人。江苏省和国家卫生健康委员会全力组织伤员救治，至 4 月 15 日，危重伤员、重症伤员经救治全部脱险。环保部门对爆炸核心区水体、土壤、大气环境密切监测，实施堵、控、引等措施，未发生次生污染；至 8 月 25 日，除残留在装置内的物料外，生态化工园区内的危险物料全部转运完毕。

2. 事故直接原因

事故调查组通过深入调查和综合分析认定，事故直接原因是：某公司旧固废库内长期违法储存的硝化废料持续积热升温导致自燃，燃烧引发硝化废料爆炸。起火位置为某公司旧固废库中部偏北堆放硝化废料部位。经对某公司硝化废料取样进行燃烧实验，表明硝化废料在产生明火之前有白烟出现，燃烧过程中伴有固体颗粒燃烧物溅射，同时产生大量白色和黑色的烟雾，火焰呈黄红色。经与事故现场监控视频比对，事故初始阶段燃烧特征与硝化废料的燃烧特征相吻合，认定最初起火物质为旧固废库内堆放的硝化废料。事故调查组认定储存在旧固废库内的硝化废料属于固体废物，经委托专业机构鉴定属于危险废物。

起火原因：事故调查组通过调查逐一排除了其他起火原因，认定为硝化废料分解自燃起火。经对样品进行热安全性分析，硝化废料具有自分解特性，分解时释放热量，且分解速率随温度升高而加快。实验数据表明，绝热条件下，硝化废料的储存时间越长，越容易发生自燃。某公司旧固废库内储存的硝化废料，最长储存时间超过 7 年。在堆垛紧密、通风不良的情况下，长期堆积的硝化废料内部因热量累积，温度不断升高，当上升至自燃温度时发生自燃，火势迅速蔓延至整个堆垛，堆垛表面快速燃烧，内部温度快速升高，硝化废料剧烈分解发生爆炸，同时殉爆库房内的所有硝化废料，共计约 600 t 袋（1 t 袋可装约 1 t 货物）。

3. 主要问题

某公司无视国家环境保护和安全生产法律法规，长期违法违规储存、处置硝化废料，企业管理混乱，是事故发生的主要原因。

（1）刻意瞒报硝化废料

违反《中华人民共和国环境保护法》（以下简称《环境保护法》）《中华人民共和国环境影响评价法》（以下简称《环境影响评价法》），擅自改变硝化车间废水处置工艺，通过加装冷却釜冷凝析出废水中的硝化废料，未按规定重新报批环境影响评价文件，也未在项目验收时据实提供情况；违反《中华人民共和国固体废物污染环境防治法》（以下简称《固体废物污染环境防治法》），在明知硝化废料具有燃烧、爆炸、毒性等危险特性情况下，始终未向环保部门申报登记，甚至通过在旧固废库内硝化废料堆垛前摆放"硝化半成品"牌子、在硝化废料吨袋上贴"硝化粗品"标签的方式刻意隐瞒欺骗。据某公司法定代表人陶某、总经理张某（企业实际控制人）、负责环保的副总经理杨某等供述，硝化废料在2018年10月复产之前不贴"硝化粗品"标签，复产后为应付环保检查，张某和杨某要求贴上"硝化粗品"标签，在旧固废库硝化废料堆垛前摆放"硝化半成品"牌子，"其实还是公司产生的危险废物"。

（2）长期违法储存硝化废料

某公司苯二胺项目硝化工段投产以来，没有按照《国家危险废物名录》《危险废物鉴别标准》（GB 5085.1—2007~GB 5085.6—2007）对硝化废料进行鉴别、认定，没有按危险废物要求进行管理，而是将大量的硝化废料长期存放于不具备储存条件的煤棚、固废仓库等场所，超时储存问题严重，最长储存时间甚至超过7年，严重违反《安全生产法》《固体废物污染环境防治法》和原环保部和原卫生部联合下发的《关于进一步加强危险废物和医疗废物监管工作的意见》中关于储存危险废物不得超过1年的有关规定。

（3）违法处置固体废物

违反《环境保护法》《固体废物污染环境防治法》和《环境影响评价法》，多次违法掩埋、转移固体废物，偷排含硝化废料的废水。2014年以来，8次因违法处置固体废物被响水县原环保局累计罚款95万元，其中：2014年10月因违法将固体废物埋入厂区内5处地点，受到行政处罚；2016年7月因将危险废物储存在其他公司仓库造成环境污染，再次受到行政处罚。曾因非法偷运、偷埋危险废物124.18 t，被追究刑事责任。

（4）固废和废液焚烧项目长期违法运行。

违反《环境保护法》有关"三同时"和《建设项目竣工环境保护验收管理办法》的

规定，2016 年 8 月，固废和废液焚烧项目建成投入使用，未按响水县原环保局对该项目环评批复核定的范围，以调试、试生产名义长期违法焚烧硝化废料，每个月焚烧 25 天以上。至事故发生时固废和废液焚烧项目仍未通过验收。

（5）安全生产严重违法违规

在实际控制人犯罪判刑不具备担任主要负责人法定资质的情况下，让硝化车间主任挂名法定代表人，严重不诚信。违反《安全生产法》，实际负责人未经考核合格，技术团队仅了解硝化废料着火、爆炸的危险特性，对大量硝化废料长期储存引发爆炸的严重后果认知不够，不具备相应管理能力。安全生产管理混乱，在 2017 年因安全生产违法违规，3 次受到响水县原安全生产监督管理局行政处罚。违反《安全生产法》，公司内部安全检查弄虚作假，未实际检查就提前填写检查结果，3 月 21 日下午爆炸事故已经发生，但重大危险源日常检查表中显示当晚 7 时 30 分检查结果为正常。

（6）违法未批先建问题突出

违反《中华人民共和国城乡规划法》《中华人民共和国建筑法》，2010—2017 年，在未取得规划许可、施工许可的情况下，擅自在厂区内开工建设包括固废仓库在内的 6 批工程。

其他单位的问题略。

4. 事故主要教训

（1）安全发展理念不牢，红线意识不强

江苏省盐城市对发展化工产业的安全风险认识不足，对欠发达地区承接淘汰落后产能没有把好安全关。响水县本身不具备发展化工产业条件，却选择化工作为主导产业，盲目建设化工园区，且没有采取有效的安全保障措施，甚至为了招商引资，违法将县级规划许可审批权下放，导致一批易燃易爆、高毒高危建设项目未批先建。2018 年 4 月，江苏省原环保厅要求响水化工园区停产整顿，响水县政府在风险隐患没有排查治理完毕、没有严格审核把关的情况下，急于复产复工，导致某公司等一批企业通过复产验收。这种重发展、轻安全的问题在许多地方仍不同程度存在，一些党政领导干部没有牢固树立新发展理念，片面追求 GDP，安全生产说起来重要、做起来不重要，没有守住安全红线。

（2）地方党政领导干部安全生产责任制落实不到位

江苏省委、省政府 2018 年度对各市党委、政府和部门工作业绩综合考核中，安全生产工作权重为零。盐城市委常委会未按规定每半年听取一次安全生产工作情况汇报，在市委、市政府2018年度综合考核中，只是将重特大事故作为一票否决项，市委领导班子述职报告中没有提及安全生产，除分管安全生产工作的市领导外，市委书记、市长和其他领导班子成员对安全生产工作只字未提。2018年，响水县委常委会会议和政府常务会议都没有研究过安全生产工作。实行"党政同责、一岗双责、齐抓共管、失职追责"是中央提出的明确要求，健全和严格落实党政领导干部安全生产责任制是做好安全生产工作的关键和保障，如果这一制度形同虚设，重视安全生产也就成为一句空话。

（3）防范化解重大风险不深入不具体，抓落实有很大差距

党中央多次部署防范化解重大风险，江苏作为化工大省，近年来连续发生重特大事故，教训极为深刻，理应对防范化解化工安全风险更加重视，但在开展危险化学品安全综合治理和化工企业专项整治行动中，缺乏具体标准和政策措施，没有紧紧盯住重点风险、重大隐患采取有针对性的办法，在产业布局、园区管理、企业准入、专业监管等方面下功夫不够，防范化解重大安全风险停留在层层开会发文件上，形式主义、官僚主义作风严重。防范化解重大风险重在落实，各地区都要深入查找本行政区域重大安全风险，坚持问题导向，做到精准治理。

（4）有关部门落实安全生产职责不到位，造成监管脱节

党中央明确"管行业必须管安全、管业务必须管安全、管生产经营必须管安全"，但相关部门对各自的安全监管职责还存在认识不统一的问题。这起事故暴露出监管部门之间统筹协调不够、工作衔接不紧等问题。虽然江苏省、市、县各级政府已在有关部门安全生产职责中明确了危险废物监督管理职责，但应急管理、生态环境等部门仍按自己理解各管一段，没有主动向前延伸一步，不积极主动、不认真负责，存在监管漏洞。这次事故还反映出相关部门执法信息不共享，联合打击企业违法行为机制不健全，没有形成政府监管合力。

（5）企业主体责任不落实，诚信缺失和违法违规问题突出

某公司主要负责人曾因环境污染罪被判刑，仍然实际操控企业。该企业自2011年投产以来，为节省处置费用，对固体废物基本都以偷埋、焚烧、隐瞒堆积等违法方式自行处理，仅于2018年底请固体废物处置公司处置了两批约480 t硝化废料和污泥，且假冒"萃取物"在环保部门登记备案；企业焚烧炉在2016年8月建成后未经验收，长期违法

运行。一些环境评价和安全评价中介机构利欲熏心，出具虚假报告，替企业掩盖问题，成为企业违法违规的"帮凶"。对涉及生命安全的重点行业企业和评价机构，不能简单依靠诚信管理，要严格准入标准，严格加强监管，推动主体责任落实。

（6）对非法违法行为打击不力，监管执法宽松软

响水县环保部门曾对某公司固体废物违法处置行为作出 8 次行政处罚，安全生产监督管理部门也对该企业的其他违法行为处罚过多次，但都没有一查到底。这种以罚代改、一罚了之的做法，客观上纵容了企业违法行为。目前法律法规对企业严重不诚信、严重违法违规行为处罚偏轻，往往是事故发生后追责，对事前违法行为处罚力度不够，而且行政执法与刑事司法衔接不紧，造成守法成本高、违法成本低，一些企业对长期违法习以为常，对法律几乎没有敬畏。

（7）化工园区发展无序，安全管理问题突出

江苏省现有化工园区 54 家，但省市县三级政府均没有制定出台专门的化工园区规划建设安全标准规范，大部分化工园区是市县审批设立，企业入园大多以投资额和创税为条件。涉事化工园区名为生态化工园，实际上引进了大量其他地方淘汰的安全条件差、高毒高污染企业，现有化工生产企业 40 家，涉及氯化、硝化企业 25 家，构成重大危险源企业 26 家，且产业链关联度低，也没有建设配套的危险废物处置设施，"先天不足、后天不补"，导致重大安全风险聚集。目前全国共有 800 余家化工园区（化工集中区），规划布局不合理、配套设施不健全、入园门槛低、安全隐患多、专业监管能力不足等问题比较普遍，已经形成系统性风险。

（8）安全监管水平不适应化工行业快速发展需要

我国化工行业多年保持高速发展态势，产业规模已居世界第一，但安全管理理念和技术水平还停留在初级阶段，不适应行业快速发展需求，这是导致近年来化工行业事故频繁发生的重要原因。监管执法制度化、标准化、信息化建设进展慢，安全生产法等法律法规亟需加大力度修订完善，化工园区建设等国家标准缺失，危险化学品生产经营信息化监管严重滞后，缺少运用大数据智能化监控企业违法行为的手段。危险化学品安全监管体制不健全、人才保障不足，缺乏有力的专职监管机构和专业执法队伍，专业监管能力不足问题非常突出，加上一些地区贯彻落实中央关于机构改革精神有偏差，简单把安全生产监督管理部门牌子换为应急管理部门，只增职能不增编，从领导班子到干部职

工没有大的变化，使原本量少质弱的监管力量进一步削弱。国务院办公厅和江苏省2015年就明文规定到2018年安全生产监管执法专业人员配比达到75%，至今江苏省仅为40.4%，其他一些地区也有较大差距。2016年中共中央、国务院印发了《关于推进安全生产领域改革发展的意见》，提出加强危险化学品安全监管体制改革和力量建设，建立有力的协调联动机制，消除监管空白，但一些地方推动落实不够。

5. 事故防范措施

为深刻吸取事故教训，举一反三，亡羊补牢，有效防范和坚决遏制重特大事故，提出如下建议措施。

（1）把防控化解危险化学品安全风险作为大事来抓

江苏省各级党委政府和相关部门特别是盐城市和响水县，要坚决贯彻落实习近平总书记关于安全生产一系列重要指示精神，深刻吸取事故教训，举一反三，切实把防控化解危险化学品系统性的重大安全风险摆在更加突出的位置，坚持底线思维和红线意识，牢固树立新发展理念，紧紧围绕经济高质量发展要求，大力推进绿色发展、安全发展，聚焦危险化学品安全的基础性、源头性、瓶颈性问题，以更严格的措施强化综合治理、精确治理。建议按照《化工园区安全风险排查治理导则（试行）》和《危险化学品企业安全风险隐患排查治理导则》组织全面开展安全风险评估和隐患排查，切实把所有风险隐患逐一查清查实，实行红、橙、黄、蓝分级分类管控和"一园一策""一企一策"治理整顿，扶持做强一批、整改提升一批、淘汰退出一批，整体提升安全水平。

（2）强化危险废物监管

应急管理部门要切实承担危险化学品综合监督管理兜底责任，生态环境部门要依法对废弃危险化学品等危险废物的收集、储存、处置等进行监督管理。应急管理部门和生态环境部门要建立监管协作和联合执法工作机制，密切协调配合，实现信息及时、充分、有效共享，形成工作合力，共同做好危险化学品安全监管各项工作。建议由生态环境部门牵头，发展改革、工业和信息化、住房城乡建设、交通运输、商务、卫生健康、应急管理、海关等部门参加，全面开展危险废物排查，对属性不明的固体废物进行鉴别鉴定，重点整治化工园区、化工企业、危险化学品单位等可能存在的违规堆存、随意倾倒、私自填埋危险废物等问题，确保危险废物的储存、运输、处置安全。合理规划建设危险废物集中处置设施，消除处置能力瓶颈。对脱硫脱硝、煤改气、挥发性有机物回收、污水处理、粉尘治理等环保设施和项目进行安全评估，消除事故隐患。加强有关部门联动，建立区域协作、重大案件会商督办制度，形成覆盖危险废物产生、储存、转移、处置全过程的监管体系。各地区特别是江苏等重点地区要抓紧组织开展，强化措施落实。

（3）强化企业主体责任落实

各地区特别是江苏省要提高危险化学品企业准入门槛，严格主要负责人资质和能力考核，切实落实法定代表人、实际控制人的安全生产第一责任人的责任，企业主要负责人必须在岗履责，明确专业管理技术团队能力和安全环保业绩要求，达不到标准的坚决不准办厂办企。加强风险辨识，严格落实隐患排查治理制度和安全环保"三同时"制度。大力推进安全生产标准化建设，依靠科技进步提升企业本质安全水平。推动危险化学品重点市建设化工职业院校，加强专业人才培养。新招从业人员必须具有高中以上学历或具有化工职业技能教育背景，经培训合格后方能上岗。加大事前追责力度，建议通过刑法修订或司法解释，对于故意隐瞒重大安全环保隐患等严重违法行为，依法追究刑事责任。对重特大事故负有责任，或因未履行安全生产职责受刑事处罚或撤职处分的，终身不得担任本行业企业的主要负责人。完善落实职工及家属和社会公众对安全环保隐患举报奖励制度。严格环境评价和安全评价等中介机构监管，强化中介机构诚信建设，严厉惩处违法违规行为。

（4）推动化工行业转型升级

建议由工业和信息化部门牵头，发展改革、应急管理、生态环境等有关部门参加，进一步完善推动落实化工行业转型升级的政策措施，统筹布局化工产业高质量发展。适时修订发布国家产业结构调整指导目录和淘汰落后安全技术装备目录，细化制定化工行业技术规范，对不符合要求的坚决关闭退出，并实行全国"一盘棋"管理，严防落后产能异地落户、风险转移。新建化工园区由省级人民政府核准，涉及"两重点一重大"（重点监管的危险化工工艺、重点监管的危险化学品和危险化学品重大危险源）的危险化学品建设项目，由设区的市级以上人民政府有关部门联合核准。加快推进城镇人口密集区危险化学品生产企业搬迁工作，实行化工、危险化学品装置设计安全终身负责制，实现涉及"两重点一重大"的化工装置或储运设施自动化控制系统装备和使用率、重大危险源在线监测监控率均达到100%。交通运输、公安部门要加强危险货物运输安全监管，严格行业准入，严禁挂靠经营，加快全国危险货物道路运输监控平台建设，强化运输企业储存、停车场管理和隧道、港区风险管控。各地区特别是江苏等重点地区要切实加大工作推进力度。

(5) 加快制 (修) 订相关法律法规和标准

建议相关部门抓紧梳理现行安全生产法律法规,推进依法治理。加快修改刑法有关条款,将生产经营过程中极易导致重大生产安全事故的主观故意违法行为列入刑法调整范围;推进制定化学品安全法,修订安全生产法、安全生产许可证条例,提高处罚标准,强化法治措施。修订安全生产违法行为行政处罚办法,严格执行执法公示制度、执法全过程记录制度和重大执法决定法制审核制度。制定化工园区建设标准、认定条件和管理办法。整合化工、石化安全生产标准,建立健全危险化学品安全生产标准体系。加快制定废弃危险化学品等危险废物储存安全技术和环境保护标准、化工过程安全管理导则和精细化工反应安全风险评估等技术规范,强制实施。各地区特别是江苏省要加强地方立法立标工作,健全危险化学品安全法规标准体系,依法严格查处违法违规行为。

(6) 提升危险化学品安全监管能力

按照"管行业必须管安全,管业务必须管安全,管生产经营必须管安全"和"谁主管谁负责"的原则,将各级安委会成员单位安全生产职责写入部门"三定"规定,清晰界定并严格落实有关部门危险化学品安全监管职责。各地区特别是江苏省应急管理部门要通过指导协调、监督检查、巡查考核等方式,推动有关部门严格落实危险化学品各环节安全生产监管责任。加强专业监管力量建设,健全省、市、县三级安全生产执法体系,在危险化学品重点县建立危险化学品安全专职执法队伍;开发区、工业园区等功能区设置或派驻安全生产和环保执法队伍。通过公务员聘任制方式选聘专业人才,提高具有安全生产相关专业学历和实践经验的执法人员比例。明确并严格限定高危事项审批权限,防止监管执法放松失控。建议整合有效资源,改革完善国家危险化学品安全生产监督管理体制,强化国家危险化学品安全研究支撑。研究建立危险化学品全生命周期监管信息共享平台,综合利用电子标签、大数据、人工智能等高新技术,对危险化学品各环节进行全过程信息化管理和监控,实现来源可循、去向可溯、状态可控。统筹加强国家综合性消防救援队伍和危险化学品专业救援力量建设。

二、天津港"8·12"某海公司危险品仓库特别重大火灾爆炸事故

2015 年 8 月 12 日，位于天津市滨海新区天津港的某海国际物流有限公司（以下简称某海公司）危险品仓库发生特别重大火灾爆炸事故。国务院批复并同意《天津港"8·12"某海公司危险品仓库特别重大火灾爆炸事故调查报告》，认定天津港"8·12"某海公司危险品仓库火灾爆炸事故是一起特别重大生产安全责任事故。

1. 事故基本情况

（1）事故发生的时间和地点

2015 年 8 月 12 日 22 时 51 分 46 秒，位于天津市滨海新区吉运二道 95 号的某海公司危险品仓库运抵区（"待申报装船出口货物运抵区"的简称，属于海关监管场所，用金属栅栏与外界隔离。由经营企业申请设立，海关批准，主要用于出口集装箱货物的运抵和报关监管）最先起火，23 时 34 分 06 秒发生第一次爆炸，23 时 34 分 37 秒发生第二次更剧烈的爆炸。事故现场形成 6 处大火点及数十个小火点，8 月 14 日 16 时 40 分，现场明火被扑灭。

（2）事故现场情况

事故现场按受损程度，分为事故中心区、爆炸冲击波波及区。事故中心区为此次事故中受损最严重区域，该区域东至跃进路、西至海滨高速、南至某仓储有限公司、北至吉运三道，面积约为 54 万 m²。两次爆炸分别形成一个直径 15 m、深 1.1 m 的月牙形小爆坑和一个直径 97 m、深 2.7 m 的圆形大爆坑。以大爆坑为爆炸中心，150 m 范围内的建筑被摧毁，东侧的某海公司综合楼和南侧的某建通公司办公楼只剩下钢筋混凝土框架；堆场内大量普通集装箱和罐式集装箱被掀翻、解体、炸飞，形成由南至北的 3 座巨大堆垛，一个罐式集装箱被抛进某建通公司办公楼 4 层房间内，多个集装箱被抛到该建筑楼顶；参与救援的消防车、警车和位于爆炸中心南侧的吉运一道和北侧吉运三道附近的某仓储有限公司、某国际贸易有限公司储存的 7 641 辆商品汽车和现场灭火的 30 辆消防车在事故中全部损毁，邻近中心区的多家公司的 4 787 辆汽车受损。

爆炸冲击波波及区分为严重受损区、中度受损区。严重受损区是指建筑结构、外墙、吊顶受损的区域，受损建筑部分主体承重构件（柱、梁、楼板）的钢筋外露，失去承重能力，不再满足安全使用条件。中度受损区是指建筑幕墙及门、窗受损的区域，受损建

筑局部幕墙及部分门、窗变形、破裂。严重受损区在不同方向距爆炸中心最远距离为：东3 km，西3.6 km，南2.5 km，北2.8 km。中度受损区在不同方向距爆炸中心最远距离为：东3.42 km，西5.4 km，南5 km，北5.4 km。受地形地貌、建筑位置和结构等因素影响，同等距离范围内的建筑受损程度并不一致。爆炸冲击波波及区以外的部分建筑，虽没有受到爆炸冲击波直接作用，但由于爆炸产生地面震动，造成建筑物接近地面部位的门、窗玻璃受损，东侧最远达8.5 km，西侧最远达8.3 km，南侧最远达8 km，北侧最远达13.3 km。

（3）人员伤亡和财产损失情况

事故造成165人遇难（参与救援处置的公安现役消防人员24人、天津港消防人员75人、公安民警11人，事故企业、周边企业员工和周边居民55人），8人失踪（天津港消防人员5人，周边企业员工、天津港消防人员家属3人），798人受伤住院治疗（伤情重及较重的伤员58人、轻伤员740人）；304幢建筑物（其中办公楼宇、厂房及仓库等单位建筑73幢，居民1类住宅91幢、2类住宅129幢、居民公寓11幢）、12 428辆商品汽车、7 533个集装箱受损。

截至2015年12月10日，事故调查组依据《企业职工伤亡事故经济损失统计标准》（GB 6721—1986）等标准和规定统计，已核定直接经济损失68.66亿元人民币，其他损失以最终核定为准。

（4）环境污染情况

通过分析事发时某海公司储存的111种危险货物的化学组分，确定至少有129种化学物质发生爆炸燃烧或泄漏扩散，其中，氢氧化钠、硝酸钾、硝酸铵、氰化钠、金属镁和硫化钠这6种物质的重量占到总重量的50%。同时，爆炸还引燃了周边建筑物以及大量汽车、焦炭等普通货物。本次事故残留的化学品与产生的二次污染物逾百种，对局部区域的大气环境、水环境和土壤环境造成了不同程度的污染。

1）大气环境污染情况。事故发生3 h后，环保部门开始在事故中心区外距爆炸中心3~5 km范围内开展大气环境监测。8月20日以后，在事故中心区外距爆炸中心0.25~3 km范围内增设了流动监测点。经现场检测与专家研判确定，本次事故关注的大气环境特征污染物为氰化氢、硫化氢、氨气、三氯甲烷和甲苯等挥发性有机物。

监测分析表明，本次事故对事故中心区大气环境造成较严重的污染。事故发生后至

9月12日之前，事故中心区检出的二氧化硫、氰化氢、硫化氢、氨气超过《工作场所有害因素职业接触限值》（GBZ 2—2007）中规定的标准值1~4倍；9月12日以后，检出的特征污染物达到相关标准要求。

事故中心区外检出的污染物主要包括氰化氢、硫化氢、氨气、三氯甲烷、苯、甲苯等，污染物浓度超过《大气污染物综合排放标准》（GB 16297—1996）和《天津市恶臭污染物排放标准》（DB 12/059—95）等规定的标准值0.5~4倍，最远的污染物超标点出现在距爆炸中心5 km处。8月25日以后，大气中的特征污染物稳定达标，9月4日以后达到事故发生前环境背景值水平。

采用大气扩散轨迹模型、气象场模型与烟团扩散数值模型叠加的空气质量模型模拟表明，事故发生后，在事故中心区上空约500 m处形成污染烟团，烟团在爆炸动力与浮力抬升效应以及西南和正西主导风向的作用下向渤海方向漂移，13~18 h后逐步消散。这一模拟结果与卫星云图显示的污染烟团在时间和空间上的变化吻合。对天津主城区和可能受事故污染烟团影响的地区（北京、河北唐山、辽宁葫芦岛、山东滨州等区域）事故发生后3天内6项大气常规污染物（二氧化硫、二氧化氮、一氧化碳、臭氧、PM10、PM2.5）的监测数据进行分析，并模拟了事故发生后18 h内污染烟团扩散对上述区域近地面大气环境的影响，均显示污染烟团基本未对上述区域的大气环境造成影响。

本次事故对事故中心区外近地面大气环境污染较快消散的主要原因是：事故发生地位于渤海湾天津市东疆港东岸线的西南侧，与海岸线直线距离仅6.1 km；在事故发生后污染烟团扩散的24 h内，91.2%的时间为西南和正西风向，在以后的9天内，71.3%的时间为西南和正西风向。事故发生地的地理位置和当时的气象条件有利于污染物快速飘散。

2）水环境污染情况。本次事故主要对距爆炸中心周边约2.3 h范围内的水体（东侧北段起吉运东路、中段起北港东三路、南段起北港路南段，西至海滨高速；南起京门大道、北港路、新港六号路一线，北至东排明渠北段）造成污染，主要污染物为氰化物。事故现场两个爆坑内的积水严重污染；散落的化学品和爆炸产生的二次污染物随消防用水、洗消水和雨水形成的地表径流汇至地表积水区，大部分进入周边地下管网，对相关水体形成污染；爆炸溅落的化学品造成部分明渠河段和毗邻小区内积水坑存水污染。8月17日对爆坑积水的检测结果表明，呈强碱性，氰化物浓度高达421 mg/L。

天津市及有关部门对受污染水体采取了有效的控制和处置措施，经处理达标后通过天津港北港池排入渤海湾。截至 10 月 31 日，已排放处理达标污水 76.6 万吨，削减氰化物 64.2~68.4 t，折合 121~129 t 氰化钠。

由于海水容量大，事故处置过程中采取的措施得当，并从严执行排放标准，本次事故对天津渤海湾海洋环境基本未造成影响。在临近事故现场的天津港北港池海域、天津东疆港区外海、北塘口海域约 30 km 范围内开展的海洋环境应急监测结果显示，海水中氰化物平均浓度为 0.000 86 mg/L，远低于海水水质 I 类标准值 0.005 mg/L。此外，与历史同期监测数据相比，挥发酚、有机碳、多环芳烃等污染物浓度未见异常，浮游生物的种类、密度与生物量未见变化。

事故发生后，在事故中心区外 5 km 范围内新建了 27 口地下水监测井，监测结果显示：24 口监测井氰化物浓度满足地下水 III 类水质标准；3 口监测井（2 口位于爆炸中心北侧 753 m 处，1 口位于爆炸中心南侧 964 m 处）氰化物超过地下水 III 类水质标准，同时检出硫酸盐、三氯甲烷、苯等本次事故的相关污染物。近期超标地下水监测井的监测结果表明，污染浓度有逐步下降的趋势。经分析，事故中心区外局部 30 m 以上地下水受到污染，地表污染水体下渗、地下管网优势通道渗流是地下水受污染的主要原因。

3）土壤环境污染情况。本次事故对事故中心区土壤造成污染，部分点位氰化物和砷浓度分别超过《场地土壤环境风险评价筛选值》（DB 11/T 798—2011）中公园与绿地筛选值的 0.01~31.0 倍和 0.05~23.5 倍，检出有苯酚、多环芳烃、二甲基亚砜、氯甲基硫氰酸酯等。事故对事故中心区外土壤环境影响较小，事故发生一周后，有部分点位检出氰化物。一个月后，未再检出氰化物和挥发性、半挥发性有机物，虽检出重金属，但未超过《场地土壤环境风险评价筛选值》中公园与绿地的筛选值；下风向东北区域检测结果表明，二噁英类毒性当量低于美国环保局推荐的居住用地二噁英类致癌风险筛选值，苯并 [a] 芘浓度低于《场地土壤环境风险评价筛选值》中公园与绿地的筛选值。

4）特征污染物的环境影响。事故造成 320.6 t 氰化钠未得到回收。经测算，约 39% 在水体中得到有效处置或降解，58% 在爆炸中分解或在大气、土壤环境中气化、氧化分解、降解。事故发生后，现场喷洒大量双氧水等氧化剂，极大地促进了氰化钠的快速氧化分解。但是，事故中心区土壤中仍较长时间残留约 3% 不同形态的氰化钠，以及少量不易降解、具有生物蓄积性和慢性毒性的化学品与二次污染物。

5）事故对人的健康影响。本次事故未见因环境污染导致的人员中毒与死亡的情况，住院病例中虽有 17 人出现因吸入粉尘和污染物引起的吸入性肺炎症状，但无实质损伤，预后良好；距爆炸中心周边约 3 km 范围外的人群，短时间暴露于大气环境污染造成不可逆或严重健康影响的风险极低；未采取完善防护措施进入事故中心区的暴露人群健康可能会受到影响。

6）需要开展中长期环境风险评估。由于事故残留的化学品与产生的污染物复杂多样，需要继续开展事故中心区环境调查与区域环境风险评估，制定、实施不同区域、不同环境介质的风险管控目标，以及相应的污染防控与环境修复方案和措施。同时，开展长期环境健康风险调查与研究，重点对事故中心区工作人员与住院人员开展健康体检和疾病筛查，监测、判断本次事故对人群健康的潜在风险与损害。

2. 事故直接原因

（1）最初起火部位认定

通过调查询问事发当晚现场作业员工、调取分析位于某海公司北侧的某公司的监控视频、提取对比现场痕迹物证、分析集装箱毁坏和位移特征，认定事故最初起火部位为某海公司危险品仓库运抵区南侧集装箱区的中部。

（2）起火原因分析认定

1）排除人为破坏因素、雷击因素和来自集装箱外部引火源。公安部派员指导天津市公安机关对全市重点人员和各种矛盾的情况以及某海公司员工、外协单位人员情况进行了全面排查，对事发时在现场的所有人员逐人定时定位，结合事故现场勘查和相关视频资料分析等工作，可以排除恐怖犯罪、刑事犯罪等人为破坏因素。

现场勘验表明，起火部位无电气设备，电缆为直埋敷设且完好，附近的灯塔、视频监控设施在起火时还正常工作，可以排除电气线路及设备因素引发火灾的可能。同时，运抵区为物理隔离的封闭区域，起火当天气象资料显示无雷电天气，监控视频及证人证言证实起火时运抵区内无车辆作业，可以排除遗留火种、雷击、车辆起火等外部因素。

2）筛查最初着火物质。事故调查组通过调取天津海关的通关管理系统数据等，查明事发当日某海公司危险品仓库运抵区储存的危险货物包括第 2、3、4、5、6、8 类及无危险性分类数据的物质，共 72 种。对上述物质采用理化性质分析、实验验证、视频比对、现场物证分析等方法，逐类逐种进行了筛查：第 2 类气体两种，均为不燃气体；第 3 类易燃液体 10 种，均无自燃或自热特性，且其中着火可能性最高的一甲基三氯硅烷燃烧时火焰较小，与监控视频中猛烈燃烧的特征不符；第 5 类氧化性物质 5 种，均无自燃或自热特性；第 6 类毒性物质 12 种、第 8 类腐蚀性物质 8 种、无危险性分类数据物质 27 种，均无自燃或自热特性；第 4 类易燃固体、易于自燃的物质、遇水放出易燃气体的物质 8 种，除硝化棉外，均不自燃或自热。实验表明，在硝化棉燃烧过程中伴有固体颗粒燃烧物飘落，同时产生大量气体，形成向上的热浮力。经与事故现场监控视频比对，事故最初的燃烧火焰特征与硝化棉的燃烧火焰特征相吻合。同时查明，事发当天运抵区内共有硝化棉及硝基漆片 32.97 t。因此，认定最初着火物质为硝化棉。

（3）爆炸过程分析

集装箱内硝化棉局部自燃后，引起周围硝化棉燃烧，放出大量气体，箱内温度、压力升高，致使集装箱破损，大量硝化棉散落到箱外，形成大面积燃烧，其他集装箱（罐）内的精萘、硫化钠、糠醇、三氯氢硅、一甲基三氯硅烷、甲酸等多种危险化学品相继被引燃并介入燃烧，火焰蔓延到邻近的硝酸铵（在常温下稳定，但在高温、高压和有还原剂存在的情况下会发生爆炸；在 110 ℃开始分解，230 ℃以上时分解加速，400 ℃以上时剧烈分解、发生爆炸）集装箱。随着温度持续升高，硝酸铵分解速度不断加快，达到其爆炸温度（实验证明，硝化棉燃烧半小时后达到 1 000 ℃以上，大大超过硝酸铵的分解温度）。23 时 34 分 06 秒，发生了第一次爆炸。

距第一次爆炸点西北方向约 20 m 处，有多个装有硝酸铵、硝酸钾、硝酸钙、甲醇钠、金属镁、金属钙、硅钙、硫化钠等氧化剂、易燃固体和腐蚀品的集装箱。受到南侧集装箱火焰蔓延作用以及第一次爆炸冲击波影响，23 时 34 分 37 秒发生了第二次更剧烈的爆炸。

据爆炸和地震专家分析，在大火持续燃烧和两次剧烈爆炸的作用下，现场危险化学品爆炸的次数可能是多次，但造成现实危害后果的主要是两次大的爆炸。经爆炸科学与技术国家重点实验室模拟计算得出，第一次爆炸的能量约为 15 吨 TNT 当量，第二次爆炸的能量约为 430 吨 TNT 当量。考虑期间还发生多次小规模的爆炸，确定本次事故中爆炸总能量约为 450 吨 TNT 当量。最终认定事故直接原因是：某海公司危险品仓库运抵区南侧集装箱内的硝化棉由于湿润剂散失出现局部干燥，在高温（天气）等因素的作用下加速分解放热，积热自燃，引起相邻集装箱内的硝化棉和其他危险化学品长时间大面积燃烧，导致堆放于运抵区的硝酸铵等危险化学品发生爆炸。

3. 事故应急救援处置情况

（1）爆炸前灭火救援处置情况

8月12日22时52分，天津市公安局110指挥中心接到某海公司火灾报警，立即转警给天津港公安局消防支队。与此同时，天津市公安消防总队119指挥中心也接到群众报警。接警后，天津港公安局消防支队立即调派与某海公司仅一路之隔的消防四大队紧急赶赴现场，天津市公安消防总队也快速调派开发区公安消防支队三大街中队赶赴增援。

22时56分，天津港公安局消防四大队首先到场，指挥员侦查发现某海公司运抵区南侧一垛集装箱火势猛烈，且通道被集装箱堵塞，消防车无法靠近灭火。指挥员向某海公司现场工作人员询问具体起火物质，但现场工作人员均不知情。随后，组织现场吊车清理被集装箱占用的消防通道，以便消防车靠近灭火，但未果。在这种情况下，为阻止火势蔓延，消防员利用水枪、车载炮冷却保护邻近集装箱堆垛。后因现场火势猛烈、辐射热太高，指挥员命令所有消防车和人员立即撤出运抵区，在外围利用车载炮射水控制火势蔓延。根据现场情况，指挥员又向天津港公安局消防支队请求增援，天津港公安局消防支队立即调派五大队、一大队赶赴现场。

与此同时，天津市公安消防总队119指挥中心根据报警量激增的情况，立即增派开发区公安消防支队全勤指挥部及其所属特勤队、八大街中队，保税区公安消防支队天保大道中队，滨海新区公安消防支队响螺湾中队、新北路中队前往增援。至此，天津港公安局消防支队和天津市公安消防总队共向现场调派了3个大队、6个中队、36辆消防车、200人参与灭火救援。

23时08分，天津市开发区公安消防支队八大街中队到场，指挥员立即开展火情侦查，并组织在某海公司东门外侧建立供水线路，利用车载炮对集装箱进行泡沫覆盖保护。23时13分许，天津市开发区公安消防支队特勤中队、三大街中队等增援力量陆续到场，分别在跃进路、吉运二道建立供水线路，在运抵区外围利用车载炮对集装箱堆垛进行射水冷却和泡沫覆盖保护。同时，组织疏散某海公司和相邻企业在场工作人员以及附近群众100余人。

（2）爆炸后现场救援处置情况

这次事故涉及危险化学品种类多、数量大，现场散落大量氰化钠和多种易燃易爆危险化学品，不确定危险因素众多，加之现场道路全部阻断，有毒有害气体造成巨大威胁，救援处置工作面临巨大挑战。国务院工作组不惧危险，靠前指挥，科学决策，始终坚持生命至上，千方百计搜救失踪人员，全面组织做好伤员救治、现场清理、环境监测、善后处置和调查处理等各项工作。一是认真贯彻落实党中央国务院决策部署，及时传达习近平总书记、李克强总理等中央领导同志重要指示批示精神，先后召开十余次会议，研究部署应对处置工作，协调解决困难和问题。二是协调调集防化部队、医疗卫生、环境监测等专业救援力量，及时组织制定工作方案，明确各方职责，建立紧密高效的合作机制，完善协同高效的指挥系统。三是深入现场了解实际情况，及时调整优化救援处置方案，全力搜救、核查现场遇险失联人员，千方百计救治受伤人员，科学有序进行现场清理，严密监测现场及周边环境，有效防范次生事故发生。四是统筹做好善后安抚和舆论引导工作，及时协调有关方面配合地方政府做好3万余名受影响群众安抚工作，开展社会舆论引导工作。五是科学严谨组织开展事故调查，本着实事求是的原则，深入细致开展现场勘验、调查取证、科学试验等工作，尽快查明事故原因，给党和人民一个负责任的交代。

天津市委、市政府迅速成立事故救援处置总指挥部，由市委市政府主要领导任总指挥，确定"确保安全、先易后难、分区推进、科学处置、注重实效"的原则，把全力搜救人员作为首要任务，以灭火、防爆、防化、防疫、防污染为重点，统筹组织协调解放军、武警、公安以及安全监管、卫生、环保、气象等相关部门力量，积极稳妥推进救援处置工作。共动员现场救援处置的人员达1.6万多人，动用装备、车辆2 000多台，其中解放军2 207人，339台装备；武警部队2 368人，181台装备；公安消防部队1 728人，195部消防车；公安其他警种2 307人；安全监管部门危险化学品处置专业人员243人；天津市和其他省、市防爆、防化、防疫、灭火、医疗、环保等方面专家938人，以及其他方面的救援力量和装备。公安部先后调集河北、北京、辽宁、山东、山西、江苏、湖北、上海8省、市公安消防部队的化工抢险、核生化侦检等专业人员和特种设备参与救援处置。公安消防部队会同解放军（原北京军区卫戍区防化团、解放军舟桥部队、预备役力量）、武警部队等组成多个搜救小组，反复侦检、深入搜救，针对现场存放的各类危险化学品的不同理化性质，利用泡沫、干沙、干粉进行分类防控灭火。

事故现场指挥部组织各方面力量，有力有序、科学有效推进现场清理工作。按照排查、检测、洗消、清运、登记、回炉等程序，科学慎重清理危险化学品，逐箱甄别确定危险化学品种类和数量，做到一品一策、安全处置，并对进出中心现场的人员、车辆进行全面洗消；对事故中心区的污水，第一时间采取"前堵后封、中间处理"的措施，在事故中心区周围构筑 1 m 高围埝，封堵 4 处排海口、3 处地表水沟渠和 12 处雨污排水管道，把污水封闭在事故中心区内。同时，对事故中心区及周边大气、水、土壤、海洋环境实行 24 小时不间断监测，采取针对性防范处置措施，防止环境污染扩大。9 月 13 日，现场处置清理任务全部完成，累计搜救出有生命迹象人员 17 人，搜寻出遇难者遗体 157 具，清运危险化学品 1 176 t、汽车 7 641 辆、集装箱 13 834 个、货物 14 000 t。

（3）医疗救治和善后处理情况

原国家卫计委和天津市政府组织医疗专家，抽调 9 000 多名医务人员，全力做好伤员救治工作，努力提高抢救成功率，降低死亡率和致残率。由国家级、市级专家组成 4 个专家救治组和 5 个专家巡视组，逐一摸排伤员伤情，共同制定诊疗方案；将伤员从最初的 45 所医院集中到 15 所三级综合医院和三甲专科医院，实行个性化救治；组建两支重症医学护理应急队，精心护理危重症伤员；抽调 59 名专家组建 7 支医疗队，对所有伤员进行筛查，跟进康复治疗；实施出院伤员与基层医疗机构无缝衔接，按辖区属地管理原则，由社区医疗机构免费提供基本医疗；实施心理危机干预与医疗救治无缝衔接，做好伤员、牺牲遇难人员家属、救援人员等人群心理干预工作；同步做好卫生防疫工作，加强居民安置点疾病防控，安置点未发生传染病疫情。民政部将牺牲的消防员全部追认为烈士，就高标准进行抚恤；天津市政府在依法依规的前提下，给予遇难、失联人员家属和住院的伤残人员救助补偿；组织 1 025 名机关干部和街道社区工作人员，组成 205 个服务工作组，对遇难、失联和重伤人员家属进行面对面接待安抚，倾听诉求，解决实际困难。

4. 事故企业相关情况及主要问题

（1）企业基本情况

某海公司成立于 2012 年 11 月 28 日，为民营企业，事发前法定代表人、总经理为只某，实际控制人为于某某和董某某，员工 72 人（含实习员工）。除董某某外，该公司人员的亲属中无担任领导职务的公务人员。

（2）经营资质许可情况

2013 年 1 月 24 日，某海公司取得天津市交通运输和港口管理局发放的港口经营许可证。该证准予某海公司"在港区从事仓储业务经营"（危险货物经营除外），有效期至

2013 年 7 月 24 日。在此期间，该公司未开展普通货物经营。

2013 年 4 月 8 日，天津市交通运输和港口管理局批复同意某海公司关于"开展第 8、9 类危险货物作业"的申请，有效期至 2013 年 7 月 24 日。5 月 18 日，某海公司首次开展 8、9 类危险货物经营和作业。7 月 11 日，天津市交通运输和港口管理局批复同意某海公司"从事第 2、3、4、5、6 类危险货物装箱及运抵业务，暂不得从事储存及拆箱业务"，有效期至 2013 年 10 月 16 日。但是，某海公司在当年 6 月 4 日即开始第 2、3、4、5、6 类危险货物经营和作业。两项批复到期后，天津市交通运输和港口管理局分别于 2013 年 7 月、10 月同意某海公司危险货物作业延期至 2014 年 1 月 11 日。到期后，某海公司未申请延期，但仍继续从事危险货物经营业务。

2013 年 5 月 7 日，天津海关批准某海公司设立运抵区，12 月 13 日批准某海公司运抵区面积由 3 150 m² 增加至 5 838 m²。

2014 年 1 月 12 日至 2014 年 4 月 15 日，某海公司无许可证、无批复从事危险货物仓储业务经营。

2014 年 4 月 16 日，天津市交通运输和港口管理局出具审批表，同意某海公司危险货物堆场自 2014 年 4 月 16 日至 10 月 16 日试运行。2014 年 5 月 4 日，天津市交通运输和港口管理局批复同意某海公司"在试运行期间从事港口仓储业务经营"，储存第 2、3、4、5、6、8、9 类危险货物，有效期自 2014 年 4 月 16 日至 2014 年 10 月 16 日。到期后，某海公司未申请延期，但继续从事危险货物仓储业务经营。

2014 年 10 月 17 日至 2015 年 6 月 22 日，某海公司在无许可证、无批复的情况下，从事危险货物仓储业务经营。

2015 年 5 月 27 日，天津市交通运输委员会对某海公司危险货物堆场改造工程进行竣工验收，验收合格。

2015 年 6 月 23 日，某海公司取得了天津市交通运输委员会核发的港口经营许可证及港口危险货物作业附证。

至此，某海公司正式取得在港口从事危险货物仓储业务经营和作业的合法资质。

其间，某海公司先后办理过以下 4 次工商营业执照变更登记：

2013 年 1 月 24 日，经营范围由"仓储业务经营（危险化学品除外、港区内除外）"变更为"在港区内从事仓储业务经营（危险化学品除外）"。变更后，某海公司可在港区内从事危险化学品以外的普通货物仓储业务。

2014年5月8日，经营范围由"在港区内从事仓储业务经营（危险化学品除外）"变更为"在港区内从事仓储业务经营"；由"装卸搬运（港区内除外）"变更为"装卸搬运"。变更后，某海公司可在港区内从事第2、3、4、5、6、8、9类危险货物仓储业务以及装卸搬运业务。

2015年1月29日，法定代表人由李某变更为只某，注册资本由5 000万元增至1亿元。

2015年6月29日，经营范围由"在港区内从事仓储业务经营"变更为"在港区内从事装卸、仓储业务经营"。

（3）某海公司危险品仓库存放危险货物情况

某海公司危险品仓库东至跃进路，西至某物流公司，南至吉运一道，北至吉运二道，占地面积46 226 m²，其中运抵区面积5 838 m²，设在堆场的西北侧。

经调查，事故发生前，某海公司危险品仓库内共储存危险货物7大类、111种，共计11 383.79 t，包括硝酸铵800 t，氰化钠680.5 t，硝化棉、硝化棉溶液及硝基漆片229.37 t。其中，运抵区内共储存危险货物72种、4 840.42 t，包括硝酸铵800 t，氰化钠360 t，硝化棉、硝化棉溶液及硝基漆片48.17 t。

5. 存在的主要问题

某海公司违法违规经营和储存危险货物，安全管理极其混乱，未履行安全生产主体责任，致使大量安全隐患长期存在。

（1）严重违反建设项目规划

严重违反天津市城市总体规划和滨海新区控制性详细规划，未批先建、边建边经营危险货物堆场。2013年3月16日，某海公司违反《中华人民共和国城乡规划法》《安全生产法》《中华人民共和国港口法》《环境影响评价法》《中华人民共和国消防法》《建设工程质量管理条例》《国务院关于投资体制改革的决定》《港口危险货物安全管理规定》等法律法规的有关规定，违反《天津市城市总体规划》《滨海新区西片区、北塘分区等区域控制性详细规划》和《滨海新区北片区、核心区、南片区控制性详细规划》关于事发区域为现代物流和普通仓库区域的有关规定，在未取得立项备案、规划许可、消防设计审核、安全评价审批、环境影响评价审批、施工许可等必需的手续的情况下，在现代物流和普通仓储区域违法违规自行开工建设危险货物堆场改造项目，并于当年 8 月底完工。8 月中旬，当堆场改造项目即将完工时，某海公司才向有关部门申请立项备案、规划许可等手续。2013 年 8 月 13 日，天津市发改委才对这一堆场改造工程予以立项。而且，该公司自 2013 年 5 月 18 日起就开展了危险货物经营和作业，属于边建设边经营。

（2）无证违法经营

按照有关法律法规，在港区内从事危险货物仓储业务经营的企业，必须同时取得港口经营许可证和港口危险货物作业附证，但某海公司在 2015 年 6 月 23 日取得上述两证前实际从事危险货物仓储业务经营的两年多时间里，除 2013 年 4 月 8 日至 2014 年 1 月 11 日、2014 年 4 月 16 日至 10 月 16 日期间依天津市交通运输和港口管理局的相关批复经营外，2014 年 1 月 12 日至 4 月 15 日、2014 年 10 月 17 日至 2015 年 6 月 22 日共 11 个月的时间里既没有批复，也没有许可证，违法从事港口危险货物仓储经营业务。

（3）以不正当手段获得经营危险货物批复

某海公司实际控制人于某某在港口危险货物物流企业从业多年，很清楚在港口经营危险货物物流企业需要行政许可，但正规的行政许可程序需要经过多个部门审批，费时较长。为了达到让企业快速运营、尽快盈利的目的，于某某通过送钱、送购物卡（券）和出资邀请打高尔夫、请客吃饭等不正当手段，拉拢原天津市交通运输和港口管理局副局长李某某和天津市交通运输委员会港口管理处处长冯某，要求在行政审批过程中给某海公司提供便利。李某某滥用职权，违规给某海公司先后五次出具相关批复，而这种批复除某海公司外从未对其他企业用过。同时，某海公司另一实际控制人董某某也利用其父亲曾任天津港公安局局长的关系，在港口审批、监管方面打通关节，对某海公司得以无证违法经营也起了很大作用。

（4）违规存放硝酸铵

某海公司违反《集装箱港口装卸作业安全规程》（GB 11602—2007）和《危险货物集装箱港口作业安全规程》（JT 397—2007）的有关规定，在运抵区多次违规存放硝酸铵，事发当日在运抵区违规存放硝酸铵高达 800 t。

（5）严重超负荷经营、超量存储

某海公司 2015 年月周转货物约 6 万吨，是批准月周转量的 14 倍多。多种危险货物严重超量储存，事发时硝酸钾存储量 1 342.8 t，超设计最大存储量 53.7 倍；硫化钠存储量

484 t，超设计最大存储量 19.4 t；氰化钠存储量 680.5 t，超设计最大储存量 42.5 倍。

（6）违规混存、超高堆码危险货物

某海公司违反《港口危险货物安全管理规定》和《危险货物集装箱港口作业安全规程》（JT 397—2007）的有关规定以及《集装箱港口装卸作业安全规程》（GB 11602—2007）的有关规定，不仅将不同类别的危险货物混存，间距严重不足，而且违规超高堆码现象普遍，4 层甚至 5 层的集装箱堆垛大量存在。

（7）违规开展拆箱、搬运、装卸等作业

某海公司违反《危险货物集装箱港口作业安全规程》（JT 397—2007），在拆装易燃易爆危险货物集装箱时，没有安排专人现场监护，使用普通非防爆叉车；对委托外包的运输、装卸作业安全管理严重缺失，在硝化棉等易燃易爆危险货物的装箱、搬运过程中存在用叉车倾倒货桶、装卸工滚桶码放等野蛮装卸行为。

（8）未按要求进行重大危险源登记备案

某海公司没有按照《危险化学品安全管理条例》《港口危险货物安全管理规定》和《港口危险货物重大危险源监督管理办法》等有关规定，对本单位的港口危险货物存储场所进行重大危险源辨识评估，也没有将重大危险源向天津市交通运输部门进行登记备案。

（9）安全生产教育培训严重缺失

某海公司违反《危险化学品安全管理条例》和《港口危险货物安全管理规定》的有关规定，部分装卸管理人员没有取得港口相关部门颁发的从业资格证书，无证上岗。该公司部分叉车司机没有取得危险货物岸上作业资格证书，没有经过相关危险货物作业安全知识培训，对危险品防护知识的了解仅限于现场不准吸烟、车辆要戴防火帽等，对各类危险物质的隔离要求、防静电要求、事故应急处置方法等均不了解。

（10）未按规定制定应急预案并组织演练

某海公司未按《机关、团体、企业、事业单位消防安全管理规定》的规定，针对理化性质各异、处置方法不同的危险货物制定针对性的应急处置预案，组织员工进行应急演练；未履行与周边企业的安全告知书和安全互保协议。事故发生后，没有立即通知周边企业采取安全撤离等应对措施，使得周边企业的员工不能第一时间疏散，导致人员伤亡情况加重。

6. 事故主要教训

（1）事故企业严重违法违规经营

某海公司无视安全生产主体责任，置国家法律法规、标准于不顾，只顾经济利益、不顾生命安全，不择手段变更及扩展经营范围，长期违法违规经营危险货物，安全管理混乱，安全责任不落实，安全教育培训流于形式，企业负责人、管理人员及操作工、装卸工都不知道运抵区储存的危险货物种类、数量及理化性质，冒险蛮干问题十分突出，特别是违规大量储存硝酸铵等易爆危险品，直接造成此次特别重大火灾爆炸事故的发生。

（2）有关地方政府安全发展意识不强

某海公司长时间违法违规经营，有关政府部门在某海公司经营问题上一再违法违规审批、监管失职，最终导致天津港"8·12"事故的发生，造成严重的生命财产损失和恶劣的社会影响。事故的发生，暴露出天津市及滨海新区政府贯彻国家安全生产法律法规和有关决策部署不到位，对安全生产工作重视不足、摆位不够，对安全生产领导责任落实不力、抓得不实，存在着"重发展、轻安全"的问题，致使重大安全隐患以及政府部门职责失守的问题未能被及时发现、及时整改。

（3）有关地方和部门违反法定城市规划

天津市政府和滨海新区政府严格执行城市规划法规意识不强，对违反规划的行为失察。天津市规划、国土资源管理部门和天津港（集团）有限公司严重不负责任、玩忽职守，违法通过某海公司危险品仓库和易燃易爆堆场的行政审批，致使某海公司与周边居民住宅小区、天津港公安局消防支队办公楼等重要公共建筑物以及高速公路和轻轨车站等交通设施的距离均不满足标准规定的安全距离要求，导致事故伤亡和财产损失扩大。

（4）有关职能部门有法不依、执法不严，有的人员甚至贪赃枉法

天津市涉及某海公司行政许可审批的交通运输等部门，没有严格执行国家和地方的法律法规、工作规定，没有严格履行职责，甚至与企业相互串通，以批复的形式代替许可，行政许可形同虚设。一些职能部门的负责人和工作人员在人情、关系和利益诱惑面前，存在失职渎职、玩忽职守以及权钱交易、暗箱操作的腐败行为，为某海公司规避法定的审批、监管出主意，呼应配合，致使该公司长期违法违规经营。天津市交通运输委员会没有履行法律赋予的监管职责，没有落实"管行业必须管安全"的要求，对某海公

司的日常监管严重缺失；天津市环保部门把关不严，违规审批某海公司危险品仓库；天津港公安局消防支队平时对辖区疏于检查，对某海公司储存的危险货物情况不熟悉、不掌握，没有针对不同性质的危险货物制定相应的消防灭火预案、准备相应的灭火救援装备和物资；海关等部门对港口危险货物尤其是某海公司的监管不到位；安全监管部门没有对某海公司进行监督检查；天津港物流园区安监站政企不分且未认真履行监管职责，对"眼皮底下"的某海公司严重违法行为未发现、未制止。上述有关部门不依法履行职责，致使相关法律法规形同虚设。

（5）港口管理体制不顺、安全管理不到位

天津港已移交天津市管理，但是天津港公安局及消防支队仍以交通运输部公安局管理为主。同时，天津市交通运输委员会、天津市建设管理委员会、滨海新区规划和国土资源管理局违法将多项行政职能委托天津港集团公司行使，客观上造成交通运输部、天津市政府以及天津港集团公司对港区管理职责交叉、责任不明，天津港集团公司政企不分，安全监管工作同企业经营形成内在关系，难以发挥应有的监管作用。另外，港口海关监管区（运抵区）安全监管职责不明，致使某海公司违法违规行为长期得不到有效纠正。

（6）危险化学品安全监管体制不顺、机制不完善

目前，危险化学品生产、储存、使用、经营、运输和进出口等环节涉及部门多，地区之间、部门之间的相关行政审批、资质管理、行政处罚等未形成完整的监管"链条"。同时，全国缺乏统一的危险化学品信息管理平台，部门之间没有做到互联互通，信息不能共享，不能实时掌握危险化学品的去向和情况，难以实现对危险化学品全时段、全流程、全覆盖的安全监管。

（7）危险化学品安全管理法律法规、标准不健全

国家缺乏统一的危险化学品安全管理、环境风险防控的专门法律；《危险化学品安全管理条例》对危险化学品流通、使用等环节要求不明确、不具体，特别是针对物流企业危险化学品安全管理的规定空白点更多；现行有关法规对危险化学品安全管理违法行为处罚偏轻，单位和个人违法成本很低，不足以起到惩戒和震慑作用。与欧美发达国家和部分发展中国家相比，我国危险化学品缺乏完备的准入、安全管理、风险评价制度。危险货物大多涉及危险化学品，危险化学品安全管理涉及监管环节多、部门多、法规标准

多，各管理部门立法出发点不同，对危险化学品安全要求不一致，造成当前危险化学品安全监管乏力以及企业安全管理要求模糊不清、标准不一、无所适从的现状。

（8）危险化学品事故应急处置能力不足

某海公司没有开展风险评估和危险源辨识评估工作，应急预案流于形式，应急处置力量、装备严重缺乏，不具备初期火灾的扑救能力。天津港公安局消防支队没有针对不同性质的危险化学品准备相应的预案、灭火救援装备和物资，消防队队员缺乏专业训练演练，危险化学品事故处置能力不强；天津市公安消防部队也缺乏处置重大危险化学品事故的预案以及相应的装备；天津市政府在应急处置中的信息发布工作一度安排不周、应对不妥。从全国范围来看，专业危险化学品应急救援队伍和装备不足，无法满足处置种类众多、危险特性各异的危险化学品事故的需要。

7. 事故防范措施

（1）把安全生产工作摆在更加突出的位置

各级党委和政府要坚决守住"发展决不能以牺牲人的生命为代价"这个红线，进一步加强领导、落实责任、明确要求，建立健全与现代化大生产和社会主义市场经济体制相适应的安全监管体系，大力推进"党政同责、一岗双责、失职追责"的安全生产责任体系的建立健全与落实，积极推动安全生产的文化建设、法治建设、制度建设、机制建设、技术建设和力量建设，对安全生产特别是对公共安全存在潜在危害的危险品的生产、经营、储存、使用等环节实行严格规范的监管，切实加强源头治理，大力解决突出问题，努力提高我国安全生产工作的整体水平。

（2）推动生产经营单位切实落实安全生产主体责任

充分运用市场机制，建立完善生产经营单位强制保险和"黑名单"制度，将企业的违法违规信息与项目核准、用地审批、证券融资、银行贷款挂钩，促进企业提高安全生产的自觉性，建立"安全自查、隐患自除、责任自负"的企业自我管理机制，并通过调整税收、保险费用、信用等级等经济措施，引导生产经营单位自觉加大安全投入，加强安全措施，淘汰落后的生产工艺、设备，培养高素质高技能的产业工人队伍。严格落实属地政府和行业主管部门的安全监管责任，深化企业安全生产标准化创建活动，推动企业建立完善风险管控、隐患排查机制，实行重大危险源信息向社会公布制度，并自觉接受社会舆论监督。

（3）进一步理顺港口安全管理体制

认真落实港口政企分离要求，明确港口行政管理职能机构和编制，进一步强化交通、海关、公安、质检等部门安全监管职责，加强信息共享和部门联动配合；按照深化司法体制改革的要求，将港口公安、消防以及其他相关行政监管职能交由地方政府主管部门承担。在港口设置危险货物仓储物流功能区，根据危险货物的性质分类储存，严格限定危险货物周转总量。进一步明确港区海关运抵区安全监管职责，加强对港区海关运抵区安全监督，严防失控漏管。其他领域存在的类似问题，尤其是行政区、功能区行业管理职责不明的问题，都应抓紧解决。

（4）着力提高危险化学品安全监管法治化水平

针对当前危险化学品生产经营活动快速发展及其对公共安全带来的诸多重大问题，要将相关立法、修法工作置于优先地位，切实增强相关法律法规的权威性、统一性、系统性、有效性。建议立法机关在已有相关条例的基础上，抓紧制定、修订危险化学品管理、安全生产应急管理、民用爆炸物品安全管理、危险货物安全管理等相关法律、行政法规，以法律的形式明确硝化棉等危险化学品的物流、包装、运输等安全管理要求，建立易燃易爆、剧毒危险化学品专营制度，限定生产规模，严禁个人经营硝酸铵、氰化钠等易爆、剧毒物。国务院及相关部门抓紧制定配套规章标准，进一步完善国家强制性标准的制定程序和原则，提高标准的科学性、合理性、适用性和统一性。同时，进一步加强法律法规和国家强制性标准执行的监督检查和宣传培训工作，确保法律法规、标准的有效执行。

（5）建立健全危险化学品安全监管体制机制

强化现行危险化学品安全生产监管部际联席会议制度，增补海关总署为成员单位，建立更有力的统筹协调机制，推动落实部门监管职责。全面加强涉及危险化学品的危险货物安全管理，强化口岸港政、海事、海关、商检等检验机构的联合监督、统一查验机制，综合保障外贸进出口危险货物的安全、便捷、高效运行。

（6）建立全国统一的危险化学品监管信息平台

利用大数据、物联网等信息技术手段，对危险化学品生产、经营、运输、储存、使用、废弃处置进行全过程、全链条的信息化管理，实现危险化学品来源可循、去向可溯、状态可控，实现企业、监管部门、公安消防队及专业应急救援队伍之间信息共享。升级改造面向全国的化学品安全公共咨询服务电话，为社会公众、各单位和各级政府提供化学品安全咨询以及应急处置技术支持服务。

(7) 科学规划合理布局，严格安全准入条件

建立城乡总体规划、控制性详细规划编制的安全评价制度，提高城市本质安全水平；进一步细化编制、调整总体规划、控制性详细规划的规范和要求，切实提高总体规划、控制性详细规划的稳定性、科学性和执行刚性。建立完善高危行业建设项目安全与环境风险评估制度，推行环境影响评价、安全生产评价、职业卫生评价与消防安全评价联合评审制度，提高产业规划与城市安全的协调性。对涉及危险化学品的建设项目，实施住建、规划、发改、国土、工信、公安消防、环保、卫生、应急等部门联合审批制度，严把安全许可审批关，严格落实规划区域功能。科学规划危险化学品区域，严格控制与人口密集区、公共建筑物、交通干线和饮用水源地等环境敏感点之间的距离。

(8) 加强生产安全事故应急处置能力建设

合理布局、大力加强生产安全事故应急救援力量建设，推动高危行业企业建立专兼职应急救援队伍，整合共享全国应急救援资源，提高应急协调指挥的信息化水平。危险化学品集中区的地方政府，可依托公安消防部队组建专业队伍，加强特殊装备器材的研发与配备，强化应急处置技战术训练演练，满足复杂危险化学品事故应急处置需要。各级政府要切实吸取天津港"8·12"事故的教训，对应急处置危险化学品事故的预案开展一次检查清理，该修订的修订，该细化的细化，该补充的补充，进一步明确处置、指挥的程序、战术以及舆论引导、善后维稳等工作要求，切实提高应急处置能力，最大限度减少应急处置中的人员伤亡。采取多种形式和渠道，向群众大力普及危险化学品应急处置知识和技能，提高自救互救能力。

(9) 严格安全评价、环境影响评价等中介机构的监管

相关行业部门要加强相关中介机构的资质审查审批、日常监管，提高准入门槛，严格规范其从事安全评价、环境影响评价、工程设计、施工管理、工程质量监理等行为。切断中介服务利益关联，杜绝"红顶中介"现象，审批部门所属事业单位、主管的社会组织及其所办的企业，不得开展与本部门行政审批相关的中介服务。相关部门每年要对相关中介机构开展专项检查，对发现的问题严肃处理。建立"黑名单"制度和举报制度，完善中介机构信用体系和考核评价机制。

（10）集中开展危险化学品安全专项整治行动

在全国范围内对涉及危险化学品生产、储存、经营、使用等的单位、场所普遍开展一次彻底的摸底清查，切实掌握危险化学品经营单位重大危险源和安全隐患情况，对发现掌握的重大危险源和安全隐患情况，分地区逐一登记并明确整治的责任单位和时限；对严重威胁人民群众生命安全的问题，采取改造、搬迁、停产、停用等措施坚决整改；对违反规划未批先建、批小建大、擅自扩大许可经营范围等违法行为，坚决依法纠正，从严从重查处。

附录一 培训学时

危险化学品生产经营单位从业人员岗前培训不少于 72 学时，再培训时间不少于 20 学时。具体培训课时安排应符合附表 1 的规定。

附表 1　　　　　　　危险化学品生产经营单位从业人员培训课时安排

项目	序号	内容	学时
培训	1	安全生产法律法规	4
	2	安全生产基础知识	24
	3	安全生产管理制度	12
	4	安全操作规程	10
	5	事故事件状态下的现场应急处置	8
	6	事故案例分析	8
		复习	4
		考试	2
		合计	72
再培训		1. 有关危险化学品安全生产新的法律、法规、标准、规程和规范； 2. 有关危险化学品生产新材料、新技术、新工艺、新设备及其安全技术要求； 3. 典型事故案例分析与讨论。	18
		考试	2
		合计	20

附录二　本教材适用工种

　　本书按照《中华人民共和国职业分类大典》分类，适用于从事石油炼制生产、炼焦、煤化工生产、化学原料和化学制品制造、基础化学原料制造、化学废料生产、农药生产、涂料、油墨、颜料及类似产品制造、合成树脂生产、合成橡胶生产、专用化学产品生产、日用化学品生产、化学纤维原料制造、化学纤维纺丝及后处理、橡胶制品生产、塑料制品加工等作业的人员，包括下列职业：原油蒸馏工、催化裂化工、蜡油渣油加氢工、渣油热加工工、石脑油加工工、炼厂气加工工、润滑油脂生产工、石油产品精制工、油制气工、油品储运工、油母页岩提炼工、炼焦煤制备工、炼焦工、煤制烯烃生产工、煤制油生产工、煤制气工、水煤浆制备工、工业型煤工、化工原料准备工、化工单元操作工、化工总控工、制冷工、工业清洗工、防腐蚀工、硫酸生产工、硝酸生产工、盐酸生产工、磷酸生产工、纯碱生产工、烧碱生产工、无机盐生产工、提硝工、卤水综合利用工、无机化学反应生产工、脂肪烃生产工、芳香烃生产工、脂肪烃衍生物生产工、芳香烃衍生物生产工、有机合成工、无机化学反应生产工、合成氨生产工、尿素生产工、硝酸铵生产工、硫酸铵生产工、过磷酸钙生产工、复混肥生产工、钙镁磷肥生产工、钾肥生产工、农药生产工、油墨制造工、颜料生产工、染料生产工、合成树脂生产工、合成橡胶生产工、催化剂生产工、总溶剂生产工、化学试剂生产工、印染助剂生产工、表面活性剂制造工、化工添加剂生产工、油脂化工产品制造工、动物胶制造工、人造板制胶工、有机硅生产工、有机氟生产工、松香工、松节油制品工、活性炭生产工、栲胶生产工、紫胶生产工、栓皮制品工、植物原料水解工、感光材料生产工、胶印版材生产工、柔性版材生产工、磁记录材料生产工、热转移防护膜涂布工、平板显示膜生产工、合成洗涤剂制造工、肥皂制造工、化妆品配方师、化妆品制造工、香料制造工、调香师、香精配制工、火柴制造工、化纤聚合工、纺丝原液制造工、纺丝工、化纤后处理工、橡胶制品生产工、轮胎翻修工、塑料制品成型制作工等。